다가올 초대륙

다가올 초대륙

지구과학의 패러다임을 바꾼
판구조론 히스토리

THE NEXT
SUPERCONTINENT

로스 미첼 지음 | 이현숙 옮김

흐름출판

추천의 글

아마존강 유역의 아마조니아 강괴, 베네수엘라의 로라이마 테이블 지형과 서호주 카리니지 국립공원은 20억 년 이전 지구 판구조 운동과 관련된다. 이 세 곳을 EBS 〈세계테마기행〉에서 지질 답사를 다녀왔다. 고생대부터 지금까지 약 5억 년의 지구 지질역사는 초대륙 판게아 형성과 판게아 분열의 역사이다. 판구조이론은 40억 년간 지구 변화과정을 광물에서 초대륙 규모까지 설명하는 지질학의 핵심이론이다. 이 책은 컬럼비아초대륙, 로디니아 초대륙, 판게아 초대륙에 대한 최근 과학적 연구 결과를 판구조이론과 슈퍼플룸이론을 통해서 종합적으로 설명하고 있다. 지구과학에서 가장 바탕이 되는 건 어떻게 바다와 대륙이 탄생하고 소멸하는가 그 과정에 대한 설명이다. 이 책은 지구 지질역사에 존재했던 모든 초대륙의 탄생과 소멸 과정에 대한 최근 이론을 담아냈다. 특히 로디니아 초대륙의 생성과정을 구체적이고 명확하게 설명하고 있다.

이 책은 추리소설처럼 이론 전개가 흡인력이 있다. 베게너의 대륙이동에서 시작하여 섭입대, 슈퍼플룸, 맨틀대류, 진극배회가 초대륙 이론에서 핵심개념으로 반복해서 등장한다. 액체인 외핵 위에 위치하는 고체 상태인 맨틀의 대류현상은 직관적이지 않지만 맨틀대류에 의한 물질 이동이 그 위의 지각판 이동을 촉발한다. 외핵에서 시작하는 상승 슈퍼플룸은 초대륙 생성의 직접적인 동력이 된다.

고생대부터 신생대 현재까지 지구에서 생명 진화과정의 배경은 바로 판게아 초대륙의 생성과 분리과정이다. 고생대 캄브리아기의 칼레도니아 조산운동과 중생대 대서양의 출현 과정은 모두 판게아 초대륙 생성과 분열에 직접 관련된다. 신생대에서 인도판과 유라시아판의 충돌로 히말라야 조산운동이 일어났다. 신생대는 곤드와나 대륙이 분열하여 아프리카, 남미, 남극, 호주, 인도로 분열하여 대서양이 더욱 확장되고, 테티스해가 사라지고 지중해가 생긴다. 윌슨 사이클은 대양과 대륙의 생성과 소멸의 순환 사이클을 설명한다. 초대륙 판게아의 생성과 분열이 지난 5억 년 지구 표층의 역사라면 로디니아 초대륙은 판게아 초대륙 이전의 초대륙으로 10억 년 전에 형성되어 분열하는 과정에서 판게아 초대륙 생성과 연결된다. 컬럼비아 초대륙은 로디니아 초대륙 이전으로 지구 최초의 초대륙으로 추정한다. 이 책은 판구조이론을 바탕으로 해양과 대륙의 윌슨사이클, 고지자기학, 맨틀 대류현상이 핵심내용이다.

지구 전체의 물리적 구조는 내핵, 외핵, 맨틀 그리고 지각이 있다. 지구 표층인 지각은 대륙지각과 해양지각으로 구분된다. 현무암 해양지각이 화강암 대륙지각보다 조금 무거워 해양판이 대륙판 밑으로 꺾여 들어가는 과정이 바로 섭입이다. 섭입대의 지하 약 100킬로미터에서 해양판이 녹는 과정에 물이 첨가되면서 화강암질 마그마가 생성되어 대륙지각에서 화산 분출이 일어난다.

용암이 흘러내리면서 식어 굳어질 때 용암 속 조그만 자석 역할을 하는 철입자가 그 당시 지구자기장의 방향으로 배열하여 방위각과 복각을 측정할 수 있다. 복각은 지구자기력선이 수평면과 이루는 각으로, 그 암석이 생성될 당시의 위도를 나타낸다. 고대암석의 복각을 여러 암석에서 측정하여 그 암석이 포함된 지각의 위도상 위치변화를 추적할 수 있다. 이 책에서 이러한 고지자기학을 바탕으로 컬럼비아 초대륙, 로디니아 초대륙, 판게아 초대륙의 생성과 분열 과정을 설명한다.

이 책에서 특히 강조하는 진극배회는 지구 물리현상인데, 액체인 외핵 위에 두꺼운 고체 맨틀의 회전운동으로 초대륙 생성과 분리의 핵심 동력으로 작용한다.

대양과 대륙의 생성과 소멸의 최신 이론을 설득력 있게 설명한 이 책을 자연과학 공부에 필독서로 모든 분들에게 추천합니다.
— 박문호, 《박문호 박사의 빅히스토리》의 저자

미첼은 과학적 발견의 전율을 이처럼 매력적이고 흥미로운 책에 담아 전할 수 있는 유일한 인물이다.
— 브렌던 머피, 세인트 프랜시스 자비에르 대학교 교수

지구 초창기 이래로 대륙의 움직임을 밝혀내는 것보다 더 큰 지질학적 수수께끼는 없다. 수억 년 전 지구의 모습을 파악하기 위해서는 과감한 사고는 물론, 힘겹게 얻은 야외 조사 자료를 지구 내부의 컴퓨터 모델과 조정하는 작업이 필요하다. 로스 미첼은 독자적인 최첨단 연구를 통해 지구의 열기관이 어떻게 작동하는지, 그리고 오늘날의 지도와는 전혀 다

른 고대의 대륙과 해양 배치가 대기, 기후, 무엇보다 생명의 진화에 어떤 영향을 미쳤는지 설명한다. 이 책은 선구적인 과학자들의 이야기와 위험천만한 야외 조사 과정을 비롯해 수십억 년의 지구 역사에서 인류의 위치가 어떻게 규명되는지, 또 앞으로의 미래가 어떻게 예측될지 지질학으로 생생하게 풀어내며 흥미진진하게 이야기를 이끌어 간다.

— 클라이브 오펜하이머, 《세상을 뒤흔든 화산 폭발》의 저자

로스 미첼은 수십억 년에 걸친 지구를 영화적 관점에서 바라보며, 어떻게 대륙의 느린 춤사위가 먼 미래의 지형을 예측할 수 있는 기본 논리를 담고 있는지 제시한다.

— 마르시아 비요르너루드, 《타임풀니스Timefulness: 지질학자처럼 사고하기가
어떻게 세상을 구할 것인가》의 저자

세상은 마치 거대한 시계와 같고, 그 안에는 한없이 복잡해 보이는 거대한 판구조 운동의 톱니바퀴가 맞물려 있다. 이 시계는 인류가 멸종한 뒤에도 계속해서 돌아갈 것이고, 시계공 로스 미첼은 우리에게 그 먼 미래를 보여준다. 바로 놀라운 아마시아다.

— 피터 워드, 《희귀한 지구: 복잡한 생명체가 우주에서 드문 이유》의 저자

초대륙 순환이라는 '초' 중요한 주제와 과학적 연구 과정을 명확하고도 이해하기 쉽게 풀어놓은 입문서.

— 리처드 E. 언스트, 칼턴 대학교 교수

지질 시대에 걸친 초대륙의 통합과 분열, 그리고 이런 작용이 반복되면서도 변화하는 이유를 대규모 지질학적 발견과 통찰로 설명하는 흥미로운 내부자 이야기. 자신의 경험담을 다룬다는 점에서 제임스 왓슨의 《이중나선The Double Helix》을 떠올리게 하지만, 이 책에서는 분자 대신 산맥을 다룬다.

— 폴 호프만, 하버드 대학교 교수

미첼의 목적지는 먼 미래이기는 하지만, 여기에 속지 마시라. 이 책은 미래를 내다보는 동시에 과거를 신나게 탐험하는 여정이며, 현재에만 확인할 수 있는 참고 문헌들을 완벽히 갖췄다. 미첼이 책 전반에 걸쳐 신중하게 고른 그림들로 명확하게 설명해 준 덕분에 매우 복잡한 개념도 쉽게 이해할 수 있다.

— 《사이언스 뉴스》

역동적인 고대 지구의 증거는 암석, 산맥, 해양 속에 갇혀 있다. 그리고 섭입, 판구조 운동, 화산 활동은 대륙의 형태를 끊임없이 바꾸어 놓는다. 지질학과 지구물리학에 관심 있는 독자들은 미첼의 흥미로운 통찰과 연구의 진가를 알아볼 것이다.

— 《북리스트》

이 멋진 책에서는 우리가 무엇을 알고 있고, 어떻게 생각하며, 그 생각을 어떻게 바라볼지를 얼마나 신속하게 바꿔 나가는지 이야기한다. 그뿐 아니라 우리가 무엇을 가장 소중히 여기는지도 이야기한다. 우리 후손은 판구조 변화가 미치는 실질적 영향을 목격할 만큼 오래도록 살아남지 못할 것이다. 대륙의 재구성도 우리 종에게 별다른 문제가 되지 않을 것이다. 그때는 이미 존재하지 않을 테니. 인간이라는 포유류는 그리 신중하지 못하다. 운이 좋으면, 앞으로 100만 년, 어쩌면 200만 년 정도는 더 살아갈지 모른다. 그런데 이 책에서는 그 이야기를 다루지 않는다. 이 책은 궁극적으로는 과학이라는 우리 시대의 새로운 종교를 다루고, 우리가 무한한 미래를 바라보는 방식을 다룬다. 이 책은 우리에 관한 이야기이자 우리가 어떤 존재로 나아가는지를 다룬 이야기이다.

— 대니 돌링, 환경 전문지 《리서전스 & 이콜로지스트》 서평 중에서

차례

contents

이 책은 초대륙, 즉 오늘날의 여러 대륙을 탄생시킨 땅덩이를 주제로 한다. 초대륙이 존재했다는 증거에서부터 약 2억 년 후에 형성되리라 예상되는 다음 초대륙에 대한 전망까지 다룬다. 더불어 과학이 이루어지는 과정도 담고 있다. 과학적 방법은 되풀이된다. 다가올 초대륙은 하나의 과학적 가설이고, 과학적 가설은 검증되지 않으면 아무 의미가 없다. 우리가 만든 모델이 옳았는지 확인하려고 2억 년을 기다릴 수는 없으니, 우리는 지질학적 과거를 통해 미래에 대한 우리의 생각을 검증해야 한다.

그래서 이 책은 자연스럽게 과학자들의 이야기를 담게 될 것이다. 내 멘토 한 분은 과학적 개념을 설명할 때 그 이론 뒤에 있는 사람들이 누구인지 알 수 있게 과학자들의 사진을 반드시 덧붙여야 한다고 말씀하신다. 어떤 과학자들은 주위에서 반대해도 기어이 자신의 가설을 무덤까지 가져가려 한다. 같은 맥락에서 독일 물리학자 막스 플랑크Max Planck는 '과학은 장례식이 한 번 있을 때마다 발전한다'라고 표현하기도 했다. 반면에 살아 있는 동안 새로운 증거를 기꺼이 받아들여 자신의 견해를 수정하고 경쟁 관계에 있던 의견에 찬성을 표할 준비가 되어 있는 과학자들도 있다.

나 또한 과학자로서, 자신의 가설을 기꺼이 검증하고자 하는 사람만이 자신의 가설을 좋아해도 괜찮다는, 균형 잡힌 철학을 지향한다. 고등학교 시절, 나는 모든 과학 분야를 좋아했다. 특히 화학과 물리학을 재미있어 했지만, 실내 실험실에서 몇 시간씩 하는 실험에는 별로 매력을 느끼지 못했다. 대학에 입학해서 동기들한테 '지질학 입문' 수업을 들으면 모든 과학을 경험해볼 수 있고 야외에서 현장 연구도 한다는 소문을 들었을 때 나는 바로 넘어갔다. 첫 야외 실습에 새로 산 작업복 바지(지질학자들의 단체 맞춤복 격으로, 망치를 걸 고리와 표준 크기의 관측 야장을 넣을 만큼 넓은 뒷주머니가 있음)를 입고 나갔을 때 교수님은 내가 지질학자가 될 운명이라고 말씀하셨다. 족집게가 따로 없지.

운명 같았던 그날 이후, 나는 지구에 대해 더 많이 배우는 길로 망설임 없이 나아갔다. 예일대학교에서 지질학과 지구물리학으로 박사 학위를 받았고, 캘리포니아공과대학교에서 박사후과정을 이수했으며, 호주에서 연구원으로 근무한 뒤, 현재는 중국 베이징에 있는 중국과학원 산하 지질 및 지구물리학 연구소에서 교수로 재직 중이다. 수십억 년에 걸친 대륙의 이동을 연구하면서 나는 아프리카를 제외한 모든 대륙에서 현장 조사를 수행했다. 전 세계에 흩어져 있는 암석들은 다가올 커다란 문제를 해결하기 위해 목표로 삼은 표본 지점들이다. 암석 샘플 수집차 야외에서 보낸 시간은 연구실에 돌아와 신중하게 측정하는 시간으로 이어진다. 그러나 내 시간 대부분은 읽고, 생각하고, 글을 쓰고, 조금 더 생각하는 데 쓰인다(그래서 사람들이 '리[re, 다시]서치[search, 살피다]'라고 부르는 것이다!). 내 목표는 판구조론을 지구 전체의 이해와 통합하는 것이지만, 현재는 주로 지구 표면의 판 운동을 설명하는 것에 불과하다. 그래서 목표를 이루기 위해 지구 내부 깊은 곳에 형성되어 있다가 나중에 지표면에서 발굴되는 암석을 연구하는 지질학자들의 연구에, 암석으로 이루어진 맨틀과 용융된 핵을 조사하는 지구물리학자와 지구화학자들의 연구를 아울러서 다루어보고자 한다.

이 책을 다 읽고 나면 지질학을 조금 더 이해할 수 있을 것이다. 《내셔널 지오그래픽National Geographic》에서 빌린 용어인 '지리 문해력 Geoliteracy'을 살짝 변형한 '지질 문해력'은 현재 그 어느 때보다 중요하다. 원래는 지리학에 초점을 맞추고 있었지만, 시간이 흐르면서 한때 습했던 기후가 건조해지는 것처럼 세상이 변한 만큼 지리학도 변한다. 이러한 변화는 기존 천연자원 수요가 재생 가능한 자원으로 일정 부분 전환되는 계기가 됐다. 우리는 지리학, 즉 지구와 대기, 그리고 인간 활동을 연구하는 학문을, 지구 전체의 물리적 구조를 연구하는 지질학으로 보완해나가야 한다. 기후변화는 이제 우리의 새로운 현실이다. 나는 지구 온난화 문제에서 대중과 정치계(과학계까지 안 가더라도)의 의견 차이가 확연히 나타나는 이유 중 하나가 바로 이해 부족이라고 생각한다. 내가 어릴 때 지질학은 그저 선택 과목이었다. 수많은 사람이 지구가 어떻게 작동하는지에 관한 기본 지식조차 없는 상황에서, 기후에 대해 어떻게 의미 있게 논할 수 있을까? 인류의 진화는 판구조 운동과 기후변화에 밀접하게 연관되어 있다고 알려져 있다. 판구조 운동으로 만들어진 동아프리카 열곡대의 깊은 호수들은 인류 초기 문명의 요람이 됐다. 하지만 기후변화로 이 호수들이 말라버리자 우리 조상들은 전반적으로 생활 방식을 바꿔야 했고, 거주할 만한 땅을 찾으려 이전에는 상상도 할 수 없을 만큼 먼 거리를 걸어야 했다.

우리 인간 종이 늘 당연하게 여겼던 남극 대륙과 그린란드의 극지방 만년설은 유례없는 속도로 녹고 있다. 대기 중 온실가스 농도가 증가하자 지구 온난화가 발생하고, 그로 인해 얼음이 녹아 결국 해수면이 높아지고, 바다가 따뜻해지고, 인간 종이 전혀 경험한 적 없는 기후를 맞이하게 된 것이다. 그러므로 오늘날 지구의 기후변화가 우리 생활 방식에 어떤 영향을 미칠지 이해하려면, 애초에 극지방 만년설이 왜 존재하는지 근본적 이유를 알려줄 판구조 운동을 이해하는 것부터 시작해야 한다. 인간이 등장하기 전까지 판구조 운동은 주로 대기 중 온실가스 농도를 조절했는데, 이는 화산활동으로 이루어진다. 이 같은 화산활동은 지구의 판들이 움직이면서 발생한다. 따라서 판구조 운동이 과거에 어떻게 온실greenhouse 기후와 냉실icehouse 기후를 번갈아 일으켰는지 제대로 이해한다면 우리가 배출하는 온실가스가 어떤 영향을 끼치고, 어떻게 온난화를 완화할 수 있을지 깨닫게 될 것이다.

이것이 내가 이 책으로 얻고자 하는 궁극적 목표다. 바로 여러분에게 판구조론의 현주소를 전달하는 것이다. 우리가 평생 살아가는 동안 지구의 표면이라는 겉모습이 크게 바뀌는 일은 없을 것이다. 하지만 수십억 년이 넘는 지질학적 시간을 통틀어 보면 이러한 변화는 어마어마했다. 나는 이 책을 통해 여러분이 해발 9,000미터의 에베레스트산에서부터 수심 1만 1,000미터의 마리아나 해구에 이르기까지 지질학적 힘이 창조해온 자연이라는 존재를 제대로 인식할 수 있기를 바란다. 그리고 지금은 서로 수천 킬로미터 떨어져 있는 광활한 대륙들이 어떻게 합쳐져 다음 초대륙을 형성하고, 또 언제쯤 다수의 지구 대륙이 한데 모여 거대하고 오래가는 하나의 땅덩이를 형성할지 이해할 수 있기를 바란다.

우리 인간 종이 살아남아서 다음 초대륙을 목격하게 된다면 그때 우리는 수백만 년 넘게 생존하며 다른 어떤 포유류도 이루어낸 적 없는 업적을 달성하게 될 것이다. 인류의 가장 오래된 직계 조상인 오스트랄로피테쿠스 속屬,genus 영장류는 기껏해야 100만 년을 살았다. 6,600만 년 전 공룡이 멸종하면서 생긴 틈새를 인류라는 포유동물이 메운 후부터 우리는 최장수 포유류 종으로서 지금까지 존재해왔다. 만약 공룡 멸종에 대한 현존 이론이 맞는다면, 우리가 현재 우위를 점하게 된 것은 우연히 일어난 사건일 것이다. 세균보다 큰 종이 수억 년 동안 생존한 사례는 찾기 힘들다. 그러므로 앞으로의 과제, 일개 종으로서 인류의 생존은 전례 없는 일이다. 이토록 장수한다는 것이 뭔가 부자연스러워 보이기도 하지만, 한편으로는 꽤 인간답다고 생각되지 않는가? 인류의 업적을 쭉 살펴보자. 불 다루기, 요리하기, 언어 만들기, 바퀴 발명하기, 수학 발견하기, 전기 제어하기, 우주 탐험하기 등 이루 헤아릴 수 없이 많다.

우리 종이 새로운 초대륙이 형태를 갖춰가는 것을 볼 만큼 오래 생존한다는 것은, 인간이 초래한 기후변화라는 환경문제를 극복해야 한다는 의미이기도 하다. 판구조 운동의 힘과 인간이 만들어낸 지구 온난화의 힘은 서로 엇비슷하다. 사람들은 대부분 현재 우리가 인류세Anthropocene, 즉 인간 개입으로 정의되는 지구 진화의 시기에 있다고 주장한다. 지질학자 출신의 기후과학자 밥 캅Bob Kopp은 인간이 판구조 운동에 대적할 지질학적 힘이 됐다고 최초로 지적했다. 일례로 인간이 배출하는 이산화탄소량은 전 세계 화산에서 배출하는 양과 맞먹는다. 지구를 식히려고 황 입자를 대기 중에 분사하거나, 나무를 기른 뒤 땅에 묻어 '탄소 포집'을 하는 등 인간이 기후변화를 되돌리려 구상한 '지구공학적' 해법 중 다수는, 곧 알게 되겠지만, 우리가 판구조 운동을 모방해야 한다는 점을 시사한다. 구조지질학은 기후변화의 가장 근본적 제어 수단이므로, 기후변화를 해결하겠다는 의미는 판구조 운동 규모의 사고방식을 채택해야 한다는 뜻이라고 봐도 무방하다.

다음 초대륙이 어떤 모습일지 이해하는 것은 분명히 추측에 불과할 것이다. 우리가 평생 사는 동안 혹은 우리 자녀, 손주, 증손주, 아니면 더 먼 훗날의 자손들이 살아가는 동안에도 일어나지 않을 일이기 때문이다. 그럼에도 불구하고, 현재 변화하는 지구의 모습을 비롯해 인간 개개인이 존재하는 시간보다 훨씬 긴 단위로 이루어지는 지구의 진화를 살펴보는 일이 얼마나 중요한지, 이 책을 통해 여러분이 살펴보고 곰곰이 숙고할 수 있기를 바란다.

역사는 반복된다

과거를 지배하는 자가 미래를 지배한다.

— 조지 오웰George Orwell

우리 중 다수는 현재 대륙들이 전 세계에 흩어져 있지만, 한때 서로 꽉 맞물려 있었다는 사실을 초등학교 때 배웠다. 각 대륙은 저마다 고유한 형태를 취하고 있는 것처럼 보이지만, 2억 년 전으로 시간을 되돌리면 이들은 마치 퍼즐 조각처럼 한데 뭉쳐 있었다. 판구조론의 창시자 알프레트 베게너Alfred Wegener가 만든 용어인 '판게아 Pangea'는 '모든 땅'을 뜻하는데, 대륙 다수가 하나의 판으로 모여 있던 과거 지구의 시기를 가리킨다. 그러나 판게아는 초대륙이라고 불리는 반복되는 현상의 최신판일 뿐이다. 지구가 존재해온 45억 년 동안 붙었다 떨어지며 적어도 두 개의 초대륙이 있었고, 나 같은 과학자들은 미래에도 초대륙이 또 나타나리라 믿는다. 다음 초대륙이 형성되기까지 앞으로 2억 년은 걸릴 테지만, 대륙이 충돌 경로에 있다는 사실은 부인할 수 없다. 한 컴퓨터 모델에 따르면, 뉴욕시는 페루 리마와 충돌할 것이다. 판구조 운동은 한 도시 위로 다른 도시를 쌓아 올릴 만큼 강력해서 미래판 마천루조차 바다 깊은 곳으로 가라 앉혀 뜨거운 맨틀 속에서 재활용할 수 있다. 과학자들은 또 다른 초대륙이 다가온다는 점에는 동의하지만, 그 형태에 대해서는 의견이 분분하다.

이 책에서 다음 초대륙 지형을 노리는 주요 후보들을 제시하고, 판구조 운동에 여전히 남아 있는 현대 미스터리를 탐구하며, 대륙이 움직이는 원리를 예측하는 데 필요한 과학을 설명할 것이다. 그런데, 이걸 어쩌나. 다음 초대륙을 예측한다는 것은 오늘날의 움직임을 이해하고 나서 빨리 감기 버튼을 누르는 것처럼 간단하지 않다. 판은 사람 손톱이 자라는 속도만큼 천천히 움직인다. 그래도 오늘날의 GPS는 정밀해서 이런 느린 움직임도 감지할 수 있다. 다만 폼페이, 샌프란시스코, 후쿠시마의 주민들은 이 움직임의 영향력이 걷잡을 수 없이 강력해지기 전까지는 감지하기 어렵다고 증언한다. 화산, 지진, 쓰나미는 판구조 운동의 위력을 보여주는 증거다. 지리도 마찬가지다. 하와이 제도의 해저 산열에서 급격히 굽은 곳(그림 1)만 봐도 그렇다. 이 섬들은 약 3,000만 년 동안 반연속식 화산활동으로 산열을 곧게 형성하다가, 몇 백만 년 만에 느닷없이 방향을 틀어버렸다. 이 굽이가 그 방향 전환의 증거다. 왜 이런 일이 생겼을까? 판은 모두 상호 연결되어 있어서 판 하나의 움직임에 어떤 변화가 생기면 판 전체가 조정되어야 한다. 3,000만 년 전, 오스트레일리아 대륙은 남극 대륙에서 떨어져 나와 태평양을 가로질러 현재 경로인 북쪽으로 출발했다. 굽이가 생기기 전 태평양판은 곧장 북쪽으로 움직이고

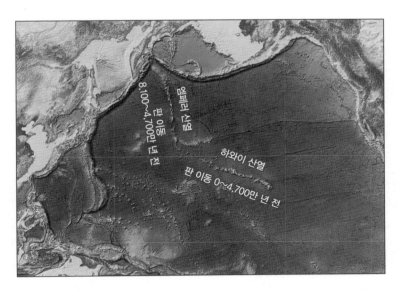

그림 1. 하와이-엠페러 해저 산열(Hawaiian-Emperor seamount chain)의 거대한 굽이. 이 화산 열도는 판이 아래에 놓인 맨틀 속 정체된 뜨거운 플룸 위로 움직이며 형성된다. 태평양판은 8,100만 년에서 4,700만 년 전 사이 북쪽으로 움직이고 있었는데, 이동 방향을 돌연 북서쪽으로 틀었고, 그 결과 거대한 굽이를 만들었다.

있었지만, 서태평양에서 오스트레일리아가 분리되면서 굽이가 생긴 이후 태평양판의 이동 방향이 북서쪽으로 바뀌게 됐다. 어떤 판도 홀로 움직이지 않고, 각 판은 공유하는 경계를 따라 이웃한 판과 상호작용을 한다. 판구조 운동은 모든 판과 그 판이 실어 나르는 일곱 개의 주요 대륙(대륙을 정의하는 방식에 따라 여덟 개가 될 수도 있다)이 추는 춤이고, 그 사이에 있는 조금 더 작은 규모의 판 수십 개와 함께 전체적으로 군무를 이룬다.

판 움직임에 대한 초기 이해를 다룬 것은 16세기에 제기된 '대륙

이동설continental drift'이라는 개념으로, 이는 대륙들이 지구 내부에 있는 감지할 수 없는 층 위에 떠서 뗏목처럼 현재 위치로 느리게 움직였다는 것이다. 하지만 이 이론은 대륙이라는 뗏목이 어떤 신비로운 기층 위를 떠다니고 있는지 제대로 밝히지 못했기에 무시당하기 일쑤였다. 지난 세기 초반까지, 우리는 여전히 지구 내부에 대해 아는 게 거의 없었다. 그러다가 지진으로 발생한 진동을 사용해 지구 내부를 연구하는 학문인 지진학이 생기고, 제2차 세계 대전 이후 해저 지도를 만들기 위해 잠수함이 활용되면서 판구조론 가설은 지질학을 완전히 바꿔놓았다. 겉보기에 단단한 지구 표면이 서로 밀고 당기는 여러 판이 맞물린 하나의 모자이크처럼 나뉘어 있다는 개념으로, 판구조론 가설은 산맥, 화산, 지진, 해양처럼 지구의 거대한 지질학적 특징의 기원 대다수를 하나로 통합해 설명할 수 있었다. 그런데 초기 판구조 혁명이라는 획기적 발상이 흥미롭기는 해도 모든 문제의 해결책이 되지는 않았다. 예를 들어, 지구의 뜨거운 내부는 대기 중 공기 순환처럼 온도 변화에 따른 움직임인 대류 현상이 일어나 순환하고 있을 것으로 예상됐다. 하지만 지구 표면의 판을 밀고 당기는 데 관여하는 이런 깊은 대류 세포convective cell(대류 현상으로 발생하는 순환류를 만드는 최소 단위 – 옮긴이 주)들이 수십 년간 드러나지 않았던 이유와 이러한 상호작용의 세부 사항들까지는 아직 풀리지 않았다.

모든 판 아래에 있는 지구의 가장 두꺼운 층이자, 단단하지만 유연한 맨틀은 판구조 운동에서 중요한 역할을 한다. 차후에 여러 세부 가설과 다시 다루겠지만, 현재까지 밝혀진 판구조 운동의 기본

과정으로 판 경계, 대륙 이동, 해저 분지의 개폐, 맨틀 대류를 통한 지구 냉각이 설명된다. 간단히 말하면, 움직이는 판이 맨틀 대류의 표면적 현상이고, 이 모든 작용은 연계되어 있다. 판이 수렴하는 곳에서는 판 하나가 다른 판 아래로 밀려 내려가며 지구 내부로 찔러 넣어진다. 이런 상호작용은 맨틀 대류가 하강류, 즉 차가운 플룸plume (맨틀 내부에서 온도와 밀도 차이로 대류 현상이 일어나면서 발생하는 기둥 모양의 맨틀 덩어리 – 옮긴이 주)일 때 주로 발생한다. 오늘날 동아프리카 열곡대처럼 판들이 서로 떨어져 나가는 발산 지점에서는 보통 맨틀 대류가 상승류, 즉 뜨거운 플룸이다.

그러면 지구상에서 판구조 운동은 언제 시작됐을까? 판구조 운동은 늘 존재했던 것일까? 오늘날 우리는 현대식 판구조 네트워크를 당연하게 여기지만, 지구가 항상 판구조 운동을 하지는 않았고 지구의 구조상 양식이 시간이 흐르면서 진화해왔다는 증거가 늘고 있다. 실제로 매우 원시적인 지구에서 판구조 운동과 유사한 작용이 일어났을 수도 있다는 단편적 증거가 있기는 하다. 하지만 가장 오래된 암석에서 얻은 이런 증거는 이들의 지구화학적 성질이 현대 암석과 유사하다고 가정하고 판구조론 관점에서 해석된 것일 뿐이다. 그리고 이 같은 유사성은 다른 방식으로도 설명될 수 있다. 만약 지구가 초기에는 판구조 운동을 하지 않았다면 어린 지구는 어떻게 작동했고, 어떻게 판구조 운동이 발달하는 방식으로 진화했을까? 판구조 운동을 지구의 장구한 역사 속에서 더 넓게 살펴보면, 현재 판구조 운동이 존재한다고 해서 앞으로도 영원히 이어지리라 장담할 수 없다는 사실을 깨닫게 된다.

그 이유는 무엇일까? 판구조 운동의 엔진을 움직이는 연료, 즉 지구의 내부 열에너지는 한정된 자원이다. 그래서 판구조 운동이 무기한으로 가동되는 일은 불가능하다. 어쩌면 미래의 지구는 구조적으로 불활성 상태인 금성처럼 그을리고 정체된 덮개가 생길지도 모른다. 하지만 판구조 운동은 또 다른 초대륙을 형성할 만큼, 그리고 그 후로도 아마 몇 번 더 순환을 반복할 만큼 오래 지속될 테니 안심하자. 그렇다고 이 책에서 우리 앞에 놓일 초대륙 그 너머를 추측하지는 않을 것이다. 2억 년 후의 예측만으로도 이미 할 만큼 했다.

미래를 전망할 때는 신중해야 하므로, 나는 이 책에서 채택한 과학적 접근법과 그 안에 담긴 과학을 언급할 것이다. 다음 초대륙을 예측하는 것은 무분별한 추측도 쑥쑥 자라게 하는 비옥한 땅이라고 볼 수 있다. 과학자들은 여러 인터뷰에서 다음 초대륙의 성향을 추측한 견해를 밝혀왔다. 실제로 타당한 근거가 제공되어 이러한 견해를 뒷받침하기도 한다. 하지만 이렇게 공개적으로 밝히는 추측은 과학자들 사이에서 동료 평가라는 철저한 검토를 거치지 않는다. 이 책에서는 인류 생존에 대한 철학적 이야기를 담은 마지막 장을 제외하고, 주로 치열하게 동료 평가를 받은 논문들을 증거와 이론으로 삼아 우리 주장의 밑바탕으로 삼을 것이다. 과학 문헌도 검증 도구가 될 것이다. 또 다른 초대륙이 형성된다는 것은 이미 피할 수 없는 사실이고, 몇 가지 분명한 징후—거대 대륙 유라시아가 이미 절반 가까이 완성됐다—는 그 과정이 잘 진행되고 있음을 증명한다.

그렇다. 무슨 일이 벌어질지 확인하겠다고 마냥 기다리고 있어서는 다음 초대륙 가설들을 검증할 수 없다. 하지만 지구가 과거에 다수의 초대륙을 목격해왔기에 이러한 이전 순환에서 얻은 교훈을 사용해 미래 모델을 검증해볼 수 있다. 지질학은 학문 설립의 기치, 즉 '현재는 과거를 푸는 열쇠'라고 주장하는 동일과정설을 고수함으로써 처음으로 중요한 과학으로 자리 잡았다. 그리고 현재, 탄생한 지 두 세기밖에 안 된 과학 분야의 실천가로서, 지질학자들은 지구의 45억 년 역사 동안 자연적으로 발생한 실험에 대해 많은 것을 배웠다. 우리는 지금 과거의 정황이 현재의 단편을 이해하는 열쇠, 그리고 미래를 계획하는 열쇠라고 믿고 있다. 지질학적 역사는 되풀이되고, 앞으로 반복될 것이다.

또 다른 초대륙이 형성되기 위해서는 현재의 오대양이 온전히 유지될 수 없다. 그래서 어느 해양이 사라질지, 즉 '폐쇄'될지, 그리고 왜일지는 현재 지질학자들 사이에서 활발하게 논쟁이 벌어지고 있다. 내가 대학원생일 때, 다음 초대륙을 예측하는 전통적 모델들에서는 태평양이나 대서양, 두 해양 중 하나가 폐쇄되어야 했다. 태평양이 가장 최근의 초대륙인 판게아를 둘러쌌고 (즉, 판게아 외부에 있었고), 대서양이 판게아가 분리되는 동안 열린 내부 해양이기 때문에, 초대륙 순환의 기존 모델들은 각각 (태평양 폐쇄를 기준으로 한) '외향형 모델'과 (대서양 폐쇄를 기준으로 한) '내향형 모델'로 불렸다. 지금도 여전히 내향형 모델과 외향형 모델을 꿋꿋하게 지지하는 사람들이 있어서, 이 중 어느 모델을 다음 초대륙에 적용할지 확실히 합의가 이루어지지 않았다. 그런데도 초대륙 형성에 관심이 되살아나면서 새롭게 연구가 추진되고 있어, 엄연한 판구조론으로서 조금이라도 정제된 해석이 등장하면 오늘날 교과서에 큰 발전으로 기록

될 판이다.

이 책에서 우리는 미래 초대륙에 대해 몇 가지 가능성을 논의할 것이다. 그리고 내가 북극에 형성되리라 예측되는 초대륙 '아마시아 Amasia'에 한 표를 던진 이유도 설명할 것이다. 태평양이나 대서양이 닫히는 대신, 내 생각에 증거는 좀 더 복잡한 현상을 가리키는 것 같다. 카리브해가 폐쇄되면 남·북아메리카 대륙이 서로 융합할 것이고, 북극해가 폐쇄되면 남·북아메리카 대륙이 유라시아 대륙과 융합할 것이다. 아마시아를 예측하는 모델은 지구 핵과 지각 사이에 있는 매우 두꺼운 층인 맨틀과 그 맨틀의 거대하고 강력한 대류 흐름이 초대륙 형성에 미치는 영향을 처음으로 고려한 것이다. 이 책을 읽은 뒤 지구에서 다음 초대륙의 주인공이 아마시아라고 확신이 서지 않는다 해도, 초대륙과 우리 발밑 땅속에 숨겨진 과학을 조금 더 깊이 이해할 기회는 충분히 얻게 될 것이다.

판게아

새로운 발상에 대한 저항감은 그 중요성의 제곱만큼 거세진다.

— 버트런드 러셀Bertrand Russell

마지막으로 여러 대륙이 하나의 땅덩이로 연결됐을 때, 지구에는 여전히 공룡이 어슬렁거렸다. 그러나 초대륙 판게아가 **처음** 형태를 갖추기 시작한 약 3억 2,000만 년 전에 이들은 아직 진화론상으로 먼 조상의 배 속에 있지도 않았다. 동물이 바다에서 나와 육지로 처음 발을 디딘 것은 판게아 형성 바로 직전이었다. 대륙들이 완전히 합쳐진 시기에는 최초의 양서류가 이미 전 세계에 퍼져 있었다. 동시대인 약 3억만 년 전 석탄기에는 산소 농도가 그 어느 때보다 높게 치솟아(30퍼센트에 육박할 정도였는데, 오늘날에는 22퍼센트를 넘기지 않는다) 새롭게 진화한 곤충들이 너무 커지는 바람에 잠자리가 수박만해지기도 했다. 산소 증가로 가장 거대한 척추동물인 공룡이 탄생했고, 이들은 판게아가 한창 정점에 이른 동안에도, 심지어는 산소 농도가 급격히 줄어든 뒤에도 전성기를 누렸다.

판게아는 가장 널리 알려졌고, 가장 최근에 생겼으며, 가장 많이 연구된 초대륙이다. 사람들이 판게아 이전에 존재했던 초대륙에 대해 알고 있는 정보는 틀림없이 대부분 판게아에 관한 내용을 활용하는 수준일 테다. 그런데도 우리는 아직 판게아를 속속들이 알지 못한다. 합쳐진 원인과 분리된 원인을 알아낸다면 앞으로 다가올 초대륙이 어떤 형태일지 파악할 수 있는 매우 중요한 정보가 될 것이다.

논쟁의 여지는 남아 있지만, **어떤** 대륙이 판게아에 속했고, **어디로** 이동했고, **언제쯤** 이 구도를 취하게 됐는지 우리는 이제 놀라울 만큼 정확히 알고 있다. 하지만 판게아가 **왜** 그런 특정 형태를 취했는지, 궁극적으로는 **어떻게** 대륙을 한데 모았는지는 아직 밝혀내지 못했다.

대학원 재학 시절에 지질학자 브렌던 머피Brendan Murphy와 데이미언 낸스Damian Nance가 쓴 논문 〈판게아 난제The Pangea Conundrum〉를 홀린 듯이 읽은 적이 있다. 머피와 낸스는 초대륙 연구를 둘러싼 체계 전반에서 문제점을 발견하고 그에 따른 과학 위기를 조명했다. 나는 이들이 초대륙 연구에서 말 그대로 패러다임의 대전환을 요구하고 있다는 것을 깨달았다. 그 위기란 게 무엇이었냐고 묻는다면? 머피와 낸스는 관찰 내용이 추정치와 맞지 않는다는 것을 알아냈다. 6억 년에서 4억 년 전 사이, '판게아 통합Pangea assembly'이라고 불리는 시기가 시작될 무렵에 두 종류의 해저 분지가 있었다. 하나는 (오늘날처럼) 여러 대륙 바깥쪽에 있는 거대하고 오래된 고태평양paleo-Pacific Ocean이고, 또 하나는 그맘때 생성되어 (현재 대서양처럼) 대륙들 사이 안쪽에 자리한 비교적 작은 규모의 젊은 해양(이아페투스Iapetus

해양과 레익Rheic 해양)이었다. 이론적으로 예상해볼 때 오래되고 차갑고 밀도가 높은 지각으로 구성된 해양은 맨틀 속으로 가라앉아 사라질 가능성이 컸다. 그리고 당시 대륙들 내부에 있던 젊은 해양이 직접 열어놓은 틈에서 솟아오르는 뜨거운 맨틀로부터 대륙을 밀어내고 있었고, 그 결과 대류 현상으로 차가운 맨틀이 이미 침강하고 있는 '내리막'을 따라 대륙들이 이동하게 됐다는 사실로 이러한 예상은 더욱 뒷받침됐다. 다르게 표현하면, 대륙들이 고태평양 위에서 만나 합쳐지고, 이아페투스와 레익 해양이 확장됐어야 맞다. 그런데 널리 알려진 판게아의 모습은 정반대다. 이아페투스와 레익, 잘 가! 고태평양 만세!(그림 2)

따라서 머피와 낸스가 제기한 난제는, 판게아가 형성되는 과정에서 왜 여러 대륙이 예상을 뒤집고 생긴 지 얼마 안 된 내부의 젊고 뜨겁고 부력 있는 해양을 소모했는지 설명이 안 된다는 점이었다.[1] 대륙은 어째서 오래되고 차갑고 밀도 높은 외부 해양을 소모하지 않고 돌연 태도를 바꿨을까? 맨틀에서 어떤 변화가 있었나? 여러 가설 중 어느 것에 결함이 있었나?

판구조론을 공부하는 학생들은 먼저 판에 작용하는 힘을 도식화한 '자유물체도' 그리는 법을 배우는데, 이는 여러 판 사이에서의 밀고 당기기를 표현한다. 힘 중에서 일부는 판 자체에서 발생한다. '섭입판 인력slab pull'은 가라앉는 섭입판이 해양판을 맨틀로 잡아당기는 힘이고, '해령 발산력ridge push'은 표면에서 새로운 해양 지각이 생성되면서 펼쳐진 해령(해저 산맥)에서 판을 밀어내는 힘이다. 개중에는 판 아래 맨틀에서 유래하는 힘도 있다. 암석으로 된 맨틀은 (지각보다

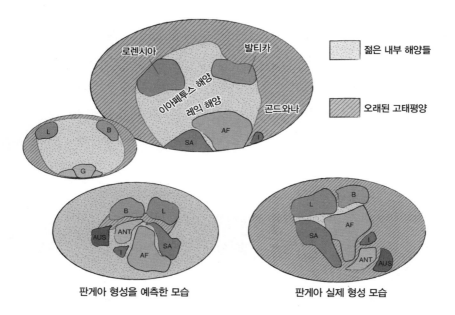

로렌시아　　발티카

젊은 내부 해양들

오래된 고태평양

이아페투스 해양
레익 해양
곤드와나

L　B

AF
SA
I

G

B　L

AUS　ANT
I　AF
SA

판게아 형성을 예측한 모습

L　B

SA　AF

ANT　AUS

판게아 실제 형성 모습

그림 2. 판게아 난제. 맨 위 지구는 판게아 통합 직전(~4억 2,000만 년 전) 대륙과 해양의 위치를 나타낸 것으로, 대륙 바깥쪽에 있는 오래된 고태평양과 대륙 사이 안쪽에 자리한 젊은 이아페투스와 레익 해양이 보인다. 왼쪽 아래는 낸스와 머피가 지적한 문제점을 보여주는데, 내부 신생 해양들이 외부 고태평양을 소모해가며 전에 없이 널리 확장해나감으로써 판게아가 형성됐어야 한다는 기존 이론 내용으로, 이에 따라 오래된 해양이 좁아지며 판게아가 형성됐으리라 추측했다. 그런데 실제로는 정반대의 상황이 벌어지며, 젊은 해양이 탄생했다가 소멸하는 반전이 있었다. 그렇게 판게아는 젊은 해양을 폐쇄하면서 형성됐다. (AF: 아프리카, ANT: 남극 대륙, AUS: 오스트레일리아, B: 발티카, G: 곤드와나, I: 인도, L: 로렌시아, SA: 남아메리카)

지구 더 깊숙한 곳에 있어서) 엄청난 압력을 받아 단단하기는 하지만, 핵에 가까운 탓에 매우 뜨거워 실제로는 아주 걸쭉한 시럽처럼 느리게 흐른다. 그 결과, 맨틀은 대류 현상을 일으키며, 뜨거운 공기가 상승하면 차가운 공기가 가라앉아 그 자리를 대체하는 오븐 속 공기처럼 움직인다. 맨틀에서의 대류 흐름은 위에 놓인 판의 이동에 영향을 주고, 판 자체에 작용하는 밀고 당기는 힘에 개입하기도 한다.

이런 갖가지 힘이 결합하는 방식에 따라 판이 움직이는 방향과 속도가 결정된다. 판 자체에서 작용하는 힘 중 가장 강하다고 평가받는 것은 섭입판 인력이다. 섭입판 인력은 실제로 해령 발산력보다 훨씬 강해서 전자를 능동적, 후자를 수동적이라고 언급하곤 한다. 해양 지각은 뜨거운 맨틀이 표면으로 솟아오르는 해령에서 처음 만들어진다. 새로 맨틀이 솟아나며 기존에 있던 지각을 밀어내는 동안, 오래된 기존 해양 지각은 식으며 수축해 밀도가 더 높아진다. 그래서 해양 지각이 더 오래되고 밀도가 높아질수록 맨틀로 가라앉아 사라질 가능성이 커지고, 이때 대륙이 서로 충돌한다. 판의 힘이 밑에 있는 맨틀 대류의 힘과 동시에 협력하여 작용하는 사례도 있다. 오늘날 섭입판이 맨틀 속으로 끌어당겨지는 장소가 있다면 그곳은 대류 현상으로 침강하는 찬 물질로 인해 맨틀 자체가 하강류인 장소이기도 하다. 다시 말해, 섭입판은 잡아당기고 맨틀은 끌어당기면서 대륙판이 대체로 같은 곳으로 이동한다는 뜻이다.

하지만 머피와 낸스가 이런 원리를 판게아에 적용했을 때, 사람들이 알고 있는 실제 판게아를 그대로 구현해낼 수 없었다. 두 사람은 판게아를 통합하기 위해 어느 해양이 소멸했는지 잘 아는 전문가들이다. 이들에 따르면 그 해양은 한때 북아메리카와 유럽 대륙을 현재 곤드와나Gondwana로 알려진 판게아의 남반부 대륙에서 분리했던 이아페투스와 레익이었다. 한 가지 문제라면, 이 분리 과정이 5억 5,000만 년에서 4억 5,000만 년 전 사이에 발생했다는 점이다. 그렇게 되면 이아페투스와 레익 해양은 그 후 얼마 안 된 4억 년에서 3억 년 전 사이 소멸할 당시에 매우 젊고 부력이 있는 해양이었다는 뜻 이다. 설상가상으로 문제가 더 복잡해졌다. 대륙 외부에 있던 더 크고 오래된 고태평양이 예상대로 소멸하기 시작했지만, 이렇게 가라앉는 섭입판이 고태평양을 희생양 삼아 대륙을 바깥쪽으로 끌어당기지 않고, 오히려 안쪽으로 붕괴하며 대륙 사이 내부에 있는 해양을 소모한 것이다.

이럴 때 전문성을 발휘해야 할 사람들은 당연히 과학자들이지만, 안타깝게도 판의 움직임을 설명하는 힘을 계산하는 과학자들과 여러 움직임이 어떻게 일어났는지 보여주는 증거를 발견하는 과학자들이 나뉘어 있다. 내 대학원 지도 교수 중 한 명인 예일대학교의 마크 브랜던Mark Brandon 교수는 과학을 십자말풀이처럼 생각하라고 가르쳤다. 십자말풀이에는 수직으로 내려가는 ('세로') 단어들이 있고, 수평으로 나아가는 ('가로') 단어들이 있다. 이런 두 유형의 단어들이 교차하려면, 그리고 퍼즐을 풀려면 가로 단어와 세로 단어 사이에는 내적 일관성이 있어야 한다. 과학적 전문 지식의 유사성에 따라, 세로를 전문으로 하는 사람과 가로를 전문으로 하는 사람이 있다. 초대륙의 경우에는, 판을 밀고 당기고 끄는 무수한 힘을 계산할 수 있는 숙련된 컴퓨터 모델러(지구역학자)가 가로를 전문으로 한다. 세로를 전문으로 하는 사람은 어느 대륙이 언제 충돌했는지 역사를 알려줄 수 있는 암석 전문가(지질학자)다. 머피와 낸스가 제대로 짚었듯이, 이 과학적 위기가 생긴 주요 원인은 본질적으로 지구역학자나 지질학자가 틀려서가 아니었다. 그저 서로가 제약 사항을 충분히 고려했어야 한다는 것이다.

　머피와 낸스가 노력한 끝에 두 전문가 집단은 자신들이 판게아 통합이라는 같은 퍼즐을 풀려고 애쓰고 있었다는 사실을, 그리고 반드시 협력해야 한다는 사실을 인정하게 됐다. 암석이 들려주는 이야기에 집중하면서 두 사람은 중대한 문제를 해결해야 한다고 지적했다. 초대륙 연구 중에 무언가 놓친 게 있었고, 이 상황을 극복하기 위해서는 바로 패러다임의 대전환이 필요하다는 것이었다. 하지만 판게아를 둘러싼 여러 문제점을 더 깊이 파고들기 전에, 먼저 지질학자들이 과거의 과학적 위기를 이미 성공적으로 극복했다는 사실을 인정할 필요가 있다. 이들이 우리가 오늘날 직면한 문제를 해결하는 데 다시 한번 기대할 만한 가속도를 불어넣기를 바란다.

* * *

　지질학자 중에는 알프레트 베게너를 판구조론의 창시자라고 부르길 꺼리는 사람은 있어도, 판게아의 창시자라고 부르는 데 이의를 제기하는 사람은 없다. 베게너는 '판게아(그가 만든 용어로, '모든 땅'이라는 뜻)'라는 표현을 이끌어낸 인물로, 이 용어를 세상의 모든 대륙이 서로 맞닿아 있는 '초대륙(베게너의 모국어인 독일어 '우르콘티넨트 Urkontinent'를 번역한 단어로 '원시 혹은 원초 대륙'을 뜻한다)'이라고 최초로 묘사했다. 과학자들은 이제 지구 역사상 여러 초대륙(판게아, 로디니아, 컬럼비아)이 존재했다고 믿고 있고, 지구물리학자로서 어쩔 수 없이 다소 편향된 견해를 지닌 나조차 초대륙 순환이 인간이 현

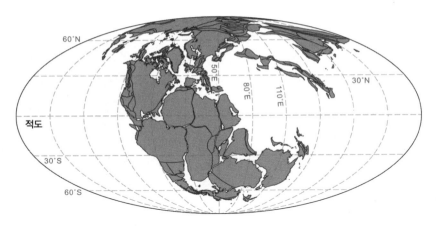

그림 3. 2억 년 전, 판게아가 분리되기 직전을 고지리학적으로 재구성한 모습.

재 이해하고 있는 지구의 작동 원리 중 가장 웅장한 이론이라고 생
각한다. 베게너가 재구성한 판게아의 여러 세부 사항은 이후로 상당
부분 수정됐고, 특히 지질시대에서 연대를 구분하는 그의 개념도 크
게 바뀌었다. 하지만 베게너가 제시한, 지금도 유명한 초대륙의 기하
학적 구성은 오랜 세월이 지났어도 여전히 건재하다(그림 3).

알프레트 베게너는 시대를 앞선 과학자였다(그림 4). 20세기가
시작되고 수십 년간, 베게너는 훗날 1960년대의 '판구조 혁명'으로
알려질 이론의 씨앗들을 심었다.[2] 베게너가 내세운 대륙 이동의 개
념은 현재의 판구조론과 상당히 다르다. 판구조론에서는 대륙이 실
제로 움직이는 판에 박혀서 수동적으로 이동하는 승객처럼 여겨지
기 때문이다. 하지만 '이동'이라는 개념 자체는 대륙판이 아래에 놓
인 맨틀의 '지형적' 고지대에서 저지대로 '내리막길'을 흘러 내려간
다는 점에서 잘 맞아떨어진다. 하지만 베게너의 이론에는 뚜렷한 기

그림 4. 1930년의 알프레트 베게너. Photo credit: Johannes Georgi. Photograph courtesy of Archiv für deutsche Polarforschung/Alfred–Wegener–Institut.

제가 없었고, 그가 강조한 이동하는 대륙의 개념은 당시 사람들에게 보편적으로 알려진 고정된 대륙과는 완전히 달랐다. 실제로 어떤 이유에서든 대륙이 움직일 수 있다는 가장 기본적인 개념조차 당시 지질학자들 사이에서는 받아들여지지 않았다.

베게너의 이론을 검증하는 데 이용할 만한 기술이 당시에는 없었다. 베게너가 사망한 해, 음향측심법을 이용해 대서양 중앙 해령의 해저 깊이를 처음으로 측정할 수 있게 됐다. 음향측심법은 수중 음파 탐지기를 사용해 수중 지형을 파악하는 방법으로, 해저로 음파를 내려보낸 다음 다시 선박으로 되돌아오는 시간을 측정한다. 그런 다음 해수의 음속을 고려해서 그 시간을 거리로 변환할 수 있다. 최초의 해저지형도에서 수중 산악 능선인 대서양 중앙 해령이 모습을 드러냈는데, 이곳이 바로 베게너가 언급한 이동하는 대륙들이 멀어져 간 발산 경계 역할을 했다. 안타깝게도 1930년, 그린란드의 빙상 두께를 측정하려 나선 네 번째 북극 탐험에서, 베게너와 열네 명으로 이루어진 탐험 팀은 (영하 60도에 이르는) 매우 혹독한 추위를 만나, 무선 연락도 끊긴 채 발이 묶였다. 베게너와 그의 길잡이였던 라스무스 빌름센Rasmus Villumsen은 팀원에게 식량을 가져다주기 위해 베이스캠프에 다녀오기로 결심하고 단호히 길을 나섰지만, 탈진해서인지 몸 상태가 악화해서인지 비명횡사하고 말았다.[3] 베게너가 50세라는 젊은 나이에 비극적으로 사망하지 않았더라면 자신의 대륙 이동설에서 놓쳤던 중요 메커니즘인 판 경계의 증거를 찾을 수 있었을 것이다. 그리고 베게너가 이런 해령 자료를 직접 봤더라면 고정된 대륙이라는 패러다임을 효과적으로 뒤집을 증거를 얻게 됐으니, 직접 시작한 혁명을 완성할 수 있었을 터였다.

지금까지도 베게너는 지질학 역사에서 영향력 있는 인물로 손꼽힌다. 남아메리카와 아프리카의 해안선이 얼마나 완벽히 들어맞는지 주목한 최초의 인물은 아닐지라도, 그 해안선이 왜 잘 맞는지 과학 이론으로 주창한 최초의 인물이었다. 베게너와 같은 믿음과 선견지명을 지녔던 동시대인이 딱 한 명 있었다. 그는 바로 남아프리카의 지질학자 알렉산더 더토이Alexander Du Toit였다. 그는 저서 《떠도는 우리 대륙Our Wandering Continents》(1937)에서 남반구의 대륙들이 아귀가 서로 잘 맞는다고 언급했고, 남반구 대륙들의 연관성을 찾기 위해 베게너보다 훨씬 많은 지질학적 증거를 모으기 시작했다.[4] 남아메리카, 아프리카, 인도, 남극 대륙, 오스트레일리아로 구성된 남반구의 거대 대륙은 오늘날 유라시아만큼이나 어마어마하게 컸다. 더토이는 이 거대 대륙에 '곤드와나'라는 명칭을 붙였는데, 이는 '곤드족의 숲'이라는 의미가 있는 산스크리트어에서 비롯됐다. 이는 더토이가 여러 대륙 간의 지질학적 연관성을 찾고자 사용한 인도 셰일암의 일종과도 이름이 같다. 거대한 곤드와나 네트워크는 판게아의 절반 이상을 차지한다. 하지만 베게너는 곤드와나로는 만족하지 않았다. 그는 온전한 하나의 초대륙을 염두에 두고 있었다.

* * *

베게너는 해안선이 들어맞는 것에서 멈추지 않았다. 한 발 더 나아가 대륙들의 이동 수단을 제시했다. 만약 대륙이 한때 판게아 안에서 함께 자리를 잡았다면 그 대륙들은 현재의 분리된 위치에 도달하기 위해 지질시대를 지나는 동안 이동해왔을 것이 분명했다. 베게너 생전에 과학계가 그의 대륙 이동설을 받아들이지 않았던 이유는 작용 원리가 설명되지 않았기 때문이다. 대륙이 움직일 수 있는 이유를 설명할 강력한 메커니즘을 찾지 못했기에, 베게너는 판게아의 존재와 대륙 이동의 실증적 증거를 최대한 많이 모아야 했다. 베게너는 이를 바로 실행에 옮겼고, 지구과학에 속하는 측지학, 지구물리학, 지질학, 고생물학은 물론이고 기상학을 전공한 본인의 이력을 살려 기후학도 포함해 많은 학과목에서 관련 증거를 끌어모았다. 우리는 이 전문 분야들을 각각 살피고 왜 이들 분야의 독립적인 일련의 증거가 하나같이 같은 결론, 즉 대륙이 고정되어 있지 않고 움직였다는 결론을 가리키는지 분석할 것이다.

측지학은 지표면의 형태와 중력을 측정하는 학문으로, 우리는 거의 매일 이 학문에 의존해 살고 있다 해도 과언이 아니다. 도시 사이를 주행할 때나 도시에서 길을 걸을 때 방향을 알려주는 장치인 GPS(전지구 위치측정 시스템)를 떠올려보자. 측지학은 지질학자들이 지진을 더 정확히 예측하기 위해 샌앤드레이어스 단층의 양측 움직임을 측정하는 데 사용하기도 한다. 베게너도 여러 대륙이 속도를 맞춰 매우 느리게 이동했는지 검증하려 측지학을 사용했다. 물론 당시에는 GPS를 쏘아 올릴 위성과 로켓이 발명되기 전이었기에 베게너는 GPS를 사용하지 않았지만, 그와 같은 수학적 삼각측량 원리들을 적용했다. 그렇게 지상 기반 측량 기기로도 정확한 지리적 위치가 산정됐다. 실제로 위성이 측정값의 정확성을 높였지만, 베게너가 살던 시절의 측지학도 다음과 같이 비슷한 결과를 보여줬다. 즉, 대륙은 서로 보조를 맞추어 천천히, 그러면서도 감지할 수 있게 1년에 몇 센티미터씩, 거의 사람 손톱이 자라는 속도만큼 움직인다는 것이다. 베게너가 측지학으로 대륙 이동의 사례를 모으기 시작했다는 것은 인상적이긴 해도 놀랍지는 않을 것이다. 오늘날까지도 측지학 자료는 대류이 판의 빈틈없는 연계에 속해 움직인다는 가장 뚜렷하고 정밀한 증거로 받아들여진다.

그다음으로 베게너는 자신이 관측한 내용 중에서 해양과 대류의 고도가 다르다는 가장 근본적 내용을 지적했다. 해양과 대류은 각각 구성 성분의 밀도에서 확연히 차이가 난다. 이 때문에 부력이 있는 화강암으로 이루어진 대류(밀도 2.7g/㎤)은 높이 솟고, 밀도가 높은 현무암으로 이루어진 해양 지각(밀도 2.9g/㎤)은 가라앉는다. 물에 뜨는 나무토막처럼 부력의 원리는 밑에 있는 물질, 즉, 대류 현상을 일으키는 더 밀도 높은 맨틀(밀도 3.35g/㎤)이 대류판과 해양판을 모두 뜨게 할 정도로 충분히 무를 경우에만 적용된다. 베게너가 알아낸 대류과 해양의 차이는 현재는 과학적 이해로 받아들여지지만, 당시에는 그 자체로 중요한 발견이었다는 점을 기억하자. 기상학자로서 지구물리학을 선호한 베게너가 대류과 해양을 식별한 것은 본질적으로 새로웠다.

판게아의 지질학적 증거는 암석에서 찾을 수 있다. 베게너는 가장 눈에 띄는 지질학적 극치, 즉 지구에서 가장 깊고 가장 높고 가장 빠르게 변하고 있는 지질학적 풍경 중 일부를 예로 든다. 그는 우리를 우뚝 솟은 에베레스트산으로 데리고 가서 인도가 아시아와 충돌했을 때 히말라야산맥이 어떻게 형성됐는지 설명한다. 동아프리카의 깊은 골짜기로 데려가서는 그곳의 가라앉은 지형이 초대류 판게아가 열개 작용-rifting(지구의 암석권에서 발생하는 균열과 분리 현상을 의미-옮긴이 주)을 지속했던 정황을 현재에 보여주는 증거라고 주장한다. 베게너는 먼저 북아메리카가 아프리카에서 떨어져 나왔고, 뒤

이어 순차적으로 남아메리카, 오스트레일리아, 남극 대륙, 그리고 인도가 분리됐으며 현재의 아프리카가 동아프리카 열곡대를 따라 쪼개지기 시작했다고 추정했다. 베게너는 모든 사례에서 초대륙 판게아가 분리되고 대서양이 열리는 과정의 대륙 이동을 정확하게 묘사했다.

하지만 화석 기록에서 고생물학적 증거를 찾은 것이야말로 베게너가 남긴 가장 성공적인 불변의 유산이다. 초대륙 판게아에서 한때 인접했다가 떨어져 나온 대륙 파편에서 얻은 화석의 패턴을 맞춰봤다는 점에서, 그의 통찰력은 모든 지질학 교본에서 기본 개념으로서 확고히 자리를 잡게 된다. 뉴욕에 있는 미국 자연사 박물관에는 학생들이 직접 풀어볼 수 있게 만든 판게아 그림(하지만 정확한!) 퍼즐이 있다.[5] 퍼즐 내용은 베게너가 처음으로 대륙들을 판게아라는 꼭 맞는 단일 배치 형태로 정리했을 때 짐작했던 것과 기본적으로 같은 형태다. 하지만 이렇게 이해하기 쉬운 판게아 퍼즐 문제에는 고대 동물 종의 지리적 분포를 다룬 생물지리학에 대한 베게너의 견해가 절반만 담겨 있을 뿐이다.

그는 화석 기록을 사용함으로써 태평양 아래에 있는 지각이 대서양 아래의 지각보다 생긴 지 더 오래되어야 한다고, 그것도 상당히 차이가 날 정도여야 한다고 꽤 자신 있게 제안했다. 우리는 지구 표면에서 해저 분지가 고대 대륙에 비해 수명이 짧은 지질학적 특성이 있다는 것을 이제 알고 있고, 이는 베게너가 추측했던 그대로다. 해저 분지는 판의 밀도가 매우 높아서 이동하는 대륙판들이 충돌하면 아래로 밀려 들어가며 섭입된다. 자, 전 세계 해저의 연대가 추정됐으니 판결이 내려졌다. 흥미롭게도 태평양과 대서양의 밑에 놓인 가장 오래된 지각의 나이는 약 1억 8,000만 년으로 거의 같다.[6] 그런데 그것은 그저 지각의 나이일 뿐이다. 물론 대서양은 그 가장 오래된 지각의 나이만큼만 살아온 것이 맞다. 하지만 모든 대륙의 주변에 있는 현재 태평양 해역 분지의 조상인 거대한 외해는 수억 년간 열려 있었고, 심지어 판게아보다 먼저 형성됐다고 과학자들은 추측한다. 이 역시 베게너가 본인의 생물지리학 지식에 근거한 비교 연구를 통해 유추한 그대로였다. 오늘날 우리는 태평양처럼 장수하는 '초대양'이 자신의 가장 오래된 지각을 선택적으로 섭입하고, 해저 분지 내에서 새롭게 일련의 해양판의 생성함으로써 마치 평생에 걸쳐 허물을 벗는 뱀처럼 새로워질 수 있다는 사실을 안다. 이런 해저 분지의 장기 생활 주기와 이른바 초대륙 순환의 패턴은 지금도 토론이 활발하게 이루어지고 있다. 베게너는 오늘날 논의 중인 수많은 주제를 처음으로 제시했고, 그의 목소리는 지금도 여전히 가치 있다.

* * *

베게너에게 선견지명이 있었다고 해도 판게아 이야기는 거기서 끝나지 않는다. 지질학자들은 오로지 대륙 이동의 결정적 증거를 찾아야만 판게아의 존재를 증명할 수 있다. 그러므로 대륙 이동설을 검증하는 데에만 수십 년이 걸릴 터였다. 1960년대에 이루어진 진보가 판구조 '혁명'으로 알려져 온 이유가 있다. 베게너는 대륙이 어떻게든 이동했다는 필수 조건을 주장할 때도 이를 설명할 근본적인 물리적 기제가 없었다. 과학은 이론과 증거라는 두 축을 기반으로 한다. 베게너가 모은 판게아와 대륙 이동에 관한 모든 증거에도 불구하고, 사실상 대륙을 이동하게 할 이치에 맞는 물리적 기제를 알아내기 전까지는 과학 이론의 신분으로 승격될 수 없었다. 판게아를 증명하는 일은 판구조론이 발견될 때까지 기다려야 했다.

베게너는 대륙과 해양의 기원을 모두 설명하려 시도했지만, 대륙에 관한 자료만 있었기에 대륙에 중점을 두었다. 그런데 곧 밝혀지겠지만 해양이야말로 판구조 운동의 비밀을 쥐고 있는 존재다. 발산력이 있고 수렴력이 있는 판 경계, 즉 판구조 운동에서 생성하는 힘과 소멸하는 힘이 주로 발견되는 곳은 바로 해저다.

고대 대륙과 비교해 상대적으로 젊은 해양은 지구 표면에 일시적으로 나타나는 특성이다. 대륙은 수십억 년을 살아왔지만 해저 분지는 고작 수억 년을 살았을 뿐이다. 대륙은 보통 상대적으로 부력이 있는 화강암으로 이루어졌고, 해양 지각은 주로 더 밀도가 높은 현무암으로 구성되어 있다. 그래서 대륙끼리 충돌하면 소멸하는 것은 대륙 사이에 있던 해양 지각이다. 해양 지각은 대륙 아래로 잠기며 맨틀 속에서 재활용된다.

해양이 비교적 단명할지는 몰라도, 우리에게 제공하는 판구조 운동의 정보는 어마어마하다. 잠수함이 등장하고 제2차 세계 대전이 발발하면서 우연히도 판구조 혁명에 박차가 가해졌다. 항해상 우위를 점하고 은신처를 찾기 위해 해저 지도 제작에 참여한 지질학자들이 잠수함에 올랐다가 뜻밖에도 수면 아래에 숨어 있던 지구의 실제 모습을 처음으로 보게 된 것이다. 원래 연구원들은 해저가 평평하고 별다른 특색이 없으리라 예측했다. 잠수함 항해를 통해 그들이 틀렸다는 사실이 밝혀지면서 과학 연구 기관들은 냉전 기간에도, 1950년대 AT&T의 벨 연구소가 최초의 대서양 횡단 전화선을 설치하던 기간에도 수중 탐사를 이어나갔다.[7] 미국에는 판구조 혁명을 이끈 자랑스러운 해양학 연구소가 세 곳 있다. 바로 컬럼비아대학교 라몬트-도허티 지구연구소(뉴욕 팰리세이즈), 스크립스 해양연구소(캘리포니아 샌디에이고), 우즈홀 해양연구소(매사추세츠 우즈홀)다.

* * *

우주에서 지구 표면을 관찰하면, 각 대륙의 가장자리를 따라 완만하게 곡선을 그리며 나아가는 선형의 대규모 산맥이 눈에 확 들어온다. 선형 산악 지대는 판구조 운동이 확연히 드러난 흔적이고, 지구 밖에서도 판구조 운동이 진행되는지 가능성을 확인하기 위해 다른 행성이나 위성에서 찾아볼 만한 특징이다.

사실 지구상에서 가장 긴 산맥은 바닷속에 있다. 이러한 수중 해저 산맥은 전 세계 해양 사이에서 서로 연결되어 지구를 둘러싸고 있는 모습이어서 마치 야구공 솔기를 보는 것 같다. 지질학자 중에는 해저 산맥, 즉 해령이 단 **하나**라고 말하는 사람도 있다. 하나의 해령이 북아메리카의 한 면에서 시작해 지구를 거의 한 바퀴 돌아 북아메리카의 반대 면까지 이어진 것으로 추적되기 때문이다. 이 광범위한 해령은 대략 북극해, 구체적으로는 그 해령의 존재를 예측한 소련 탐험가의 이름을 따서 가켈 해령Gakkel Ridge으로 불리는 곳에서 시작해 그린란드 남쪽을 지나 대서양을 양분하는 대서양 중앙 해령 Mid-Atlantic Ridge 으로 이어지고, 그다음 아프리카의 뿔을 감싼 남서 인도양 해령으로 연결됐다가, 오스트레일리아의 남측 만곡부를 둘러싼 남동 인도양 해령으로 이어지고, 태평양 남극 해령으로 연결됐다가, 동태평양 해령에 연결된 다음, 마침내 멕시코 바하칼리포르니아 해안에서 끝난다. 여섯 개의 이름으로 세계를 일주하지만, 하나로 끊임없이 이어지는 해저 능선이다.

이러한 해령, 즉 수중 산맥들은 판구조 운동의 재생력을 보여준다. 해령은 두 판의 판구조 운동이 발산하는 지점에서 발생하는데, 그곳에서는 밑에 있는 뜨거운 유동성 맨틀이 해저 확장이라고 불리는 과정에서 표면에 이르게 된다. 우뚝 솟은 해령과 해저 확장 과정에서 해령이 탄생하는 것을 확인함으로써 1950년대 말과 1960년대 초 사이 판구조론에 시동이 걸렸다. 녹은 맨틀이 용승하고 뒤이어 식으며 새 지각을 형성하는 것이 증명되면서 마침내 베게너가 주장한 대로 대륙들이 아프리카를 중심으로 서로 달라붙어 있던 판게아 모습에서 벗어나 현재 위치로 움직이게 된 수단이 마련됐다. 베게너의 대륙 이동설이 드디어 동력을 만났다.

대륙에 있는 산의 높이는 대체로 나이에 기인한다. 산은 나이가 들수록 일반적으로 높이가 낮은데, 그 이유는 침식될 시간이 더 많았기 때문이다. 시간이 흐르면서 한때 높이 솟았던 산의 높이는 물, 바람, 또는 얼음의 침식 작용으로 점점 깎여 내려간다. 해양의 수심 측량술도 육지 위 지형학과 같이 통칙을 따른다. 즉, 해령의 수심이 더 깊고 높이가 낮을수록 생긴 지 오래됐음을 뜻한다. 녹았던 맨틀 물질이 식으며 수축하면 밀도가 높아지면서 내려앉는다. 새로운 마그마가 해령 아래에서 끊임없이 올라오며 해저가 확장을 이어가면, 더 오래된 해양 지각은 열원에서 더 멀리 밀려나고 식으면서 수축해 더 조밀해진다. 냉각과 수축으로 밀도가 증가하기도 하지만, 해양 지각은 시간이 지나면서 작은 구멍 속으로 더 많은 해수가 유입되면서 수분도 머금게 된다. 이러한 과정들이 쌓이면서 해양 지각은 나이가 들수록 밀도를 높여가고, 이에 따라 오래될수록 점점 더 깊이 이동하게 된다. 결국 높아진 밀도로 고향인 맨틀 속으로 다시 가라앉게 된다. 이것이 자연의 위대한 재활용 프로젝트다.

모든 해령은 수심 2,600미터 정도로 높이가 거의 비슷한데, 이는 맨틀로부터 해양으로 분출되는 마그마 온도에 따라 정해진 높이다. 비록 이러한 해령들은 시간이 지나면서 원래 높이를 잃는 경향이 있지만, 해령에서 멀어지는 해저의 경사는 해양마다 현저히 달라진다. 어떻게 여러 해령이 높이는 같은데 경사는 다를 수 있을까? 해령에서 멀어지는 해저의 경사는 해저 확장 속도와 관련이 있다. 그리고 해령에서 멀어지는 해저 확장 속도는 밑에 있는 열원인 맨틀과 관계가 있다. 태평양에서 나타나는 해저 경사는 폭이 넓고 완만하지만, 남서 인도양에 있는 해저 경사는 폭이 좁고 가파르고, 대서양은 이 양극 사이 중간 정도에 해당한다. 해저 경사의 가파른 정도가 차이 나는 이유는 맨틀에서 여러 해양으로 열이 빠져나오는 속도가 각기 다름을 반영한 것으로 보인다. 밑에 있는 맨틀에서 더 많은 열이 공급될수록, 생성되는 마그마가 더 많을수록, 해저가 더 빠르게 확장할수록, 해저 경사는 더 완만해진다. 다음에 확인해보겠지만, 해령에

그림 5. 1961년 대서양 해저와 대서양 중앙 해령의 특징을 나타낸 지도를 그린 마리 타프. Photograph courtesy of the Lamont– Doherty Earth Observatory and the estate of Marie Tharp.

서 멀어지는 경사가 태평양보다 급한 대서양에서 해령을 최초로 발견한 것은 놀라운 일이 아니다. 달리 말하면, 태평양에 있는 더 활발하고 완만한 해령이 발견하기 더 어려웠다는 뜻이다.

일찍이 1940년대 말, 지질학자이자 해양학자이며 지도 제작자인 라몬트-도허티 지구연구소의 마리 타프Marie Tharp는 해령을 표현한 최초의 해저 지도를 만들었다(그림 5). 당시는 해군 규정이라는 명목하에 여성 혐오가 존재했던 시기라 여성이 배에 탑승하는 일이 허락되지 않았다. 타프는 1960년대까지 자료 수집을 도울 수 없었기 때문에, 할 수 있는 일이라고는 그녀가 있던 뉴욕 펠리세이즈 연구소에 도착한 수심 측량 자료를 처리하는 것뿐이었다. 하지만 타프는 처리 작업에만 안주하지 않았다. 지도가 보여주는 최대한의 정보를 읽어낼 수 있도록 동료들을 도왔고, 그 결과 대서양 중앙 해령의 존

그림 6. 북대서양에 있는 대서양 중앙 해령의 들쭉날쭉한 산마루를 담은 그림으로, 마리 타프와 그의 동료 브루스 히젠(Bruce Heezen)이 제작함. Reprinted courtesy of copyright ⓒ holder Fiona Schiano- Yacopino for Marie Tharp Map of PDNA.

재를 발견했다.

해령은 단순히 바다 밑바닥에서 2,000미터 이상 솟아오르고, 수심 약 2,600미터의 우뚝 솟은 높이로만 알려진 것은 아니다. 이러한 숨겨진 수중 산맥은 매우 넓은 폭으로 수심 약 3,000~6,000미터 사이에 있는 해저의 심해 평원까지 굴곡을 그리며 내려간다. 타프가 만든 상세한 지도에는 이러한 해령들(그림 6)이 솟아오른 모습뿐만 아니라 산마루를 따라 좁은 계곡이 나 있는 것도 특징이었다. 그런데 왜 그럴까? 실마리를 잡은 사람은 타프의 동료로, 그는 지진이 이러한 좁은 계곡 가까이에서 더 빈번히 발생했다는 사실을 발견했다. 타프의 남성 상관들은 회의적 태도를 보였지만, 타프는 지진 활동이 활발히 일어나는 해령 꼭대기의 계곡들이 해저가 당겨지며 갈라져 형성된 열곡rift valley일 가능성이 크다고 보고, 이에 따라 대륙들이 서

판게아

로 멀리 떨어지게 된 것으로 판단했다. 타프는 판구조 혁명을 다룬 다수의 초기 논문에 저자로 이름을 올렸지만, 그의 결정적 역할이 없었다면 판구조 혁명이 지연됐을 수도 있다는 점에서 지하 세계의 지도 제작자로서 그 공로는 더 크게 인정받아야 했다.[8]

과열된 맨틀이 식는 방법에는 해저 확장만 있는 것이 아니다. 또한 잠수함 항해로 발견된 수중 지질학적 특징에 해령만 있는 것도 아니었다. 판구조 혁명을 위해 발견을 이어나가려면 더 깊고 더 얕게 조사해야 한다.

에베레스트산은 해발 8,848미터로 육지에서 가장 높은 고지다. 잘 알려지지 않은 육지의 최저점은 해수면 아래 433미터로, 요르단과 팔레스타인 사이에 있는 사해의 물가를 따라 이어지는 곳이다. 그러므로 대륙의 가장 높은 곳과 낮은 곳의 차이는 9,281미터다. 그리고 수중에서 가장 깊은 해구는 필리핀 인근 해역에 있는 마리아나 해구Mariana Trench다. 2009년 미 해군 조사선 알브이 킬로 모아나 RV kilo Moana호가 측량 조사 중 측정한, 해구에서 가장 깊은 지점은 챌린저 해연Challenger Deep이라고 알려진 곳으로 수심 1만 994미터였다. 따라서 수중에서 최고점과 최저점 사이의 차이는 육지에서의 차이보다 1,713미터 더 크다. 간단히 말해서 수심 측량술이 지형학보다 극한 분야다. 어떤 면에서는 해저가 육지의 산악 지대보다 산세가 험하다고 볼 수 있다.

★ ★ ★

왜 해구는 이처럼 극도로 깊을까? 해구는 판구조 운동의 소멸하는 힘인 '섭입'이라는 현상 때문에 아래로 당겨진 해양 지각이다. 만약 해령에서 해저가 확장되며 새로운 해양 지각을 만들어낸다면 어떤 곳에서는 지각이 그만큼 소멸해야 하며, 그렇지 않으면 지구는 팽창할 것이라는 결론에 도달한다. 판구조 혁명이 뿌리를 내리기 전에는 지구의 부피가 증가한다는 '지구팽창설'이 잠재적으로 지구의 주름진 지각을 설명하는 것으로 받아들여졌다(그림 7).[9] 그러나 결국에는 증거 부족으로 대세 여론이 이 가설을 외면했다. 우리는 19세기, 켈빈 경Lord Kelvin으로도 불리는 윌리엄 톰슨William Thomson이 남긴 업적으로 지구가 식어간다는 것을 알게 됐다.[10] 대류와 방사능을 발견한 이후로는 뜨거웠던 지구의 형성 과정과 방사성 원소의 붕괴에서 비롯된 내부 열을 차가운 우주로 서서히 빼앗기고 있다는 것도 이제 안다. 물이 얼음으로 변하면서 팽창하는 것처럼 드물게 예외가 있기는 하지만, 물질은 대부분 식으면 수축한다. 그러므로 이론적으로나 경험적으로 지구는 확장하지 않는다. 만약 해저 확장이라는 생성하는 힘이 발생하고 있다면, 그와 동등하게 소멸하는 힘도 어딘가에서 반드시 발생해야 한다. 그런 지역이 바로 섭입대다. 섭입대를 발견한 것은 판구조 혁명에서 또 하나의 주춧돌이 됐다.

지구상에서 섭입은 주로 '불의 고리ring of fire'로 알려진 곳을 따라 발생하는데, 이곳은 대개 태평양에 속해 있는 거대한 테두리로 대다수 지진, 쓰나미, 화산 분출이 발생한다(그림 8). 2011년 3월 일본 후

그림 7. 팽창하는 지구. 지금은 퇴출된 초기 가설로, 시간이 흐르면서 지구의 반경이 팽창해 한때 하나로 붙어 있던 초대륙 판게아(왼쪽)가 분열된 대륙(오른쪽)으로 분포하게 된 과정을 설명했다. Image courtesy of thepublic domain from O. C. Hilgenberg, "Vom wachsenden Erdball," Charlottenburg, copyright 1933.

쿠시마에서 벌어진 참상은 불의 고리 인근에서 살아가는 위험성을 여지없이 보여주는 최근 증거다. 1964년 일어난, '성금요일 지진Good Friday earthquake'으로도 불리는 '알래스카 대지진Great Alaskan earthquake'은 북아메리카 역사상 기록된 가장 강력한 지진으로, 불의 고리 위에 놓인 알래스카의 남부 해안가 근처 섭입대에 걸쳐 발생했다. 섭입대를 따라 생긴 구조 운동으로 발생한 지진은 수직 운동을 하는 탓에 쓰나미나 산사태를 일으킬 수 있어서 매우 치명적이다. 두 판이 수렴할 때 하나는 아래로 밀리고 다른 하나는 위로 치고 올라간다. 위로 올려진 판 상부에 있던 물기둥 전체도 고스란히 밀어 올려지면서 쓰나미 파도를 만들어내는 넓고 거대한 융기를 일으킨다. 이 파도는 해양을 가로지르면서도 에너지를 거의 잃지 않아서 얕아지는 해안가와 충돌하면 파도가 지닌 엄청난 파괴적 에너지가 육지로

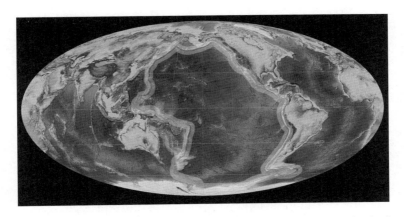

그림 8. 태평양 '불의 고리'로 오늘날 지진, 쓰나미, 화산 분출이 주로 발생하는 장소다. 해당 지역에는 (시계 반대 방향으로) 칠레, 캘리포니아, 알래스카, 일본, 인도네시아, 뉴질랜드가 있다.

고스란히 전달된다.

해저 확장으로 유발된 지진은 얕다(30킬로미터 미만). 섭입으로 인한 지진도 대개 얕긴 하지만, 매우 깊은 곳에서 발생하는 사례도 있다. 해양은 섭입되기 전 매우 드넓어서, 해양 지각이 해구에서 섭입될 때 맨틀로 밀려 내려간 해양 지각의 섭입판은 맨틀이라는 엄청나게 두꺼운 껍질을 끝까지 가로지르며 실제로 핵 경계까지 도달하기도 한다. 그런데 지진은 부서지기 쉬운 취성 암석에서만 발생하므로 깊은 지진의 패턴은 섭입 중인 판이 거의 600킬로미터에 이르는 깊이에서도 취성을 유지한다고 알려준다. 이는 그 섭입판이 얼마나 이례적으로 차가운지 보여주는 명백한 증거다. 그러므로 섭입과 관련해서 발생하는 지진은 지구상 가장 깊은 곳에서 일어나는 지진일 수도 있다. 지진이 더 깊은 곳에서 발생할수록 피해를 당할 수 있는 잠재적 지역이 넓어지는데, 지진파 에너지가 지표면에서 소멸하기 전에 더 멀리 전파되기 때문이다. 하지만 섭입으로 인한 얕은 지진이 사실상 더 치명적이다. 지진에너지가 거의 소멸하지 않을뿐더러 영향을 받는 인구 밀집 지역이 지진의 진원지에 더 가깝기 때문이다. 섭입과 관련된 지진이 얕으면 더 작은 지역에 영향을 미치지만, 에너지는 더 집중되기 때문에 결과는 더 충격적이다. 최근에 이탈리아에서 몇몇 마을이 통째로 사라진 것을 기억하라.

불의 고리 근처에서 사는 것이 특히 위험한 이유는 지진, 쓰나미, 산사태 때문만이 아니다. 이곳에서는 화산도 더 변덕스럽다. 해양 지각에서 내려앉는 판이 섭입될 때 해령에서 멀어지면서 수백만 년 동안 작은 구멍 속으로 흡수했던 물이 흘러나오며 물기가 빠진다. 이 물은 섭입판에서 빠져나와 위에 가로놓인 맨틀에 퍼진다. 그러면서 맨틀 속 광물을 불안정하게 만들며 그중 일부를 녹인다. 이렇게 해서 수분이 풍부한 마그마가 형성되면 대량의 용융을 일으키는 연쇄 반응이 시작되고 미국 북서부의 캐스케이드산맥과 같은 거대 화산 지대를 형성한다. 우리가 좋아하는 탄산음료가 든 캔처럼 가스가 풍부한 마그마는 압력을 더 높이고, 위에 놓인 지각의 약한 부분을 이용해 터지며 무시무시할 정도로 강력하고 치명적으로 분출을 일으킨다.

섭입이 불의 고리를 따라서 지진을 촉발하는 주범이기는 하지만 판에 작용하는 유일한 힘은 아니다. 판구조 혁명 중에 발견된 판 경계의 마지막 유형은 '변환 단층transform fault'이었는데, 이는 판들이 서로를 지나쳐 미끄러지게 만든다.[11] 세계적으로 유명한 샌앤드레이어스 단층을 살펴보자. 이곳을 따라 발생하는 지진은 변환 단층이 섭입대만큼이나 파괴적일 수 있음을 증명한다. 다만 이 단층은 움직임이 수평적이어서 에너지가 해수 위 방향으로 전달되지 않아 쓰나미를 일으키는 일은 드물다. 그래서 할리우드 영화 〈샌 안드레아스San Andreas〉(2015)에서 배우 드웨인 존슨이 쾌속정을 타고 금문교 아래를 질주해 '쓰나미'를 넘는 것은 예술적 허용일 뿐이다.

　왜 불의 고리가 다른 판 경계보다 더 위험할까? 재앙의 원인이 되는 것은 섭입대와 변환 단층에서 발생하는 강력한 지진들이지만, 불의 고리를 따라 발생하는 이런 지진의 특별한 힘은 사실상 해저 확장과 더 관련이 깊다. 태평양에 있는 해령에서 지구상 그 어느 곳보다 맨틀로부터 빠져나오는 열이 많다는 점을 기억하자. 이처럼 열 발산 속도가 빨라지면서 태평양의 해령들에서 해저 확장이 가장 빠른 속도로 진행된다. 그 말은 곧 태평양이 다른 어떤 해양보다 해저를 더 많이 생성한다는 뜻이다. 그러므로 태평양 가장자리에 있는 불의 고리가 섭입 작용으로 아무리 기를 쓰고 지각을 최대한 소비한다고 해도, 태평양의 해령들이 빠르게 새로운 지각을 만들고 있기 때문에 태평양은 여전히 크다. 왜 태평양에서 열이 그렇게 효율적으로 발산되고, 활발하게 해저 확장을 일으키는지 그 이유는 잘 파악되지 않지만, 사라진 초대륙 판게아와 관련이 있을 가능성이 클 것으로 판단된다. 불의 고리의 위험성과 함께 판 경계가 현재의 형태를 보이게 된 배경을 이해하려면 초대륙이 형성되는 원인과 원리를 반드시 이해해야 한다.

* * *

판구조론에 대한 이해를 갖췄으니 이제 판게아로 돌아가자. 베게너는 판게아의 존재 자체가 대륙 이동과 같은 현상에 달려 있다고 생각했지만, 움직이는 대륙을 설명할 변위력displacement force이라는 개념이 자신에게 가장 약한 고리라는 것을 알고 있었다. 그는 자신이 이론보다는 증거에 중점을 두고 있다고 털어놓으며, "대륙 이동설의 뉴턴은 아직 나타나지 않았다"라고 인정했다.[12] 그러므로 이론가들이 대륙 이동의 가능성을 진지하게 받아들이도록 하려면, 먼저 판게아에 관한 여러 증거를 인상 깊게 심어줘야 했다.

그 증거가 '고지자기paleomagnetism, 古地磁氣'에서 발견됐는데, 이는 마침 지질학에서 내 전문 분야다. 지구에 자기장이 있다는 사실은 이 행성의 단점을 보완하는 독특한 특성이다. 자기장은 해로운 태양 및 우주 복사로부터 우리를 보호한다. 그리고 시간이 흐름에 따라 대륙의 위치가 어떻게 이동해왔는지 판단할 수 있게 해준다.

고지자기는 지질학의 한 분야로, 지구의 자기장을 활용해 철이 풍부한 암석이 생성될 때 그 안에 '화석'처럼 보존된 자성을 측정한다. 이 분야는 판구조 혁명 초기에 처음으로 알려졌다. 제2차 세계대전과 냉전이 벌어지는 동안 잠수함은 은신처를 찾아다니며 해저의 깊이만 측정하지 않았다. 잠수함은 막대한 전술상 이점을 제공할 장치인 자력계라는 기기도 견인하고 다녔다. 자력계는 원래 항공기에 장착되어 강한 자기 신호magnetic signal를 발산하는 커다란 금속 덩어리인 항공기를 탐지하는 데 사용됐다. 잠수함은 그보다 훨씬 큰 금속 덩어리여서 쉽게 감지될 수 있는 훨씬 큰 자기 신호를 냈다. 그래서 제2차 세계 대전부터는 잠수함에도 자력계가 탑재되어 다른 잠수함을 탐지하는 데 사용됐다.

냉전 중에는 자력계가 넘쳐나 해저 밑에 있는 암석의 자성 반응을 측정할 때도 쓰였다. 바로 그 과정에서 규칙적 단서가 발견됐다. 해저의 지자기도를 제작하던 중에 자기장의 세기가 규칙적으로 세졌다가 약해지며 갈마듦을 나타내는 일정한 줄무늬 양식이 드러났다. 이 줄무늬 패턴은 수백, 심지어는 수천 킬로미터에 걸쳐 직선 모양으로 여러 가닥 발생했다. (현재 일부 과학자들은 고래들이 방향을 찾기 위해 이런 지자기 줄무늬를 이용해 때로는 평행하게, 때로는 수직으로 가로지르며 경로를 추적해 바다를 항해한다고 주장한다.) 하지만 이러한 줄무늬의 기원은 연구원들이 대륙 암석의 고지자기 연구에서 얻은 결과들과 비교할 때까지는 분명하게 밝혀지지 않았다.

해저의 지자기 줄무늬가 조사되던 시기에 고지자기학자들은 대륙 암석이 정상 자기 극성과 역전 자기 극성 모두를 보존하고 있음을 발견했다. 마침내 해양과 대륙의 연구가 만나 해저 확장이라는 발견을 이루어냈다. 어떻게 이런 돌파구가 마련됐을까? 지구의 자기장은 북극과 남극이 있는 '쌍극자dipole'라고 불린다. 현재는 이러한 자기력선들이 자기장을 생성하는 지구 핵에서 남극 근처로 나와 적도를 따라 구부러지며 북극 근처에서 지구 핵을 향해 급강하한다. 이 패턴이 정상 극성으로 알려져 있다. 하지만 과거 지구에서는 이 패턴이 역전되어 자기력선이 북극 근처에서 나와 남극 근처에서 지구 핵을 향해 뛰어들던 시기가 있었다. 하지만 판구조 혁명이 막 시작될 무렵, 우리는 자기장이 역전될 수 있다는 사실을 몰랐다. 먼저 지질학자들은 암석에 자력계로 측정될 만큼 강한 자기 구역magnetic domain을 지닌 광물이 함유되어 있다는 것을 알아냈다. 얼마 지나지 않아 그들은 몇몇 암석이 '정상 극성(암석의 자화磁化가 현재 지구 자기장에서 예상하는 방향과 일치했다는 뜻)'이었지만, 같은 비율로 '역전 극성(암석의 자기장이 현재 자기장의 반대 방향을 가리키고 있었다는 뜻)'도 나타냈다는 사실을 깨달았다.

이 극성 수수께끼가 자화 줄무늬 퍼즐을 푸는 열쇠였다. 새로 용융된 맨틀 물질이 해저를 확장하는 중인 해령에서 솟아오를 때, 자성을 지닌 광물은 상승한 온도에 이리저리 꿈틀거리며 지구 자기장에 맞춰 자신의 자기 구역을 정렬할 것이다. 그러다가 곤죽 같았던 마그마가 끝내 식으며 단단한 암석을 형성하면, 자철석과 적철석처럼 철이 풍부한 광물 속에서 자기 구역 정렬이 고정되어 그 자리에 갇힌다. 해저 확장으로 해령을 따라 지속해서 새 마그마가 생성되기 때문에, 그 영향으로 만들어진 현무암은 지구 자기장의 역전과 반대되는 자기 극성 줄무늬로 기록한다. 예를 들면, 오늘날 새로운 해양 지각은 지구의 정상 자기장에 평행한 자화를 획득한다. 하지만 약 100만 년 전, 지구 자기장이 역전되어 있을 때로 돌아가면 당시 만들어진 모든 현무암은 역전 극성의 시기 동안 생성됐기 때문에 반대 방향으로 자화되어 있다.

활성 중인 해령 양쪽으로 해양 지각이 동시에 생성되고 있었기 때문에 이런 패턴은 해령 능선 마루에서 평행하게 발생하고 대칭을 이루었다. 정상 극성 지역과 역전 극성 지역의 패턴이 해령 양쪽에서 좌우대칭을 이루고 있다는 사실은 해저 확장이라는 개념에 크게 신빙성을 더했다. 해저의 자기 이상을 처음으로 감지한 곳은 샌디에이고에 있는 스크립스 해양연구소였고, 자성 정보로 형상화된 최초의 해령은 밴쿠버섬 앞바다에 있는, 현재 후안데푸카 해령Juan de Fuca Ridge으로 알려진 곳이었다.[13] 이곳은 해저의 자화 패턴을 이해하기 위해 오래도록 찾았던 확실한 증거를 보여줬고, 이 줄무늬 패턴으로 추론됐던 정상 및 역전 극성의 시기가 대륙의 기록으로 추론됐던 시기와 일치했다. 하지만 베게너가 주장한 판게아의 존재와 그의 대륙 이동 가설을 직접적으로 증명하려면 대륙에 있는 암석의 자화가 확인되어야 했다.

* * *

내가 논문 작업을 할 때는 논란이 덜 되는 주제를 골랐거나, 아니면 과학계가 논란이 되는 가설을 받아들이는 데 점점 관대해지고 있었는지 모르겠지만, 고지자기학의 선구자인 테드 어빙Ted Irving이 케임브리지대학교에서 박사 학위 수여를 거부당한 이야기는 현재 기준으로 보면 그야말로 충격이다.[14] 1950년대 초, 대학원생이었던 어빙은 베게너가 주장한 판게아와 논란이 되는 대륙 이동 가설을 검증하기 위해 고지자기라는 신생 분야를 활용해보기로 했다. 어빙이 대륙 이동을 뒷받침한다고 내놓은 증거는 그의 일부 지도 교수들에게는 터무니없는 이야기였다. 고지자기라는 신생 분야를 미덥지 않아하던 지도 교수들의 마음속에 반감의 싹이 텄든, 그들이 단순히 어빙이 이룬 업적의 중대함을 몰랐든, 아니면 그들이 사적으로 패러다임의 대전환을 받아들이기에 여전히 저항감이 너무 컸든, 이유는 알 수 없다. 그렇다 해도 박사 학위가 거부된 정도로는 어빙을 막지 못했다.

어빙은 케임브리지대학교에서 고대 암석의 위도를 측정하기 위해 새롭게 설계된 자력계를 사용했고, 베게너의 대륙 이동 가설을 확실하게 검증해냈다. 암석은 우리에게 암석이 형성될 당시 자기장이 정상 극성이었는지 역전 극성이었는지 알려줄 뿐만 아니라, 당시 대륙이 어느 위도에 있었는지도 알려줄 수 있다. 지구 자기력선은 지구로 들어가고 빠져나오는 양극 지역에서는 수직으로 기울어져 있고, 극과 극 사이에서는 각기 다른 각도로 지구 주위에서 구부러지며, 적도에서는 수평으로 평평해진다. 오늘날 오스트레일리아에서 용암이 식으면 대륙의 위치를 아열대 지방이라고 나타내는 얕은 자기 '복각inclination'을 획득할 것이다. 하지만 오스트레일리아가 남극 대륙에서 떨어져 나오기 전인 판게아 전성기 때로 돌아가보면, 오래된 용암에서 자기 복각이 훨씬 가파르게 나타나는 것을 발견할 수 있다. 이는 당시 오스트레일리아가 극지방 근처에 있었음을 드러낸다. 바로 이것을 어빙이 발견한 것이다.

놀랄 만한 내용을 담고 있지만 정당하게 평가받지 못하는 자신의 논문을 보강하기 위해, 어빙은 인도의 암석을 연구했다. 이는 베게너가 본인의 대륙 이동 가설을 확인하기 위한 가장 확실한 검증이라고 제안했던 바 있다. 베게너는 히말라야산맥에 있는 에베레스트산이 우뚝 높이 솟을 수 있었던 이유가 인도와 유라시아가 충돌했기 때문이라고 오랫동안 주장했었다. 곤드와나의 존재에 대한 증거를 지지했던 알렉산더 더토이처럼 베게너는 아프리카, 오스트레일리아, 남극 대륙으로 이루어진 남부 대륙들에 있는 암석이 인도의 암석과 확실한 상관관계가 있다고 보고 인도가 현재는 북반구에 자리하고 있지만 원래는 남반구에 있었다고 상정했다. 난해했던 인도의 북쪽 이동을 잠재적으로 추적하는 데 드디어 고지자기라는 획기적 신분야가 활용되는 순간이었다.

어빙은 새로 발명된 자력계의 유용성을 확인하고, 고지자기학으로 대륙 이동 가설이 뒷받침될지 가능성을 보고자 스코틀랜드에 있는 암석들을 충분히 측정해놓은 상태였다. 그곳에 있는 10억 년 된 사암에 내포된 추정 위도는 현재 스코틀랜드의 비교적 추운 지역상 위도가 아니라 따뜻한 적도에 훨씬 가까웠다. 어빙은 복각 정보를 통해 스코틀랜드가 이동해왔다는 것을 증명할 수 있다고 확신했다. 그는 이 기술을 대륙 이동에서 가장 마지막으로 움직였다는 인도 대륙에 적용함으로써 대륙 이동 가설을 명백히 검증할 준비를 마쳤다. 실제로 인도의 암석을 연구한 어빙의 논문에서 인도가 북쪽으로 이동했다고 제기된 것처럼 자기 복각에서 중요한 추이를 나타냈다고 밝혔다. 예상했던 대로 인도는 히말라야산맥이 형성되기 전 북쪽으로 이동했다. 어빙은 박사 학위 없이 1954년에 권위 있는 오스트레일리아국립대학교에서 연구원으로 일을 시작했고, 오스트레일리아가 남극 대륙에서 떨어진 이후로 북쪽으로 이동했다는 유사한 가설을 검증하는 연구를 수행했다.[15] 그로부터 10년 후 30편이 넘는 과학 논문이 발표된 이후인 1965년, 어빙은 케임브리지대학교에서 진작 수여했어야 마땅한 박사 학위를 마침내 받게 됐다.

그런데 어빙의 발견 중 일부는 단순히 베게너의 판게아를 증명하는 것을 넘어서 우리가 알던 초대륙의 개념 자체를 크게 바꿔놓았다. 베게너의 재구성 중 한 가지 약점은 암석의 나이에 관한 정보가 부족했다는 것이었다. 당시 방사성연대 측정법(시간이 흐르면서 방사성 원소가 장기적으로 붕괴하는 성질을 이용하여 암석의 나이를 역계산하는 방법)은 아직 발명되지 않았다. 어빙의 고지자기 정보는 판게아의 존재를 증명했지만, 그 세부 사항들은 판게아가 실제로 얼마나 오랫동안 존재했는지 새롭게 의문을 제기했다. 어빙이 국제 학술지《네이처Nature》에 발표한 판게아의 고지자기 재구성은 베게너가 원래 상상했던 것보다 훨씬 역동적인 모습이었다.[16]

처음으로 고지자기 정보를 본 학자들은 베게너의 판게아가 틀렸다는 것이 입증됐다고 받아들이기도 하고, 일시적으로 기이한 자기장이 존재했다고 해석하기도 하며 언쟁을 벌였다. 어빙은 판게아가 틀렸다고 입증하지도, 기이한 자기장을 요구하지도 않는 제3의 선택지를 제안했다. 그것은 바로 판게아는 존재했지만, 시간이 흐르면서 베게너가 생각했던 것보다 모습이 더 바뀌었다는 것이었다. 어빙은 두 개의 판게아, 판게아 A와 판게아 B를 제안했는데, 여기서 대륙 이동(당시에는 판구조론으로 개정됨)으로 인해 B에서 A의 배열로 모양이 변한 것으로 참작했다(그림 9). 판구조 운동이 초대륙을 통합했었다면 분명히 재편성할 수도 있을 터였다.

판게아 A 대 판게아 B 문제는 오늘날까지도 이어진다. 일부 과학자들은 일시적으로 나타난 특이한 비쌍극자 자기장이라며 고지자기

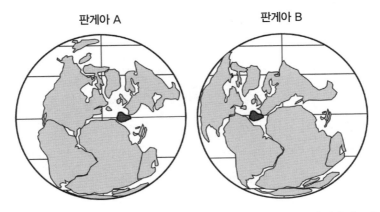

그림 9. 두 판게아 이야기: 판게아 A와 판게아 B. 테드 어빙은 초대륙의 모습이 초기 B 배열에서 나중에는 최종 A 배열로 변했다고 제시했다. Adapted from A. B. Weil, R. van der Voo, and B. A. van der Pluijm, "Oroclinal bending and evidence against the Pangea megashear: The Cantabria–Asturias arc (northern Spain)," Geology 29, no. 11 (2001): 991–94.

이상 현상 가설을 지지하는 증거라고 주장한다. 그런데도 판게아의 존재는 받아들인다. 어빙이 생각했던 대로, 과학자들은 이런 불일치가 발생하는 이유가 아마도 고지자기 방식 자체의 분해능에 가까운 작은 규모의 판구조 움직임 때문일 가능성이 높다는 데에 동의한다. 자북극은 지리적 북극이 아니다. 이는 모든 항로도나 항법 지도의 가장자리에 자침 편차가 표시되는 이유다. 자침 편차는 자북magnetic north이 지리적 북geographic north을 가리키는 것에서 벗어난 만큼의 각도에 동·서 방향을 더해 표기한다. 또한 자북은 시간이 지날수록 위치가 달라진다. 이는 우리가 지도를 업데이트해야 하는 이유다. 게다가 자북이 반드시 진북true north('지리적 북'과 같은 뜻)인 것은 아니라서 자침 편차는 장소마다 다르다.

다행히 자북은 시간이 충분히 흐르면 평균적으로 진북과 일치하게 된다. 자북이 수천 년을 주기로 진북으로부터 30도 사이를 왔다 갔다 하므로 고지자기학은 반드시 이 기간의 견본 암석으로 판단해야 하고, 그런 다음 '평균' 위도를 계산해야 한다. 오직 평균을 취해야만 자북과 진북이 일치한다. 과학자들이 측정할 때는 늘 불확실성이 내재해 있다. 측정된 평균 자극magnetic pole의 불확실성은 약 10도(1,100킬로미터 이하) 정도로, 이는 판게아 A와 B 사이의 논란이 되는 차이와 대략 같은 크기이자 사소한 불일치를 설명하려 여러 비정상적 자기장을 제시한 가설들의 규모와도 비슷하다. 이런 불확실성 때문에 우리는 이 가설들을 제대로 판별할 수 없다. 나는 판게아 A 대 판게아 B 사이 논쟁이 브렌던 머피와 데이미언 낸스가 지적한 판게아 난제와 다르다고 분명히 밝혀야겠지만, 둘 사이에 관련이 없지도 않다. 가끔 판게아의 배열처럼 다루기 쉬운 문제를 해결하다 보면 판게아가 합쳐진 원인에 대한 지구역학적 설명처럼 어려운 문제에 대한 실마리가 생기기도 한다.

그래서 언젠가, 바라건대 가까운 미래에, 우리는 판게아 A 대 B 논쟁을 해결할 것이다. 그렇지만 대륙이 수천 킬로미터를 이동하는 규모에 대해서는, 고지자기가 베게너의 초대륙과 판게아의 존재가 필요했던 판구조 대륙 이동을 이미 압도적으로 지지했다는 사실을 부정할 수 없다.

* * *

　마음을 바꿀 수 있는 과학자들은 그렇지 못한 사람에 비해 매우 유리하다. 가설에 반대하는 주장을 익히 알면 이전에 막연히 우려했던 마음을 쉽게 달랠 수 있다. 그런데 마음을 바꾸려면 새로운 증거나 주장에 열려 있어야 한다. 캐나다의 지구물리학자이자 지질학자인 투조 윌슨Tuzo Wilson이 딱 그랬다.

　판구조 혁명 전, 1950년대 말까지도, 윌슨은 대륙 이동과 맨틀 대류를 반대하던 주요 인물이었다. 윌슨은 대륙이 이동한다는 가정을 받아들여 베게너가 주장한 판게아에서 대륙들이 흩어져 나왔다는 것은 인정했다. 하지만 이는 비교적 최근의 현상일 뿐이고, 자신이 연구한 캐나다 순상지Canadian Shield에서 발견된 수십억 년 된 고대 암석들을 설명할 수는 없다고 생각했다. 여느 지질학자처럼 윌슨도 지질학의 창시자로 다수가 인정하는 찰스 라이엘Charles Lyell이 택한 신념인 동일과정설을 확고히 지지했다. 우리가 이전에 동일과정설의 원리, 즉 '현재는 과거를 푸는 열쇠'라고 논했던 것을 기억하라. 윌슨은 지구 역사의 시기에 따라 다른 규칙을 적용해야 한다는 점이 신경 쓰였다. 본인 생각에는 대륙 이동설이 모든 지구 역사에 적용되어야 했는데, 캐나다의 고대 암석에서 아무런 증거도 찾지 못했기 때문에, 그는 이성적 이유에 근거해 그 가설을 거부했다.

　맨틀 대류에 대해서 윌슨은 단순히 그 존재를 시사할 만한 경험적 증거가 없다고 주장했다. 방사성연대 측정의 창시자인 아서 홈스Arthur Holmes는 맨틀 대류를 베게너의 대륙 이동 가설을 구원할 기계

론적 구세주로서 제시했다. 하지만 당시에는 맨틀 대류에 대한 증거가 사실상 거의 없었기 때문에, 확신하는 지질학자들도 별로 없었고 윌슨도 예외가 아니었다. 1960년 봄부터 1961년 가을이라는 짧은 시간에 윌슨은 대륙 이동과 맨틀 대류 모두를 반대했던 자신의 견해를 완전히 뒤집고 초기 판구조 혁명의 주역이 됐다. 윌슨은 테드 어빙을 비롯해 많은 사람이 대륙 이동의 고지자기 증거를 계속해서 찾아내고, 해저 확장의 초기 개념도 발전해나가자 중압감을 느낀 끝에 궁극적으로 생각을 바꾸게 된 것이었다.

이성적으로 견해를 바꾸기 전, 윌슨은 이미 지질학 분야에서 국제적인 주요 인사였기에 그의 심경 변화는 과학적 합의를 끌어내는 데 강력한 영향력을 미쳤다. 1963년 학술지 《네이처》에 윌슨은 자신에게(그리고 개종하길 바라는 다른 이들에게) 다음과 같이 명분을 제공했다. "대륙이 형성될 때부터 대략 같은 자리에 고정되어 있었는지, 아니면 이동해 왔는지에 관한 질문은 50년 동안 논쟁이 되어왔다. 이 문제가 결코 해결된 적이 없었던 이유는 대륙에 관한 정보가 해저에 관한 정보보다 많이 알려졌기 때문일 텐데, 해저야말로 결정적 증거가 놓여 있는 곳이다."[17] 냉전 기간 중 해저의 자기 줄무늬가 조사됐을 때, 윌슨은 해저 확장이라는 걸음마 단계의 가설과 줄무늬를 연관시킨 최초의 인물이었다. 윌슨은 나중에 해양 주기를 비롯해 대륙의 분열과 통합 과정에서 각각 해양의 생성과 소멸이 맡은 역할을 발견해냈다.[18] 윌슨 주기Wilson cycle로 알려지게 된 이 주기는 초대류 순환 자체와 통합되어서는 안 되지만, 전자가 후자의 더 큰 시스템에서 결정적 톱니였다는 것이 밝혀진다.

*　*　*

　　대륙들이 충돌하려면 해양이 닫혀야 하고, 초대륙이 붕괴하려면 해양이 열려야 한다. 그러므로 해양 지각은 대륙들을 이동하게 하려고 맨틀과 맞바꿔야 하는 통화通貨다. 초대륙 순환이 구상되기 수십 년 전, 윌슨은 이미 해양의 생활 주기를 직감하고 있었다. 해양을 각각 따로 놓고 보면 특정 범위에 한정되지만, 전 세계적으로 통합되면 전체적으로 그들의 집합 생활 주기는 초대륙 순환을 꽤 정확하게 나타낸다. 사실 윌슨 주기는 초대륙 순환에 없어서는 안 될 요소여서 대다수는, 심지어 지질학자들도 이 둘을 종종 같은 과정으로 뭉뚱그리기도 한다.

　　퍼즐 조각은 판구조론으로 대륙의 재편성을 묘사할 때 지질학자들이 종종 사용하는 비유적 표현이다. 웬만한 경우라면 이런 단순화한 생각이 실제로 딱 들어맞는다. 즉, 대륙들이 시간이 지나면서 여러 차례 다른 배열로 개편됐어도 대체로 서로 밀착된 퍼즐 조각처럼 행동하는 것으로 보인다. 오스트레일리아, 북아메리카, 그리고 시베리아는 거의 20억 년 전에 형성됐지만 아직도 대체로 함께 응집하려는 본질을 유지하고 있는 대륙의 전형이다. 윌슨은 지질학자 중 최초로 대륙들이 대체로 같은 주변부에서 충돌하고 분리되는 경향이 있다는 점을 깨달았고, 이는 다음과 같은 의문을 품게 했다.

　　"그러면 대서양은 닫혔다가 다시 열렸나?"[19]

　　윌슨 자신은 지구물리학자였지만, 논란이 될 만한 그의 가설에 단서가 되어준 것은 화석 증거였다. 자신보다 앞선 베게너처럼, 윌슨도 자신의 이론에 한동안 지구물리학적 증거가 부족할 것을 깨닫고 이를 보강하기 위해 기꺼이 고생물학 정보를 탐구했다. 윌슨이 한 가지 가설로 해결할 수 있다고 판단한 두 가지 수수께끼가 있었다. 하나는 오늘날 대서양 양쪽에 있는 고생대(5억 4,100만 년 전부터 2억 5,100만 년 전 사이의 시기)의 해양 동물 화석들이 서로 떨어져 있는 거리가 매우 멀었음에도 현저히 유사성을 나타냈다는 것이다. 윌슨은 대륙 이동과 판게아의 분열을 인정하면 이런 유사한 동물상이 과거에 같은 생물지리학적 범위에 속해 있었다는 것으로 볼 수 있다고 생각한 최초의 인물은 아니었다. 베게너가 주장한 가장 설득력 있는 일련의 증거 중 하나가 대서양 양쪽에 있는 대륙에서 발견된 유사한 화석끼리 연결 짓기였다는 것을 기억하라.

풀리지 않았던 두 번째 고민거리는 대서양 양쪽에 유사성이 없는 동물상이 서로 인접해 놓인 장소가 있었다는 것이었다. 윌슨이 생각한 원리는 고생대 대부분 기간, 대서양에 앞선 '원시 대서양 proto-Atlantic'이 있었는데, 이 해양이 닫히면서 유사하지 않은 동물상이 나란히 배치되어 함께 자리 잡게 됐다는 것이다. 이 가설은 수십 년간 이어진 연구에 이의를 제기했지만, 현재 우리는 사라졌다고 가정되는 이 해양이 실제로 존재했음을 알고 있다. 바로 앞서 언급한 이아페투스 해양이다. 그리스 신화에서 이아페투스가 아틀라스의 아버지인 것처럼, 이아페투스 해양도 대서양, 즉 아틀란틱 해양의 전신으로 여겨진다. 이아페투스 해양이 소멸하며 오늘날 대서양 양쪽, 캐나다 대서양 지역과 스코틀랜드에서 발견되는 고대 애팔래치아와 칼레도니아 산악 지대를 탄생시켰다. 이것이 대서양 동물상이라는

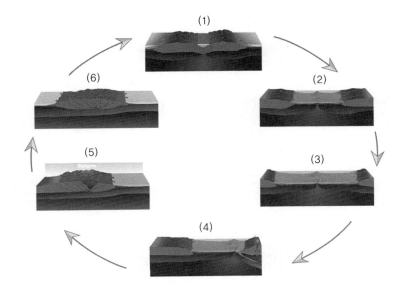

그림 10. 윌슨 주기의 단계. 맨 위부터 시작해서 화살표 방향으로 (1) 대륙 분열, (2) 해저 분지 생성, (3) 분지가 확대되며 해저 확장, (4) 해양 암석권의 섭입, (5) 분지의 닫힘, 그리고 (6) 대륙 간 충돌이 일어난다. Image reprinted from Wikipedia courtesy of Creative Commons license CC BY-SA 4.0: https://commons.wikimedia.org/wiki/File: Rock_cycle_in_Wilson_Cycle.png#/media/File:Rock_cycle_in_Wilson_Cycle.png.

두 번째 수수께끼에 대한 윌슨의 해결책으로, 판구조 운동 순환이라는 자신의 이론에 차별성을 두었다.

윌슨 주기로 알려진 이 순환은 해양의 전체 생활 주기를 포괄한다(그림 10). 논란이 될 만한 질문을 망설이듯 던지고 겨우 2년 뒤, 윌슨은 자기 이론의 각 단계를 설명하기 위해 최신 판구조 설정에서 사례를 들며 해양의 일생 여섯 단계를 잘 정립해 제시했다.[20] 이런 와중에도 그는 동일과정설의 원칙, '현재는 과거를 푸는 열쇠다'를 따랐다. 이 단계들은 다음과 같다. (1) 대륙이 뿔뿔이 흩어짐(현재 해마다 새롭게 틈을 벌리고 있는 동아프리카 열곡대를 생각해보자), (2) 어린 해양이 태어남(아직도 해수면 위로 들어 올려진 부분이 있는 얕은 홍해처럼), (3) 그 해양이 성숙해짐(예를 들어, 해저 확장을 통해 대서양 같은 해양으로 성장함), (4) 해양이 노화의 징후를 보임(서태평양의 사례. 이곳은 해양 지각이 이례적으로 나이가 많다), (5) 나이 든 해양이 종착 단계에 들어섬(지중해는 수천만 년 후 아라비아가 유라시아에 계속 가까워지다 보면 언젠가 지중산맥이 될 것이다), 그리고 (6) 해양이 죽어 맨틀 속에서 재사용되거나 자신과 충돌한 대륙 암석에 둘러싸여 높은 산맥에 보존됨으로써 완전히 묻힌 유적이 된다.

★ ★ ★

판구조 운동은 판게아보다 먼저 발생한 산악 지대 형성에 핵심적 역할을 했다. 그렇게 윌슨 모델은 판구조론 원리를 고대 조산대 orogenic belt에 적용할 기회를 만들었다. ('Orogen'은 지질학자들이 풍화와 침식 탓에 지형학적 특징이 더는 보이지 않는 오래된 산악 지대에 붙인 이름이다.) 판게아에 대한 '무엇이', '언제', '어디로'와 같은 질문들이 대부분 해결됐다. 이러한 정보가 하나하나 모이면 전문 용어로 '운동학'이 된다. 초대륙 판게아의 통합과 분열 운동학은 이제 꽤 많이 알려졌다. 우리는 무슨 대륙이 언제 어디로 이동했는지 안다. 판게아 내의 조산대가 고대 해양이 열리고 닫혔다가 다시 열린 장소라는 것을 윌슨 주기가 시사하고, 그 결과 판게아와 오늘날 우리의 대륙들이 추는 춤, 즉 운동학에 이르렀다는 것도 안다. 초대륙은 하룻밤 사이에 통합하지도 분열하지도 않고, 모든 움직임이 동시에 일어나지 않는다는 것도 드러났다.

　로마는 하루아침에 이루어지지 않았고, 판게아도 그랬다. 로마는 하루아침에 무너지지도 않았고, 판게아도 마찬가지다. 초대륙 통합과 분열은 일반적으로 한 번에 지괴(단층에 의해 주위가 둘러싸인 지각의 한 덩어리 - 옮긴이 주) 하나씩 서서히 진행한다. 통합 과정이 진행될 때는 하나, 둘, 아니면 큰 지괴 몇 개만 남을 때까지 대륙 지괴들이 충돌한다. 분열 과정에는 대륙들이 완전히 해체되어 따로 이동할 때까지 열개 작용이 수반되고 여러 작은 대륙이 만들어진다. 이런 식으로 초대륙 순환은 판이 많았다가 큰 폭으로 줄었다가 다시 원래대로 많아지는 식으로 진행됐다고 하는 게 가장 정확한 표현일 수 있겠다.

　판게아의 통합과 분열 사이에는 근본적 차이가 여럿 있다. 퍼즐 조각 비유는, 초대륙 통합과 분열이 이루어지는 동안 대륙 조각들이 그저 이리저리 움직일 뿐 조각 모양은 변함이 없음을 나타낸다고 풀이될 수도 있을 것이다. 하지만 늘 그렇지는 않다. 북아메리카 대륙의 전신인 로렌시아Laurentia를 예로 들어보자. 로렌시아는 대략 20억 년 전 형성된 이래로 7,000만 년 전까지 그린란드를 포함하고 있었다. 로렌시아와 동부 유럽이 충돌해서 유라메리카가 생긴 사건은 초대륙이 통합하는 과정에서 발생했지만, 유라메리카 및 시베리아, 그리고 아시아를 포함하며 훨씬 크고 젊은 로라시아Laurasia는 초대륙이 분열되면서 나타난 결과였다(그림 11).[21] 그렇다고 통합과 분열이 이루어지는 동안 퍼즐 조각 크기에서 무조건 변동성을 보였다는 것은 아니다. 그럼에도 로렌시아 같은 대륙이 형태를 오래 유지해온 것은 열곡이 단단한 대륙 내부보다 이전 충돌로 약할 수밖에 없는 산악 지대를 따라 주로 발생한다는 사실을 증명한다. 그래서 조각 자체가 커지고 줄어드는 퍼즐이라고 하는 것이 더 정확한 비유다.

앞서 밝힌 것처럼, 판게아를 형성하는 최초의 땅덩이는 곤드와나였고, 곤드와나 자체도 여러 땅덩이로 구성되어 있었다. 더토이가 말한 곤드와나는 남반구의 모든 대륙을 아우르며 서곤드와나와 동곤드와나로 나뉘는데, 이들은 더 작은 대륙들이 합쳐지며 형성됐다. 판게아의 나머지 부분이 통합되기 수억 년 전, 지구 역사에서 가장 근본적 변화의 시기였던 약 5억 4,100만 년 전 선캄브리아 시대와 캄브리아기의 경계에 걸쳐 곤드와나가 통합됐다. 서곤드와나는 경계 바로 전에 형성됐고 동곤드와나는 경계 직후에 형성됐는데, 이는 과도기에 걸친 곤드와나의 통합 과정이 지구 변화의 측면에서 돌이킬 수 없는 전환 구간(에 깊이 영향을 끼쳤을 수도 있고 또 그 구간)과 일치했다는 점을 암시했다.

대략 5억 3,000만 년 전에서 5억 1,500만 년 전 사이에 발생한 캄브리아기의 동물 '대폭발'은 동물 다양성에서만 엄청난 확장이 일어난 것이 아니었다. 캄브리아기 대폭발을 가장 두드러지게 하는 두 가지 독특한 혁신은 격차의 증가(생물체 구조의 기본 양식 유형)와 생광물화 반응(생물이 생존을 위해 방해석과 인산염 같은 광물을 생성)일 것이다.[22] 이 시간대 이전에 모든 거시적 생물은 몸이 단단하지 않아서 지질학상 기록에 잘 남아 있지 않았다. 그래서 곤드와나가 통합

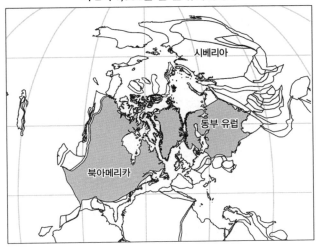

약 2억 7,000만 년 전 유라메리카

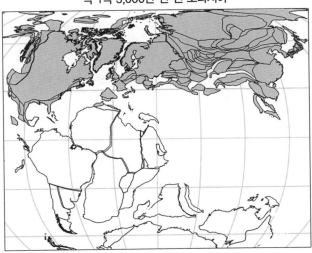

약 1억 3,000만 년 전 로라시아

그림 11. 약 2억 7,000만 년 전 유라메리카는 북아메리카(그린란드 포함)와 동부 유럽으로 구성되어 있지만, 시베리아(북동쪽)나 여러 중국 지괴(동쪽, 지도에서 안 보임)는 아직 포함되지 않았다(위). 약 1억 3,000만 년 전 판게아가 분열하는 동안의 로라시아로, 시베리아와 중국 지괴들을 포함한다(아래).

된 것이 캄브리아기 대폭발이라는 혁신에 크게 이바지했을 것이다. '범아프리카' 조산대는 곤드와나 통합을 일으킨 일련의 대륙 충돌에 붙은 용어이고, 이곳은 지구 역사를 통틀어 형성된 가장 큰 산맥으로 손꼽힌다. 하지만 이 범아프리카적 사건은 중요한 시기에 발생하기도 했는데, 이때는 대기 중 산소 농도가 다세포 생물이 번성할 만큼 높았다. 범아프리카 충돌의 규모와 시기는 다른 생물 형태가 확산하기에도 여러모로 적절했다.

산이 클수록, 산맥이 길수록 풍화된 물질이 유거수流去水(지표면을 따라 흐르는 물 – 옮긴이 주)에 더 많이 담겨 바다로 흘러 들어간다. 고생대가 시작될 무렵 동물들은 아직 육지로 올라오지 않았기 때문에, 다세포 생물이 확고히 자리를 잡은 곳은 바닷속이었다. 풍화된 암석에서 용해된 이온과 영양분이 바닷속으로 대량 쏟아져 들어오면서 해양 생물에 극한의 영향력을 끼쳤을 것이다. 캄브리아기 대폭발은 동물이 처음으로 몸에서 단단한 기관을 만든 시기였다. 탄산칼슘이나 인산염 껍데기 같은 '생광물biomineral'이라는 광범위한 혁신에는 칼슘과 인처럼 각각 '생물학적으로 이용할 수 있는' 핵심 성분이 필요하다. 그런데 곤드와나가 풍화하면서 해양으로 영양분과 이온이 쏟아져 들어가며 시기적으로 이보다 좋을 수는 없었다. 이미 이전 선캄브리아 시대에서 획득한 높은 산소 수치로 혜택을 누리던 다세포 생물은 느닷없이 바닷속으로 풍부히 용해되어 들어온 별미도 놓치지 않고 활용했다.

바닷속에 용해된 광물 제작의 핵심 이온을 이용할 수 있게 되면서 해양 생물이 진화하여 캄브리아기 대폭발을 차별화하는 동물 체형의 갈래가 빠르게 증가했을 것이다. 생명체가 골격을 형성함으로써 예기치 않게 바다에서 번성할 수 있다면, 근본적으로 다양한 방식의 삶이 동시에 번성할 수 있다는 결론이 도출된다. 격차는 다양성과 다르다. 예를 들어, 풀 한 종, 토끼 한 마리, 매 한 마리로 이루어진 생태계는 다양성이 매우 낮지만 격차는 매우 높다. 곤드와나가 수중 동물의 생활양식을 어마어마하게 확장해놓은 터라 다양성 '및' 격차 증가에도 추진력이 생길 수 있었을 것이다. 생물이 광물을 만드는 생광물화 반응으로 새로운 생명체가 탄생할 길이 열렸을 뿐만 아니라 새로운 생활 방식도 가능해졌다.

고생대가 시작될 무렵 거대 대륙 곤드와나가 통합하며 역사상 가장 큰 진화론적 발전을 촉진했을지는 모르지만, 초대륙이 통합하는 사건은 엄청난 규모로 대멸종을 일으키기도 했을 것이다. 과학자들은 약 2억 5,100만 년 전 이른바 P/T(페름기Permian/트라이아스기 Triassic) 멸종이 당시 살아 있던 동물 종의 절반 이상을 없애버릴 정도로 역사상 가장 파괴적인 대멸종이며, 공룡을 죽음으로 몰고 간 대멸종 사건보다 두 배는 더 치명적이었다고 여긴다.

피터 워드Peter Ward와 조 커슈빙크Joe Kirschvink는 내 동료이자 《새로운 생명의 역사A New History of Life》의 저자로, 이들은 2000년 국제 학술지 《사이언스Science》에서 P/T 멸종에 두 종류의 속도가 있었던 것으로 보인다고 주장했다. 멸종 경계에 이르기까지는 종들이 서서히 감소하다가 경계에 딱 도달해서는 동물 다양성이 급격히 감소하는 두 가지 속도가 결합하여 나타났다는 것이다.[23] 종이 급격히 감소한 것은 시베리아 트랩이라 불리는 화산 지대에서 화산이 분출하

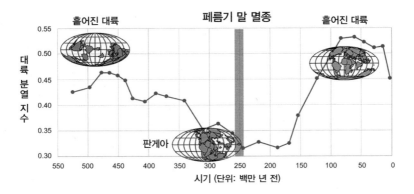

그림 12. 판게아의 형성 시기는 가장 치명적인 대멸종인 페름기 말 대멸종이 일어난 때와 일치한다. 대륙의 분열 정도는 판게아의 통합과 분열을 수치화하는 좋은 방법이며, 이는 동물 다양성과 상관관계를 보여준다. (그래프 세로축이 나타내는 '대륙 분열 지수'의 경우, 지수가 0이면 모든 대륙 덩어리가 함께 연결된 것이고, 1이면 모든 판이 서로 접촉하지 않은 상태를 의미함—옮긴이 주) Adapted from A. Zaffos, S. Finnegan, and S. E. Peters, "Plate tectonic regulation of global marine animal diversity," Proceedings of the National Academy of Sciences 114, no. 22 (2017): 5653–58.

고 그로 인해 해양 화학에 미친 해로운 영향 탓이라는 데에 이견이 거의 없다. 하지만 종이 점진적으로 감소하며 멸종의 전조를 초래한 원인은 제대로 파악되지 않았다. 하지만 단순하게 초대륙 판게아가 통합하면서 심각한 대멸종을 불러일으켰다고 이야기를 만들어보면 무시하기 어려울 만큼 흥미로운 연관성이 드러난다(그림 12).[24]

초대륙 하나가 통합하는 것이 어떻게 멸종을 초래할 수 있을까? 다윈 핀치가 15종이나 되는 인상적인 다양성을 갖추게 된 이유는 갈라파고스섬이 지리적으로 격리되어 있기 때문이다. 사람들은 초대륙 판게아가 최종적으로 통합하면서 갈라파고스와는 정반대의 서식지가 탄생했다고 생각할 수도 있다. 지리적 격리를 만들 물리적 장벽을 제거하면 이종교배가 증가하고, 유전적 격리가 줄어들고, 다양성이 떨어진다. 만약 이런 일이 전 세계적으로 발생한다면, 다양성은 파탄을 맞으며 급격히 줄어들 것으로 예상되는데, 이때는 정말 그랬다. 그리고 이 발상의 정반대 증거도 판게아가 분열할 때 확실히 드러난다. 대륙이 흩어지고 (현재 다윈 핀치와 유사하게) 지리학적 개체군이 고립될수록 동물 다양성은 지난 2억 5,000만 년 동안 다시 급증했다(그림 12). 삶과 죽음은 판게아의 분열과 통합에 밀접하게 연관된 듯하다.

오늘날 지질학자들은 판게아의 운동학적 춤에 대체로 동의한다. 이렇게 해서 초대륙이 **무엇을, 어디서, 언제** 형성하는지 답이 나왔기 때문에 이제 우리는 초대륙 순환이 대체 **왜,** 그리고 **어떻게** 존재하는지 생각해볼 수 있다. 그리고 우리는 완전히 한 바퀴를 돌아 머피와 낸스의 난제로 돌아왔다. 우리는 판구조론과 판게아가 실제로 형성된 원리를 융화시킬 수 있을까?

* * *

초대륙 논쟁에서 내가 개인적으로 관심이 가는 부분이 있다면, 그것은 기존 모델에서 결정적인 요소인 맨틀이 빠져 있다는 점이다. 너무 큰 게 빠져 있었다. 지구가 겹겹이 층이 쌓인 케이크라면 맨틀은 그중 가장 두꺼운 층으로 두께는 지구 반경의 절반, 부피는 지구 전체의 84퍼센트를 차지한다. 맨틀은 질량으로 보면 지구에서 반 이상을 차지한다. 태곳적 열을 저장하고 있는 지구의 핵과 그 열을 방출하는 지각 사이의 중개자이기도 하다. 판구조 운동을 위한 대류가 일어나도록 연료를 공급하는 것이 바로 내부 열이라는 사실을 기억하자. 따라서 지각으로 열을 전달해 지구 엔진이 연료를 공급받아 연소하는 속도를 조절하는 것이 맨틀 대류다. 초대륙 순환은 맨틀의 장기적 순환을 나타낼 가능성이 크다. 맨틀과 그 대류 순환을 이해하면 초대륙 순환이 우리를 어디로 데려갈지 알 수 있다. 판 움직임이 맨틀 대류의 상승류와 하강류에 밀접하게 연관되어 있고, 판게아 난제에도 긴밀히 관련되어 있었다는 점도 잊지 말자. 맨틀을 잘 이해하면, 우리는 머피와 낸스가 찾고 있던 패러다임의 대전환에 한 걸음 더 가까워질 것이다.

맨틀의 어두운 심연을 어떻게 연구할 수 있을까? 바로 지진학이다. 지진은 인간의 삶을 파괴하기도 하지만, 환자의 내부 장기 이미지를 제공하는 엑스레이와 유사하게 지하 세계의 이미지를 제공하기도 한다. 지진은 전 세계 각지에서 잔잔한 파동의 형태로 지진 에너지를 방출하며, 심하면 지구를 **가로질러** 반대편에 영향을 미치기도 한다. 지구 표면을 따라 퍼져나가는 그런 파동들은 (그냥 느낌 그대로) '표면파surface wave'라고 부른다. 표면파가 나름 유용한 정보를 주지만, 목적 달성을 위해서 우리는 지구 깊숙이 침투하는 파동, 소위 실체파body wave에 더 관심이 있다. 지진에서 방출하는 지진파를 감지하는 지진계에는 침이 하나 장착되어 있어서 파동이 최종적으로 도착하면 활발히 움직인다. 실체파에는 서로 다른 시간에 도착하는 두 가지 유형이 있다. P파('primary' wave)는 가장 빨라서 제일 먼저 도착한다. S파('secondary' wave)는 두 번째로 도착한다. 덧붙이면, 편의상 P파를 압축파('pressure' wave), S파를 전단파('shear' wave)라고 부르기도 한다. P파와 S파가 서로 다른 시간에 도착하는 이유는 이들의 이동 수단이 각각 다르기 때문이다. 그리고 전단 운동을 하는 더 느린 S파가 맨틀의 가장 깊은 지역에 관해 더 많이 알려준다.

전단파는 통과하는 물질의 성질에 따라 속도가 달라지므로, 이를 이용해 지구 내부 정보를 많이 얻을 수 있다. 전단파가 느려지면 온도가 높거나 화학적으로 성질이 다른 물질을 만났다는 뜻이다. 이렇게 파동을 연구하던 중 지구의 양쪽, 맨틀 기저에서 거대한 덩어리 형태로 묻혀 있던 과학계의 보물 같은 두 존재를 발견했다. 한 덩어리는 아프리카판 아래에 있고, 지구 반대쪽 끝의 다른 덩어리는 태평양 아래에 있다(그림 13). 두 덩어리 모두 이곳을 통과하는 전단파 속도가 느려지는 것으로 탐지해낼 수 있다. 그렇다면 앞서 말한 대로, 이 거대한 덩어리들은 온도가 높거나 화학적으로 부력이 있을 텐데, 이들은 대부분 두 가지의 특징을 모두 가지고 있을 것이다.

내가 '덩어리들'이라고 부르기는 했지만, 지진학자들은 이를 터무니없는 약어로 부르고 있어서 나도 마지못해 따라 쓰겠다. 바로 대형 저속 전단파 지역Large low shearwave velocity province의 약자인 LLSVP다.[25] 엄밀히 따지면 적절한 명칭이고, 판구조 혁명을 완성하는 데 중요하다고 하지만, 이 용어를 들어본 사람이 거의 없다는 사실은 전혀 놀랍지 않다. 하지만 간결한 이름으로 두루뭉술하게 말하는 (나 같은) 지질학자들이 당장은 무시당할 수밖에 없는 이유는 우리가 정말로 LLSVP의 기원을 확실하게 말할 수 없기 때문이다. 혹시라도 우

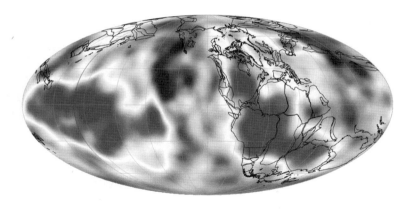

그림 13. 거울에 비친 모습처럼 닮은 약 2억 년 전 하부 맨틀의 두 LLSVP(판게아 아래와 태평양 아래의 연회색 지역)와 판게아. 오른쪽이 아프리카 LLSVP이고 왼쪽이 태평양 LLSVP이다. 오늘날의 지진파 속도를 핵–맨틀 경계(깊이 약 2,800킬로미터)에서 형상화한 것으로, 연회색은 느리고 진회색(판게아와 태평양 사이)은 빠르다. 깊은 아프리카 LLSVP가 표면에 있는 초대륙 판게아의 모습과 거의 일치하는 점에 주목하자.

리가 '무더기piles'라고 부르면 물건 쌓기 메커니즘을 은연중에 내비치게 될 텐데, 그러면 이들이 지닌 열 속성의 신빙성을 떨어뜨리고, 구성에 대한 것만 강조하게 될 것이다.

이 난해한 수수께끼 덩어리는 둘 다 크기가 어마어마하다. 과장이 아니고, 이 깊은 맨틀 LLSVP들은 우리가 오늘날 지구상에서 볼 수 있는 가장 큰 지질학적 특징으로, 그 어떤 대륙보다 크고 심지어 거대 대륙 유라시아보다도 크다. 그리고 이들의 기원은 꽤 오래전일 것이다. 이 LLSVP에 쌓인 물질 중 일부는 지구만큼 오래됐을 것이다. 지구에 화강암으로 된 부력 있는 대륙이 생기기 전, 지구 표면은 부글부글 끓는 마그마 바다였다고 알려져 있다. 불타올랐던 지구에서 초기 몇 백만 년이 지나며 이 마그마 바다는 결정화되기 시작했다. (규소 같은) 가벼운 성분은 떠올랐고, (철 같은) 밀도가 높은 성분은 가라앉았다. 이런 이유로 지구의 맨틀은 주로 규산염으로 이루어지게 되었고, 그 바닥에는 철이 풍부한 입자가 밀도 높게 분포하게 되었을 것이다. 그런데 하부 맨틀에 있는 이러한 밀도가 높은 LLSVP가 초대륙과 무슨 관계가 있다는 걸까?

간단히 말하면, 아프리카판 밑 하부 맨틀 LLSVP가 판게아의 형상을 한 것이다! 그렇다. 제대로 들은 게 맞다. 하부 맨틀 기저에 쌓여 있던 밀도가 높은 입자들은 지구 표면에 판게아의 모습을 거울처럼 비췄는데, 이는 결코 우연의 일치가 아니다. 이렇게 말할 수 있는 이유는 우리가 판게아의 고대 위치를 재구성할 수 있고, 또 다수의 독자적 방식을 통해 확인한 판게아의 형상이 모두 일치하기 때문이다. 즉, 오늘날 하부 맨틀에 있는 아프리카 LLSVP는 2억 년 전 판게아의 형상과 위치를 유지하고 있다.[26] 현재 이 특별한 발견은 우리가 나중에 되짚어볼 기술적이지만 중요한 문제인 고경도古經度 문제를 해결하는 것과 관련이 있다. 항해에서와 마찬가지로, 경도는 대륙의 위치를 재구성하는 과정에서 늘 어려운 문제였다. 현재로서는 하부 맨틀에 있는 LLSVP와 판게아 사이에 놀랄 만한 유사성이 있다는 사실로 우리가 고경도를 해결하기 위해 올바른 방향으로 나아가고 있고 우리 손에 진짜 실마리가 있다는 것을 보여준다고만 말해도 충분할 것 같다. 그런데 그게 무엇을 의미하는가?

분명히 말하면, 이는 시간이 흐르면서 반사된 거울상이다. 그 말은, **현재** 하부 맨틀이 판게아의 **고대** 형상과 위치를 나타낸다는 것이다. 표면과 심연 사이의 시간차는 몇 가지 현상으로 설명된다. 첫

판게아

째, 해양 지각이 섭입되는 데에는 수백만 년, 실제로 맨틀의 총 두께를 온전히 지나 내려앉으려면 **수억** 년이 걸리기도 한다. 하부 맨틀에 있는 밀도가 높은 입자들이 해양 지각의 섭입하는 판에 휩쓸려 함께 내려간다면 이런 덩어리는 성장하는 데 오랜 시간이 걸릴 것이다. 즉, 하부 맨틀에 있는 상은 꽤 오래전 표면의 상을 나타낼 가능성이 있다. 둘째, 판게아가 최종적으로 형태를 취하자마자 그 가장자리를 섭입대가 전부 둘러쌌지만, 이 점에서는 지난 3억 년 동안 변한 것이 별로 없다. 그래도 초대륙이 약 2억 년 전 분열하기 시작하자 이러한 가두리 섭입대들은 대륙이 흩어지도록 활동을 유지해나갔고, 해양 지각을 소모하면서 대륙의 행로에 이동 공간을 제공했다. 남아메리카와 융기된 안데스산맥, 또는 북아메리카의 로키산맥을 떠올려보라. 우리는 이 산맥을 다른 이름(캐나다에 있는 '캐나다 로키산맥'으로 알고 있음)으로 부르기도 하지만, 이들은 코르디예라 Cordillera라는 같은 산계에 속해 있고, 이곳은 판게아에서 **떨어져 나가려는** 대륙의 가장자리에서 섭입 작용이 진행되며 위로 밀어 올려진 산악 지대다. 중요한 것은 섭입 작용이 판게아의 중심인 아프리카 대륙 아래에 있는 하부 맨틀은 꽤 오랫동안 건드리지 않았다는 점이다. 꼭 묻혀 있는 보물처럼 아프리카 밑 하부 맨틀 LLSVP는 판게아의 고대 형상과 자리를 투영하며 발견되기를 기다려왔고, 우리는 현대 지진학 덕분에 그 기대에 부응할 수 있었다.

그런데 태평양판 아래에 있는 LLSVP는 판게아와 어떤 관계가 있나? 거울상이란 표현이 나왔으니 말인데, 두 LLSVP는 누가 봐도 서로 거울에 비친 모습이다. 물론 소소한 차이점도 없진 않지만, 유사성이 많다는 점이 인상적이다. 둘 다 거대하고 적도에 걸쳐 있다. 그리고 거울상 비유가 찰떡같이 맞아떨어지는 이유는 이 둘이 서로의 반사된 모습이라는 점 때문이다. 아프리카 LLSVP의 중심에서 출발해 지구의 중심을 통과해서 나아가면 반대쪽에 있는 태평양 LLSVP의 중심으로 나오게 된다. 깊은 맨틀 속에 이렇게 똑같으면서도 정반대인 구조는 오로지 두 개의 거대한 맨틀 대류 세포로만 설명할 수 있다. 이 두 LLSVP는 맨틀에서의 대류가 너무 커서 오직 두 대류 세포, 즉 아프리카와 태평양 아래에 각각 하나씩 모두 두 개의 뜨거운 상승류와 이들을 이등분하는 차가운 하강류 고리 하나로만 특징 지을 수 있다는 증거다. 이 하강류는 불의 고리(그림 8)와 같은 고리다. 그러므로 불의 고리를 따라 발생하는 판구조의 섭입은 전체 맨틀 대류와 보조를 맞춘다. 판구조 운동과 맨틀 대류는 본질적으로 연관되어 있어서 우리는 깊이 들여다보고 깊이 생각하지 않는 한 표면을 이해할 수 없다.

　가장 중요한 점은, LLSVP가 판게아 난제(그림 2)를 해결하는 데 도움을 줄지도 모른다는 것이다. 머피와 낸스는 대륙들 내부에서 열렸던 젊은 이아페투스와 레익 해양이 맨틀 상승류 위에 있었고, 대륙들은 지형적으로 맨틀 하강류가 있는 지역들을 향해 아래로 이동하고 있었다고 추측했다. 두 사람은 심지어 고태평양 내에서 발생한 '해양 내' 섭입의 증거를 발견하면서, 이를 대륙들이 자신들이 떠나온 맨틀 상승류에서 맨틀 하강류를 향해 이동하면서 오래된 외부 해양을 소모하려 했다는 것을 입증하는 증거로 여겼다. 하지만 그런 경우라면 판게아는 뒤집혀져 형성됐어야 한다는 난제가 생길 수밖에 없었다. 그러나 알다시피 그런 일은 벌어지지 않았고, 고태평양을 향해 움직이던 대륙들은 갑자기 진로를 바꾸어 자신들의 내부에 있던 젊은 해양들을 소모했다.

문제를 제기하는 여느 책임감 있는 과학자처럼, 두 사람도 난제의 해결책을 추측했다. 이들은 자신만의 수수께끼를 거의 풀었고, 인용할 가치가 있어 다음과 같이 내용을 밝힌다. "대륙이 [지형적] 고지대에서 [지형적] 저지대로 이동한다고 가정하면, 판게아를 형성한 대륙의 반전 움직임은 [약 4억 5,000만 년 전] 고태평양에서 [지형적] 고지대가 출현함과 동시에 일어났다고 볼 수 있다."[27] 머피와 낸스는 열리고 닫히는 해양 아래에서 맨틀이 대류를 일으키는 원리를 가정할 때 결함이 있었을 수 있음을 깨달았다. 대륙들은 고태평양 아래에 있는 맨틀 하강류를 향해 아래로 이동해 갔을지도 모르지만, 이것이 바뀌었다면 어떨까? 뜨거운 맨틀이 고태평양 아래에서 솟아나기 시작해서 판게아의 대륙들이 진로 방향을 반대로 돌려 서로를 향해 나아가 안으로 무너지며, 우리가 알고 있는 형태로 판게아를 형성했다면 어떨까? 우리는 이 가정을 증명할 수 있나?

그렇다. LLSVP가 바로 그 증거다. 이 두 대형 저속 전단파 지역은 1980년대 이후 지진 및 지구물리학 자료에서 발견될 조짐이 있었지만, 머피와 낸스가 논문을 쓰기 고작 1년 전인 2007년이 되어서야 공식적으로 인정받고, 기막힌 약자 명칭도 얻었다. 과학계에서 뭔가 새롭게 등장하면 늘 그렇듯, LLSVP도 다른 과학 분야에서 조금씩 말이 나오기 전까지는 관련된 과학자들 사이에서만 한정적으로 논의됐다. 과학이 이상적으로는 십자말풀이 같다고 해도, 가로와 세로 사이의 학제 간 대조 검사는 보통 장기간에 걸쳐 이루어진다. 머피와 낸스 같은 지질학자들이 LLSVP를 확실한 증거로 신뢰할 수 있으려면 이 현상에 대해 알고 있어야 할 뿐만 아니라, 지진학자들로부터 유효성을 확인받아야 했다.

하지만 머피와 낸스가 당대 지진학과 관련된 진보를 어떻게 해서든 알아챘다고 하더라도 지질학자들이 LLSVP의 나이를 이해하기 시작하는 데만도 몇 년이 더 걸렸다. 어쨌든 LLSVP는 '현재' 하부 맨틀에 있다. 아프리카 LLSVP가 판게아의 형상과 위치와 일치한다는 사실은 이 LLSVP가 적어도 판게아만큼 오래됐을 가능성이 있다는 사실을 증명한다. 그러므로 '현재'의 LLSVP는 최소한 2~3억 년 전에 만들어졌다고 여겨진다. 맨틀 기저에 있는 LLSVP에 쌓인 밀도가 높은 입자 중 일부가 거의 지구 나이에 맞먹을 수 있다는 점을 기억하라. 그리고 실제로 일부 지질학자들은 이러한 LLSVP의 나이가 수십억 년은 됐을 수도 있다고 믿는다. LLSVP가 고대부터 존재했다는 점, 못해도 현 위치에 쌓여 있는 상태로서의 기원이 이토록 오래됐다는 점은 크게 논란이 되고 있다.

하지만 태평양 LLSVP가 판게아 난제를 해결할 구원자가 되려면, 내부의 젊은 해양을 닫고 판게아를 형성한 이해 못할 판 운동의 반전 기간만큼만 오래되면 된다. 뜻밖에 나타난 반전 판 운동은 내부 해양인 이아페투스와 레익 해양에서 모두 섭입이 일어나야 하는 두 단계 과정으로 구성된다. 먼저 이아페투스 해양의 섭입은 약 4억 8,000만 년 전에 시작됐지만, 인접한 내부 해양인 레익은 당시 확장을 이어가던 중이었다. 그러다가 레익 해양의 섭입이 약 4억

3,000만 년 전에 시작되면서 반전 판 운동이 완성됐다. 따라서 고태평양에서 뜨거운 맨틀 상승류가 만들어진 것은 대략 5억 년 전이어야 하는데, 판게아 아래에 있는 아프리카 상승류 나이보다 거의 두 배나 많은 셈이다(그림 14). 게다가 고태평양의 맨틀 상승류가 반전 판 운동을 설명할 만큼 일찍 시작됐다고 해도, 대륙과 관련된 상승류의 위치가 열에 의한 맨틀 융기와 일치해서 원래 서쪽으로 향하던 대륙들을 다시 동쪽으로 밀어내는 것도 설명되어야 했다.

제일 먼저, 나이 검증. 머피와 낸스는 이미 철저한 조사를 마쳤다. 과학자들은 추측하는 단계라 해도 검증에 사용될 수 있는 기본 논리나 확실한 증거는 무엇이든 언급할 의무가 있다. 실제로 머피와 낸스는 대륙들이 고태평양을 가로지르지 못하게 밀어낸 것으로 보이는 맨틀 '슈퍼플룸superplume'의 증거가 있다고 주장했다. 특히 문제가 되는 기간에 유난히 해수면이 높아서 대륙 내부로 범람하는 일이 잦았다고 알려져 있다. 해안선이 미네소타(미국 중서부에 있는 주로, 북아메리카 대륙의 한가운데에 있다고 볼 수 있다 - 옮긴이 주)까지 도달한 모습을 상상해보라. 해수면을 쉽게 높이려면 해저 분지를 더 얕게 만들면 되는데, 광활한 고태평양 해저를 맨틀 슈퍼플룸의 열로 융기하게 만든다면 확실히 목적을 달성했을 것이다.

내가 두 LLSVP의 열 및 화학적 기원 모두에 똑같이 비중을 두어야 한다고 강조했던 것을 기억하는가? 지진학자들은 LLSVP를 '슈퍼플룸'이라고 부르면 이들의 화학적 기원보다 열적 기원을 지나치게 강조한다고 생각해서 이 이름을 탐탁지 않아 한다. 그러나 맨틀 대류를 현재 논의하기 위해서라면, 머피와 낸스가 언급했던 가상의 고

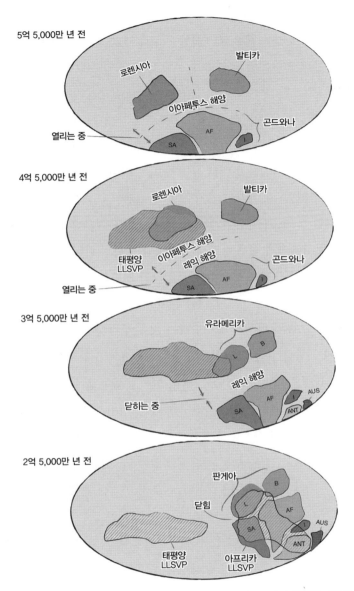

5억 5,000만 년 전

로렌시아

발티카

이아페투스 해양

곤드와나

열리는 중

AF

SA

I

4억 5,000만 년 전

로렌시아

발티카

태평양
LLSVP

이아페투스 해양

레익 해양

곤드와나

열리는 중

SA

AF

3억 5,000만 년 전

유라메리카

B

L

레익 해양

AUS

닫히는 중

AF

SA

ANT

2억 5,000만 년 전

판게아

B

닫힘

L

AF

AUS

SA

I

ANT

태평양
LLSVP

아프리카
LLSVP

그림 14. 판게아가 통합하는 동안, 하부 맨틀 슈퍼플룸(LLSVP)과 연관된 대륙의 움직임.
이아페투스와 레익 해양이 열리면서 로렌시아(북아메리카)와 발티카(유럽 및 동러시아)를 곤
드와나에서 밀어내지만, 로렌시아가 새로 발달한 태평양 슈퍼플룸이라는 지형적 고지대와
맞닥뜨리면서 움직임이 반대로 바뀌었다. 젊은 내부 해양을 닫아버리고 판게아를 형성한
판구조의 이런 반전을 설명함으로써 끝내 판게아 난제를 풀어냈다. 단순하게 표현한 것은
그림 2에 나와 있다.

태평양 슈퍼플룸이 실제로 존재했을 가능성이 있고, 오늘날 여전히 존재하는 태평양 LLSVP로 설명될 수도 있을 것이다(그림 13). (과학자들은 어떤 이론을 제시하고 나서 논문 쓸 때는 몰랐던 증거가 이미 존재한다고 나중에 알게 되면 늘 짜릿함을 느낀다.)

둘째, 태평양 LLSVP의 위치 검증. 태평양 LLSVP가 대륙들이 서쪽으로 향하는 움직임을 반대로 돌려 출발지 너머로 밀어낼 만한 적절한 위치에 있었나? 여기서 기저 맨틀과 연관된 대륙의 위치를 확실하게 밝힐 수 있는 학술적 설명을 늘어놓으면 흐름이 끊기게 될 테니 지질학자들에게 실제로 그렇게 입증할 만한 수단이 있고, 이런 독립적 수단들을 대체로 동의하는 분위기인 것만 말해두겠다. 이렇게 하지 못했다면, 우리는 그림 13과 같이 아프리카 LLSVP가 2억 년 전 판게아의 모습과 위치가 일치한다는 것을 발견하지 못했을 것이다! 그러니 제발 지금은 그냥 믿어주시길. 자, 마지막 검증으로 다시 돌아가자. 실제로 태평양 LLSVP는 당시 열리고 있는 젊은 해양에 맞서 대륙을 밀쳐내기에 완벽한 자리에 있었다. 정리하자면, 이아페투스와 레익 해양이 열리던 중에 북아메리카(로렌시아)가 당시 발달하고 있던 태평양 LLSVP와 부딪혀 판 움직임에 급작스러운 반전이 일어나 곤드와나를 향해 밀려난 것이며, 이로써 마침내 판게아 난제가 풀렸다(그림 14).

판에 작용하는 여러 힘이 충돌하는 과정에서, 과열된 태평양 맨틀의 발산력이 젊은 내부 해양의 해령 발산력을 이겼다(그림 14). 이렇게 해서 판게아의 대륙들은 안쪽으로 붕괴했고, 우리가 존재했다고 알고 있는 초대륙을 만들었다. 머피와 낸스는 난제에 중점을 뒀

을지 모르지만, 그 과정에서 여러 가설 중 어느 것이 폐기될 가능성이 있는지 본인들은 물론 다른 사람들에게도 새롭게 생각할 기회를 주었다. 나중에 알고 보니, 바다 밑에서의 맨틀 대류 패턴이 이들이 초기에 가정했던 것과 달랐다. 하지만 그들은 자신들의 가설을 통해, 물론 역설을 인지하고 난 뒤이지만, 비로소 오늘날 우리가 더 확실히 알게 된 해결책에 도달할 수 있었다. 두 사람은 지푸라기라도 잡는 심정으로 대륙이 지형적으로 저지대를 향해 이동하고 있었고 도중에 지형적 고지대를 마주쳤으리라 추측했다. 그리고 실제로 대륙들을 맞닥뜨렸다. 그 지형적 고지대, 즉 태평양 LLSVP에 대한 증거는 머피와 낸스가 논문을 쓰기 겨우 1년 전에 발견됐다.

그런데 태평양 LLSVP가 자신의 거울상 이미지인 아프리카 LLSVP보다 거의 두 배가량 나이가 많을 수도 있다는 것이 가능한 일인가? 가능성이 있어야 하는 것은 물론이고 반드시 요구되는 일이기도 하다. 모순적으로 들리겠지만, 태평양 LLSVP가 생긴 지 매우 오래됐다는 것은 머피와 낸스의 판게아 난제를 해결하는 데에는 도움이 된다. 하지만 만약 아프리카 LLSVP가 태평양에 있는 상대와 동갑(즉, 나이가 대략 5억 년)이라면, 우리는 아예 새로운 판게아 난제를 만들어버린 셈이 될 테다. 판게아가 아프리카 LLSVP(그림 13) 위로 꼭 맞아떨어진다는 사실을 떠올려보자. 그런데 판게아는 겨우 약 3억 2,000만 살이다. 만약 아프리카 LLSVP가 그 전부터 존재했다면, 판게아가 어떻게 맨틀 상승류 위에서 형성될 수 있었을까? 판게아는 지형적으로 오르막을 올라야 했을 텐데, 이는 우리가 논의한 대로라면 이동하는 대륙이 할 행동으로 보기에는 물리적으로 받아들이기 어렵다. 즉, 판게아가 고태평양 위로 형성되지 않았던 이유가 태평양 LLSVP가 대륙들을 밀어냈기 때문이라면, 우리는 판게아가 어떻게 아프리카 LLSVP 위로 형성됐는지 설명할 수 없다. 어디까지나 아프리카 맨틀 상승류가 이미 존재하고 있었다는 전제하에서다. 그러므로 우리가 마지막 문제를 해결할 수 있게 도왔던 논리를 따르면서도 새로운 판게아 난제를 만들지 않을 유일한 방법은 판게아가 형성될 때 아프리카 LLSVP가 아직 존재하지 않았다고 확고히 하는 수밖에 없다.

이토록 중요한 문제를 대충 얼버무리듯 설명하는 것이 너무 마음에 걸린다. 다행히 태평양과 아프리카 LLSVP의 나이가 현저히 다르다는 발상을 검증하기 위해 우리가 확인해볼 만한 추가적 관점이 몇 가지 더 있다. 안타깝게도, 판게아를 연구하는 것만으로는 맨틀의 모든 비밀을 밝혀낼 수 없다. 만약 아프리카 LLSVP가 실제로 판게아 통합보다 나중에 만들어졌다면 아마도 판게아가 가장자리에 섭입이라는 불의 고리를 형성하고 그 현상을 유지함으로써 어떤 식으로든 아프리카 LLSVP를 형성했을 가능성이 있다. 하지만 판게아가 정말로 태평양 LLSVP의 지구 정반대 편에서 통합됐을까? 만약 그렇다면, 왜 그랬을까? 묻혀 있는 이 맨틀 보물을 이해하려면 우리는 판게아의 기원이 어디인지, 판게아 이전에는 무슨 일이 있었는지 알아야 한다.

로디니아

모든 위대한 여행은 자기 자신과의 여행이다.

— 니체 Friedrich Wilhelm Nietzsche

나는 로디니아를 위해 오른손 엄지손가락 절반을 잃었다.

2006년 여름, 당시 학부생이었던 나는 프린스턴대학교에서 박사 과정 연구를 수행하던 니콜라스 스완슨–하이셀Nicholas Swanson-Hysell 의 야외 연구 보조원으로 참여했다. 학계는 중세 길드에서 유래했고, 그 이후로 크게 변하지 않았다. 학생들은 보통 멘토를 두는데, 내가 볼 때 스완슨–하이셀은 확실히 내 멘토였다. 사실 그에게도 멘토가 있었는데, 지금은 프린스턴대학교에서 성공적으로 종신 교수가 된 애덤 말루프Adam Maloof였다. 그때 우리는 모두 젊고 열정이 넘쳤다.

스완슨–하이셀이 내 멘토였다고 말하는 이유는 여러 가지가 있지만, 무엇보다도 이 이유가 가장 크다. 그의 멘토이자 당시 조교수였던 말루프는 스완슨–하이셀을 전적으로 신뢰해서, 우리 둘, 스완슨–하이셀과 나에게 호주 오지에서 계획되어 있던 몇 주간의 야외 조사를 수행하도록 맡겼다. 나는 앞서 여름이라고 말했지만, 이는 내가 북반구에 치우친 시각을 갖고 있어서다. 그렇다. 북반구에서는 여름이었지만, 호주에서는 겨울, 즉 남반구의 겨울이었다. 호주 오지에서 남반구 여름에 야외 작업을 하는 사람은 죽음을 각오한 사람들뿐일 테다. 겨울만 해도 호주는 충분히 뜨거웠다.

내가 그곳에 갈 수 있다는 사실이 믿기지 않았다. 그런데 스완슨-하이셀과 내가 칼턴 칼리지 동기로 이미 아는 사이였는데도, 말루프 교수는 모두가 탐내는 자리라 내가 지원을 먼저 해야 한다고 했다. 당연히 내가 어떤 수업을 들었고, 얼마나 잘 해냈는지 보여주는 학과 성적을 제출했다. 그리고 '왜 오지에 가고 싶은지' 묻는 말에 답도 해야 했다. 말루프 교수는 자신과 스완슨-하이셀이 왜 하필이면 머나먼 오지에서 작업하고 있는지 그에 관한 배경지식을 내가 얼마나 알고 있나 시험했던 것 같다.

그때는 내가 얼마나 무지했었나. 나는 여행길에 오르자마자 너무도 쉽게 그 무지함이라는 단어를 떠올렸다. 이 여행은, 적어도 내게는, 지질학자들이 '지질 관광'이라고 부르는 것부터 시작했다. 지질학자들이 아무리 자신의 가설을 검증하려고 정확한 샘플 채취에 몰두한다 해도, 대개는 매우 멀리까지 여행을 간 만큼, 초반에(대개는 여행 후반에 하지만) 그 지역에서 가장 유명하거나 잘 보존된 암석들을 관광할 시간을 며칠 따로 빼놓지 않으면 너무 아쉽다. 당장 앞으로 몇 주, 혹은 몇 달 동안 잠자는 시간을 빼고는 거의 샘플 채집에 매달리느라 못 보고 갈 게 빤하기 때문이다. 마치 출장 간 김에 관광을 곁들인 느낌이랄까. 다만 출장의 목적이 암석이라면, 관광의 목적

102

그림 15. 남호주 플린더스산맥의 틸라이트 협곡에 있는 폴 호프먼. 자신의 눈덩이 지구 가설로 유명해진 빙하 퇴적물 위에 서 있다. Photo credit: Adam Nordsvan.

도 암석인 셈이다.

우리는 남호주에 있었고, 애들레이드 북쪽의 오지와 클레어 밸리 와인 지역 근처에 있었다. 경치 좋은 플린더스산맥 국립공원은 지구 상에서 맨눈으로 볼 수 있는 초기 생물 형태의 흔적을 확인할 수 있는 이상적인 지질 관광 장소였다. 스완슨-하이셀의 박사 학위를 위한 야외 조사에서는 그와 나만 야외 조사를 맡기로 되어 있었지만, 그때는 팀 전체가 함께 있었다. 지금은 맥길대학교와 노스웨스턴대학교에서 각각 종신 교수로 있는 게일런 할버슨Galen Halverson과 매슈 허트젠Matthew Hurtgen은 말루프와 친한 동료로, 이들은 모두 학계에 이름을 알릴 정도로 지위를 얻었다. 할버슨과 말루프는 지질학 분야의 거장인 폴 호프먼Paul Hoffman(그림 15) 밑에서 함께 박사 과정을 밟았다. 그래서 자연스럽게 첫날 밤 모닥불 주변에서는 호프먼을 주제로 이야기가 시작됐다. 이는 마치 세대에서 세대로 전해 내려오는 학문적 전설과도 같았다. 스완슨-하이셀과 나는 유칼립투스 나무 장작이 연기도 없이 탁탁 소리를 내며 타는 동안 이야기에 귀를 기울였다.

이들이 나눈 첫 이야기를 듣고 얻은 교훈은 호프먼이 그들보다 새로운 학생인 내게 더 관대할 것이라는 점이었다. 야외 조사 현장에서는 내가 무엇을 알고 모르는지 명확히 드러난다. 암석 노출지, 즉 노두outcrop에서는 숨길 수가 없다. 지질학자들은 노출된 암석이 있는 노두에 도착하기만 하면, 흥분을 감추지 못하고 자신이 관찰한 내용이나 불확실한 점들을 공유하기 시작한다. 그리고 시행착오를 되풀이하면서 논의한 끝에, 지질학자 팀은 암석 조직이 알려주는 정보를 하나의 해석으로 합의하여 정리하게 될 것이다. 그렇지 않으면 우리는 그날 밤 탁탁 소리를 내는 모닥불 너머로 언쟁을 벌일 테니까.

이야기 속 시점에서, 말루프와 할버슨은 호프먼 밑에서 박사 학위를 준비하고 있었다. 그리고 처음으로 새로운 멘토와 함께 야외 조사에 나갔다. 그들도 우리와 마찬가지로 깊은 인상을 남기고 싶었고, 뭔가 인정받는 듯한 말을 듣고 싶었지만, 한편으로는 어리석은 말을 할까 두려워했다. 그렇지만 아무 말도 안 하는 것은 더 나쁜 선택이었다. 다른 사람들과 노두에 있으면 신중하게 생각해야 하는 것도 맞지만, 지질학자들끼리 하는 말로 암석 담화rock talk라고 해서 실시간 대화 중에 가설과 가설 검증이 빠르게 펼쳐지며 집중적으로 논의할 기회가 되기도 한다.

암석은 광물로 구성된다. 그래서 암석을 제대로 식별하고 싶다면 광물을 제대로 알아보는 연습부터 시작하는 것이 현명하다. 하지만 바닷가 절벽을 이루거나 사람 손바닥만 한 큰 암석과 달리 광물은 보통 맨눈으로 보기에는 너무 작다. 그래서 지질학자들은 야외에서 사용할 기본 장비로 확대경을 꼭 챙긴다. 확대경으로 광물을 식별하는 능력은 노두 지질학자로서의 운명을 결정한다. 물론 노두에서 더 큰 규모의 특징들을 찾아낼 수도 있다. 하지만 기본적으로 암석을 식별할 수 없다면 나머지 능력을 의심받게 된다.

광물학은 지질학 학생들이 듣는 상위 과정 중 하나다. 광물은 어디에나 존재한다. 자동차와 휴대전화를 만드는 데 사용되고, 립스틱에 들어 있으며, 심지어 우리 뼈에도 있다. 사실 암석을 광물의 집합체라고 표현하는 것밖에는 달리 정의할 방법이 없다. 이런 사실을 모르는 많은 젊은이를 지질학자로 이끈 것은 어쩌면 자연사 박물관의 기념품 가게에 있는 반짝이는 독특한 결정들일 것이다. 지질학자들이 정의하는 바에 따르면, 광물은 특정 화학 조성과 결정체 구조를 지닌 결정질 화합물이다. 그리고 이들의 조성 성분을 확인하겠다고 우리 눈으로 직접 X선 회절 분석을 할 수는 없는 노릇이기에 보통은 지질학자들이 확대경 아래에 광물을 가까이 두고 결정체 구조를 찾으려는 것이다. 광물의 외관은 그 내부 구조를 나타낸다. 그런 의미에서 우리는 광물을 '겉만 보고 판단'할 수 있다!

호프먼은 학생들에게 퇴적암을 관찰하게 했고, 노두에 다가가며 이미 암석을 훑어본 학생들은 무릎을 굽히고 손으로 바닥을 짚어 확대경으로 관찰할 준비를 마쳤다. 확대경을 제대로 사용하려면 암석과의 거리와 빛의 각도를 적절히 맞춰야 한다. 그러려면 눈을 렌즈 가까이에 대고 렌즈를 암석 가까이에 가져가면서 알맞은 초점을 찾고 빛을 조정해야 한다. 숨이 멎을 듯한 순간이다. 한쪽 눈을 감고 얼굴을 노두에 바짝 댄 지질학자들은 광물을 발견할 때마다 자신도 모르게 큰 소리로 알리고 만다.

"황철석?" 말루프는 광물을 식별하며 새 멘토에게 말하는 듯이 물었다.

"황철석??" 호프먼은 짜증이 묻어나는 투로 단어를 따라 읊으며 말루프의 의견이 확실하지 않다는 의도를 내비쳤다.

"황철석???!?" 호프먼은 극적으로 잠시 멈췄다가 단어를 되풀이했고, 이번에는 짜증을 분명히 드러냈다. 이것은 수사적 질문이었고, 기가 꺾인 말루프는 자신이 틀렸다는 것을 깨달았다. 그것은 황철석이 아니었다.

"저기, 전 정육면체 결정 구조cubic crystal structure가 보이길래…."

말루프는 머뭇거리며 말했다. 자신이 실수했다는 것을 깨달았지만, 틀린 추측을 하게 된 배경 논리를 언급함으로써 체면이라도 지키길 바랐다.

"그래, 좋아. 정육면체 결정 구조. 하지만 정육면체 구조를 가진 다른 광물도 있잖아. 그러면 지질학적 '맥락'은 어때? 그걸 보면 뭘 알 수 있지?" 호프먼은 짜증을 내면서도 가르침을 이어갔다.

황철석, 일명 '바보의 금'으로 불리는 이 광물은 황화철이다 (FeS_2). 주로 화성암이나 변성암에서 발견되며, 퇴적암에서 발견되는 경우는 드물다. 황철석은 산소에 노출되면 분해되기 때문에, 산소가 풍부한 지구의 표면에서 풍화나 퇴적으로 형성된 퇴적암에서는 거의 발견되지 않는다. 균일하게 섞이지 않아 층을 이루고 있는 물(흑해처럼)에서 퇴적된 특정 퇴적물에는 황철석이 퇴적되어 있을 수 있지만, 이는 어디까지나 특별한 경우이고, 당시 학생이던 말루프 앞에 놓인 상황에서는 해당되지 않았다.

사실 그들이 보고 있던 광물은 암염($NaCl$), 즉 단순한 돌소금이었다. 말루프를 위해 변명을 하자면, 암염과 황철석은 화학 조성이 각기 다르지만, 둘 다 정육면체 결정 구조로 되어 있었다. 이것은 지질학자가 광물을 식별할 때 사용하는 가장 중요한 단서다. 하지만 호프먼이 이 순간을 중요한 가르침의 시간으로 삼은 데에는 이유가 있었고, 말루프가 자조적일지 몰라도 지금까지 이 이야기를 전하는 데에도 이유가 있다.

이야기를 들으면서 당시 풋내기 학부생이었던 내가 느낀 바는, 학생으로서 틀려도 괜찮다는 것이었다. 사실 이것이 가장 좋은 학습법이다. 지질학자가 무언가를 처음 발견할 때, 처음에는 해석이 틀릴 수 있다. 하지만 그 실수는 절대 반복하지 않는다. 한 번 관찰한 현장은 언제든 필요할 때 기억 속에서 다시 소환할 수 있다. 내 학부 지도교수였던 캐머런 데이비드슨Cameron Davidson은 항상 "암석을 가장 많이 보는 사람이 이긴다"라고 말했다. 그리고 그것은 정말 옳은 말이었다. 노련한 야외 지질학자가 되려면 시행착오를 거쳐야 한다. 말루프는 그날 실수를 했을지라도, 결코 같은 실수를 반복하지 않았다.

이 이야기의 다른 부분에서는 젊은 교수들이 추억에 잠기며 다음 세대(스완슨-하이셀과 나)에게 그들의 위대한 멘토였던 호프먼의 성격을 전했다. 호프먼은 멘토 역할에서 다소 강압적일 수 있지만— '우리 때는 말이야'로 시작하는 이야기는 모닥불 이야기 중에서도 실없는 안도감을 주었다—어떤 과학자들은 자신이 전문으로 하는 과학을 자기 자신과 동일시한다는 것도 사실이다. 그래서 그들에게 과학적 멘토링은 명예가 걸린 문제다.

호프먼은 노두 전체를 보는 것이 중요하다고 가르쳤다. 만약 말루프가 더 큰 맥락에서 노두, 즉 그 정육면체 광물이 들어 있는 암석을 고려했더라면, 그는 선택지에서 황철석을 배제할 수 있었을 뿐만 아니라 확대경을 사용하기도 전에 암염일 가능성을 알아챌 수 있었을 것이다. 그들이 보고 있던 퇴적암은 '증발암evaporite'으로, 물이 증발한 뒤 남은 소금 침전물이었다. 실제로 그들은 암염 광물을 가까이에서 관찰하기 전부터 이미 건열mud crack 위를 걷고 있었는데, 이런 건조 지형은 퇴적물이 침전될 당시 물이 거의 남아 있지 않았음을 나타냈다.

이 이야기가 주는 교훈은 맥락이 중요하다는 것이고, 모든 규모에서 증거를 살펴봐야 한다는 점이다. 내가 거대한 초대륙을 다루는 책에서 확대경과 광물을 언급하는 이유는 바로 이 때문이다. 초대륙은 대륙으로 알려진 갈라진 지괴들로 구성된다. 대륙은 암석으로 구성되어 있고, 암석은 광물로 구성되어 있다. 큰 규모든 작은 규모든 제약 사항을 무시하면 중요한 정보를 놓치게 된다. 작은 광물학적 규모에 관심이 있다면, 대륙이 무풍대, 즉, '말위도horse latitude'처럼 바람이 느리고 강수량이 적은 곳으로 이동하는 것은 물이 증발해 증발암 퇴적물을 형성하기에 최적의 조건임을 알 수 있다. 큰 대륙 규모에 관심이 있다면, 증발암 퇴적물에서 발견된 정육면체 암염 결정이 퇴적물이 형성될 당시 대륙의 위도를 알려주는 중요한 제약 사항이 된다. 앞서 말한 과학 십자말풀이를 기억하는가? 집단적 가설을 검증하기 위해 큰 규모와 작은 규모를 내부 교차 확인한다고 볼 수도 있다. 게다가 이 짧은 일화에서 언급된 개념과 인물들은 초대륙 로디니아 이야기에서 큰 역할을 하게 될 것이다.

로디니아를 위해 내 오른쪽 엄지손가락 절반을 잃은 이야기는 적절한 시점에 밝히기로 하겠다. 로디니아 이야기에는 판게아의 창시자인 알프레트 베게너와 같은 인물이 없다. 로디니아Rodinia는 '모국, 출생지'를 의미하는 러시아어 'родина(영어식 표기: rodina)'에서 유래했는데, 판게아는 혼자가 아니었고 그 이전인 더 오래된 고대에 또 다른 초대륙이 있었을지 모른다는 개념에서 출발했다. 이것은 어느 한 과학자가 아니라, 지질학계의 집단적 깨달음에서 비롯된 것이었다.

* * *

판게아 이전의 초대륙들을 연구할 때 까다로운 점은, 많은 규칙
이 달라진다는 것이다. 우리가 판게아의 대륙 배열을 재구성하는 데
사용했던 가장 설득력 있는 증거 중 대부분은 이제 이용할 수 없다.
베게너가 대서양을 가로지른 대륙들의 연관성을 입증하기 위해 사
용했었던 진단적인 화석들은 사용할 수 없다. 다세포 생물은 고대
로디니아 시기에 막 진화하기 시작했기 때문이다. 로디니아 시대에
보존된 화석은 대개 미세하고 연체동물인 탓에 잘 보존되어 있지 않
고, 찾기도 쉽지 않고, 찾았다고 해도 바로 식별하기 어렵다. 노두에
서 발견할 수 있을 만큼 큰 화석(즉, 연구실에서 현미경 없이도 발견할
수 있는 화석)은 약 6억 년 전에서야 나타난다. 생물 형태가 딱딱한 외
골격을 발달시킨 것은 약 5억 4,000만 년 전이며, 그 이후로 화석 기
록은 기하급수적으로 개선됐다. 비록 이러한 초기 연체 생물들이 역
사적으로 생명과 대륙의 공진화共進化에 대해 우리에게 많은 것을 알
려주긴 하지만, 판게아 시기에 대륙의 상관관계를 밝히는 데 도움이
된 이들의 후손만큼 유용하지는 않다.

판게아를 재구성하는 데는 신뢰할 만한 증거로 사용했지만, 로
디니아 시기에는 적용할 수 없는 문제는 또 있다. 베게너 이후 판구
조 혁명은 바닷속 보물, 즉 현대 해저에 대한 인식에 크게 의존했다
는 사실을 기억하자. 판게아가 분열하던 시기의 해저 확장은 현재
해저에 아름답게 보존되어 있다. 대서양 중앙 해령처럼 현재 활발하
게 확장하며 지금까지도 여전히 대륙을 밀어내고 있는 해령은 모두

바다 한가운데에 있다. 활발히 확장하는 해령에서 대륙 방향으로 나아갈수록 해양 지각의 나이는 점점 많아지는데, 가장 오래된 해저는 판게아가 처음 분열하기 시작한 약 1억 8,000만 년 전에 형성됐다.

판구조 혁명은 바다 밑에 숨겨진 지각에 대해 과학자들이 알게 되면서 촉발됐고, 그때 이후로 지구의 해저는 세밀하게 지도로 만들어졌다. 우리가 지난 장에서 논의한 바와 같이, 이 상세한 기록에서 얻은 판게아의 배열은 대륙의 고지자기 기록에서 대륙들의 고위도를 추론함으로써 얻은 판게아의 배열과 빈틈없이 일치한다. 요약하자면, 해양과 대륙의 고지자기 기록은 모두 판게아의 존재를 증명하는 독립적 증거로 사용될 수 있다는 것이다.[1]

앞서 언급한 대로, 해양 지각은 지구 표면에 나타나는 일시적 특징이다. 화강암으로 구성된 부력이 큰 대륙과 비교했을 때, 밀도가 높은 현무암으로 이루어진 해양 지각은 대륙들이 충돌할 때 맨틀로 다시 밀려 내려간다. 로디니아가 분열하는 동안 열린 대서양 같은 '내부' 해양은 판게아 때만큼 잘 보존되지 않았다. 미성숙한 판구조 활동으로 해양들이 거의 사라졌기 때문이다. 해양판은 대부분 아래에 있는 맨틀로 섭입되지만, 가끔 해양 지각의 조각 일부가 긁히며 대륙에 남기도 한다. 이러한 고대 해양의 단편적 기록들이 중요한 단서를 제공하기는 하지만, 판게아를 해석하는 데 사용했던 흠 잡을 데 없이 완벽한 해저 확장 기록과는 전혀 다르다. 로디니아의 경우는 다른 유형의 증거를 사용해 재구성되어야 한다.

가장 눈에 띄는 고대 대륙 충돌의 단서는 고대 산맥이다. 1980년대, 이 같은 단서들로 판게아 이전에 초대륙이 존재했을 가능성이 보이기 시작했다. 분명히 말하자면, 고대 산맥은 오늘날의 산맥처럼 생기지 않았고, 에베레스트산처럼 쉽게 발견되지도 않는다. 이는 수억 년에 걸친 끊임없는 침식 때문만이 아니다. 사실 한때 두 대륙을 충돌로 이끈 판의 힘이 사라지거나 다른 곳으로 재조정되면, 단숨에 높이 쌓인 두꺼운 질량이 급히 옆으로 퍼지며 산맥이 무너지게 된다. 이러한 대륙 충돌 후의 지각 확장은 사실 침식보다도 산맥을 평탄하게 만드는 데 더 효과적일 것이다. 어쨌든 상부에서의 침식과 내부에서의 붕괴가 결합하면 고대 산맥을 지표로 끌어내려 원래 두께로 되돌린다.

지질학자들은 다행히도 현대 히말라야산맥처럼 대륙 충돌을 나타내는 고대 산맥을 식별하기 위해 지형 외에 다른 단서도 갖고 있다. 그리고 사실상 이런 강력한 단서들을 보여주는 것은 역설적으로 고대 산맥(조산대로도 불린다)의 침식 작용이다. 지질학에서 늘 그렇듯, 단서는 암석에 있다. 지금까지 우리는 퇴적암(예: 호프먼이 증발암 퇴적물에서 암염을 황철석으로 오해한 말루프를 불신한 일)과 화성암(예: 대륙과 해양 지각을 각각 구성하는 화강암과 현무암, 그리고 고대 자기장을 고지자기로 잘 기록해두는 해저와 대륙의 용암)을 언급했다. 하지만 솟아오른 산맥의 봉우리 아래 깊이 숨어 있는 조산대의 강력한 단서는 세 번째이자 마지막 암석 유형인 변성암이다.

우리가 지금까지 화성암과 퇴적암 이야기만 잔뜩 하며 변성암을 화두로 꺼내지 않은 데에는 그만한 이유가 있다. 이름에서 알 수 있듯이, 변성암은 변성 과정을 거친 암석으로 구성 광물과 질감에 변화가 생긴다. 모든 변성암은 퇴적암이나 화성암에서 시작한다. 그런데 변성암은 다른 암석에서 파생됐지만, 자신만의 독자적 삶이 있다. 퇴적암은 지구 표면에서 형성되고, 화성암은 표면이나 비교적 표면 가까이에서 형성된다. 그러나 변성암은 이러한 표면 위나 얕은 깊이에 있는 암석들이 판의 힘으로 아주 깊은 곳으로 이동하면서 발생하는 결과다.

지구 안으로 깊이 들어가면 온도와 압력이 모두 증가한다. 그 이유는 무엇일까? 지구는 엄청난 내부 열이 있다. 이 때문에 아이슬란드나 뉴질랜드처럼 지표면이 얕은 곳에서는 지열이 경제적으로 유용한 에너지원으로 쓰인다. 그러나 이런 비교적 얕은 깊이에서 경험하는 열은 변성암 대부분이 형성되는 지각 깊은 곳의 열에 비하면 미미할 정도다. 자세한 내용은 나중에 살펴보겠지만, 지구 내부에는 여러 내부 열원이 있다. 그중 하나는 지구가 45억 4,300만 년 전 행성으로 형성될 때 남은 '잔열'이다. 이 잔열은 방사성 열로 보충되기는 하지만, 우주로 계속 방출되고 있어 지구는 점점 식어간다. 그러나 우리는 지구가 여전히 상당한 양의 내부 열을 남겨두고 있다는 것을 알았다. 수십억 년간 식어가고 있어도 지구 깊은 곳은 여전히 꽤 뜨겁다.

압력이 깊이에 따라 증가하는 경향은 온도와 대체로 비슷하지만, 이유는 다르다. 간단히 말하면, 우리 위로 암석이 많이 쌓일수록 우리는 더 큰 압력을 받게 된다. 그렇다면 암석은 어떻게, 그리고 왜 그렇게 깊이 들어가게 됐을까? 한마디로 '섭입'이다. 이는 밀도가 높은 현무암으로 이루어진 해양 지각이 맨틀로 돌아가 재활용되는 메커니즘이다. 그리고 지표면 혹은 지표면 가까이에서 형성된 퇴적암과 화성암을 매우 깊은 곳까지 데려가 변성암으로 변형시키는 메커니즘이기도 하다. 직관에 반하는 것 같지만, 산은 위로 우뚝 솟은 봉우리를 만들면서도 아래로는 깊은 뿌리를 형성하며 높아짐과 동시에 깊어진다. 이 두 가지 상반된 과정은 모두 지각을 두껍게 하는 단순한 방법으로 이루어진다. 밀도가 높은 해양 지각은 대체로 맨틀 속으로 다시 가라앉지만, 그 위에 얇게 쌓인 퇴적암 표면은 대부분 긁혀 떨어져 나간다. 이 퇴적물은 맨틀로 사라지지 않고, 산맥의 질량에 더해진다. 그러다가 너무 많은 해양 지각이 소모되어 두 대륙 사이에 있는 해양이 소멸하면, 대륙들은 충돌하게 된다. 이때 진정한 조산 운동(위로도 아래로도)이 시작된다.

소멸하는 해양 지각과 달리, 밀도가 낮은 대륙 지각은 표면 근처에 머문다. 일부 지각이 아주 깊은 곳으로 이동한다 해도, 대륙 지각은 부력이 너무 커서 맨틀로 사라지지 않는다. 두 대륙이 충돌하게 되면, 어느 쪽이든 내려앉는 해양 지각에 연결되지 않은 대륙이 우위를 차지한다. 상부 판의 대륙은 늘 섭입하는 판에 붙은 대륙 위에 놓일 것이다. 그래서 인도 대륙이 거의 정지 상태였던 유라시아와 충돌했을 때 매우 빠르게 움직이고 있었지만, 인도가 섭입하는 해양판에 속해 있어서, 대륙 충돌 중에 유라시아가 우위를 차지했다. 이 때문에 인도의 지각은 유라시아 지각 아래로 밀려들어 갔다. 그리고 히말라야산맥이 솟아오르면서 깊은 지각 뿌리도 동시에 형성되었다. 이렇게 대륙 간 충돌이 발생하는 동안 지표면 아래 깊숙한 곳에서 변성암이 형성된다.

하지만 지표면 근처 암석들이 제거되면 이전 산맥의 깊은 내부

조직이 드러난다. 이러한 암석들은 조산 운동을 일으킨 지체 응력 tectonic stress이라는 힘을 보존하고 있어, 맨눈으로도 확인할 수 있다. 이 암석들 속 광물은 지각 깊은 곳에서 안정적인 상태를 유지하다가 처음 퇴적될 때 평면적으로 수평을 이루며 암석층을 이루었다가 후에 매우 복잡한 기하학적 형태로 변형된다. 이렇게 암석에 보존된 광물 중에는 약 30킬로미터 깊이에서 발굴된 것으로 보이는 광물도 있다. 지구상에서 가장 높은 에베레스트산의 높이가 10킬로미터가 채 안 된다는 점을 고려하면, 이런 암석들은 현대 산맥 아래의 지각 깊은 곳을 들여다볼 수 있는 창문 같은 존재로, 산맥을 형성하는 데에 수반된 응력의 물리적 증거가 되기도 하다.

고대 산맥이 침식과 붕괴로 험준한 바위투성이의 지형을 잃은 후에도, 이 산맥이 존재했음을 보여주는 증거는 높은 온도와 깊이에서 형성된 변성암 속에서 발견된다. 판구조 혁명으로 베게너의 판게아 가설이 입증된 뒤 얼마 지나지 않아, 지질학계는 판게아보다 훨씬 오래된 변성암을 발견하고 다른 시기에 대륙 충돌이 있었음을 인지하기 시작했다. 그리고 그 증거는 널리 퍼지며 훨씬 오래전 판게아 이전에 초대륙이 존재했음을 암시하게 됐다.

* * *

애팔래치아산맥은 히말라야산맥이 아니다. 아니, 적어도 이젠 아니다. 애팔래치아산맥은 '유라메리카'라는 이름으로 약 4억 3,000만 년 전에 연결됐던 로렌시아(북아메리카의 전신)와 유럽이라는 두 거대한 지괴가, 곤드와나(일찍이 5억 2,000만 년 전 형성됨)와 충돌하며 판게아를 형성한 약 3억 5,000만 년 전에 만들어졌다. 오늘날 자연 산책로인 애팔래치안 트레일Appalachian Trail은 오래전에 침식되고 붕괴한 이 산맥의 능선을 따라 이어져 있다. 나는 전체 길이가 3,525킬로미터나 되는 이 길을 한 번에 완주하는 열성적 '스루하이커thru hiker'들의 인내심을 깎아내리고 싶지 않다. 아무도 히말라야산맥에서 이런 도전을 시도하지는 않겠지만, 어쩌면 수억 년 후에는 지질학이 그 가능성을 열어줄지도 모를 일이다! 요점은 애팔래치아산맥이 침식되면서 깊은 곳에 있던 암석이 점점 위로 모습을 드러내고 있다는 것이다. 따라서 우리가 오늘날 하이킹하는 언덕은 사실 산맥 깊숙이 묻혀 있던 뿌리에 해당하며, 한때 수십 킬로미터 지하에 묻혀 있다가 이제 표면에 노출된 것이다.

애팔래치아산맥이 판게아 형성 과정에서 만들어졌지만, 그 근처에는 이전 초대륙 로디니아 형성과 관련 있는 훨씬 더 오래된 산맥이 있다. 그래서 현재 비교적 완만한 애팔래치아산맥의 능선도 더 고대에 생긴 이 산맥에 비하면 여전히 산악 지대로 불릴 만하다. 사실 지질학자가 아니라면, 특히 변성암을 전문으로 하는 사람이 아니라면, 한때 하늘 높이 솟아 있던 고대 산맥 위에 서 있었다는 사실조차 눈치채지 못할 것이다.

그렌빌은 캐나다 몬트리올과 오타와 사이, 오타와강과 인접한 작은 마을이다. 이 한적한 마을은 그렌빌산맥에서 이름을 따왔는데, 이 산맥은 초대륙 로디니아 형성 과정에서 중요한 충돌을 담당한 산맥이다. 판게아에 애팔래치아산맥이 있었다면, 초대륙 로디니아에는 그렌빌산맥이 있었다. 비록 그렌빌이 유명한 산맥의 본고장이기는 하지만, 현재 평평한 지형을 지닌 이 운하 마을에서 그 사실을 추측하기란 쉽지 않다. 그런데도 이곳의 암석에는 한때 존재했던 고대 산맥의 단서들이 남아 있다. 애팔래치아산맥처럼, 그렌빌산맥도 너무 깊이 침식되어서 오늘날 우리가 걷는 지면은 사실 과거에 깊이 묻혀 있다가 지면으로 올라온 산맥의 뿌리 부분이다. 그래서 이곳에서는 지각 아주 깊은 곳에서 매우 높은 온도와 압력을 만나야만 생성되는 변성암과 광물을 발견할 수 있다. 그리고 이렇게 생성된 지 10억 년이 넘는 변성암이 세계 곳곳에 광범위하게 퍼져 있다는 사실이 밝혀지며, 같은 시기에 형성된 산맥이 지구상에 많이 존재함을 시사한다.

만약 판게아 이전 초대륙을 재구성하고 싶다면, 중요한 첫 단계는 동부 로렌시아와 충돌한 대륙이 무엇인지 알아내는 것이다. 여기서 폴 호프먼이 등장한다. 1990년대 초, 호프먼은 하버드대학교로 가기 전, 캐나다 지질조사국Geological Survey of Canada에서 경력을 쌓았다. 그가 자신을 대대적으로 알린 유명한 연구를 수행한 것은 그 후인 1990년대 말이었지만, 당시에도 이미 세계적으로 알려진 지질학자였다. 1991년 그는 저명한 학술지《사이언스》에 발표한 획기적 논문에서, 로디니아의 전 지구적 재구성을 제안했다.[2] 실제로 그때는 로디니아라는 개념이 너무나 생소해서, 그는 그저 '제안된 초대륙'으로만 언급했다.

동료 평가는 논문 발표에 필수다. 여러분이 이 책을 읽고 있다는 것은, 이 책이 여러 차례 동료 지질학자들에게 평가받고 살아남았다는 의미다. 과학에는 확실히 창의적 요소들이 있지만, 가설을 검증하고 검증 결과를 평가하기 위한 규칙에는 합의가 이루어져야 한다. 그렇지 않으면 우리는 그저 의견만 논의하게 될 것이다. 논문 검토자들은 제안된 출판물이 제시하는 주장을 검토하고, 주장을 뒷받침하는 증거와 증거를 수집하는 방식을 평가한다. 이 과정이 완벽할 수 없는 이유는 검토자들의 객관성이 항상 유지되지는 않기 때문이다. 그래서 이 평가 시스템은 신중함과 정확함을 목표로, 작은 단위의 발전을 통해 천천히 변화해가는 방식을 선호한다.

1991년 호프먼은 지질학 분야 최고 학술지인 《지올로지Geology》에서 논문 두 편을 검토했는데, 이 과정에서 로디니아라는 초기 개념에 대해 자신만의 의견을 구축하게 됐다. 만약 검토자가 논문 저자가 제공한 데이터의 해석에 동의하지 않더라도, 데이터나 저자의 논리에서 결함을 찾지 못한다면, 검토자는 출판을 지지해야 한다. 호프먼이 검토한 두 논문은 지질학계에서 뛰어난 능력을 인정받은 거장 엘드리지 무어스Eldridge Moores와 이안 달지엘Ian Dalziel이 작성한 것으로, 이 논문들은 중요한 진전을 이루어냈고, 오늘날까지도 인용되고 있다.[3] 비록 호프먼은 두 논문에서 결함을 찾지 못해 출판되도록 추천했지만, 자신이 생각하기에 그 논문들만으로는 부족하다고 여겼다. 검토자로서 역할을 맡는 것은 자신의 연구에 쓸 시간과 노력을 다른 곳에 쏟는 일이기는 하지만, 달리 생각하면 출판되기 전에 과학을 미리 접할 수 있는 엄청난 특권이다. 게다가 관련 연구를 진행한다면 그 내용을 신속히 적용함으로써 우위를 점할 기회로 삼을 수 있다.

호프먼은 퀘벡의 그 작은 마을에서 발견된, 약 11억 년 된 변성암과 같은 연대의 '그렌빌류類' 산맥이 전 세계 거의 모든 대륙에서 발견될 수 있다는 사실을 알아냈다. 서아프리카 한 군데를 제외한 이 시기의 산맥 형성은 전 세계적으로 특별한 의미가 있어 보였다. 그렌빌류 산맥들은 초대륙의 형성으로 이어질 만한 대륙 충돌을 나타내는 증거였다. 호프먼은 이처럼 비슷한 나이의 고대 산맥이 널리 퍼져 있다는 점에 처음 주목한 사람은 아니었지만, 1991년 판게아 이전 초대륙의 대륙 구성을 제안하고 현재의 대륙 배치로 어떻게 전환됐는지 상정한 시나리오까지 한꺼번에 제시한 최초의 인물이었다.[4] 이것은 《사이언스》에 실릴 만한 중대한 진전이자, 향후 수년간 특정 학문 분야에서 연구 방향을 이끌어갈 만한 발전이다.

하지만 이런 위대한 업적의 이면에는 늘 사람 냄새가 나는 이야기가 숨어 있다. 언젠가 호프먼 밑에서 공부했던 대학원생 한 명에게서 호프먼이 이 가설을 세우게 된 배경 이야기를 들은 적이 있다. 전설적인 암석 전문가였던 호프먼은 컴퓨터 분야에서만큼은 최고가 아니었다. 호프먼이 캐나다 지질조사국에 있을 때, 그가 야외에서 색연필로 직접 그린 그 유명한 지질도를 컴퓨터로 생성해주던 지도 제작자가 있었다. 호프먼은 과학을 고독한 탐구라고 굳게 믿는 사람이기도 하다. 그래서 야외 조사를 할 때 동료에게 받는 사회적 압박이 판단력을 흐린다고 주장하며, 주로 혼자서 온종일 지질 답사를 하는 것으로 알려졌다. 그는 이런 고독한 사고방식을 사무실에서도 유지했다고 한다. 대륙을 디지털 방식으로 그리고 회전시킬 수 있는 컴퓨터 소프트웨어가 있었지만, 호프먼은 판지를 잘라서 사용했다. 그렇다. 제대로 읽은 게 맞다. 호프먼은 대륙 모양으로 판지를 오려냈다.

폴 호프먼은 초대륙 로디니아를 재구성할 때, 마치 미국 자연사 박물관에서 어린이를 위한 판게아 퍼즐 맞추기 문제를 도안한 것처럼 대륙을 맞췄다(그림 16). 지질학적으로 정확한 대륙 윤곽을 인쇄한 뒤, 각 대륙의 그렌빌류 산맥을 색칠하고 나서 실제 퍼즐 조각을 맞추기 시작했다. 그는 대륙 주변부의 모양(즉, 퍼즐 조각의 굴곡과 돌출부)과 그렌빌류 산맥의 방향(즉, 퍼즐 조각의 그림 부분)을 참고했다. 하지만 그는 대륙 이동의 운동학에도 주의를 기울였다. 초대륙 로디니아에서 판게아로의 전환이 합리적으로 이루어져야 했기 때문이다. 판게아에서 가장 먼저 통합된 부분이 거대 대륙 곤드와나를 구성할 남부 대륙들이었기 때문에, 그는 곤드와나 대륙들의 위치에 대해 더 많은 단서를 가지고 있었다.

그러나 곤드와나 대륙들의 젊은 시기에 대한 구성 정보를 아는 것은 분명 중요한 단서였지만, 이들이 초대륙 로디니아에서 어떻게 왔는지 알아내는 것은 매우 까다로운 문제였다. 알렉산더 더토이가 100년도 더 전에 남반구에 있던 곤드와나의 갈라진 파편들을 맞추던 작업은 비교적 간단했다. 하지만 곤드와나 대륙들의 과거 역사를 알아내는 것은 복잡하다는 표현만으로는 부족하다. 게다가 현실적으로도 어려운 문제였다. 개발도상국이 많은 대륙에서 야외 조사를 진행해야 하는 부분도 있고, 그중에는 정치적으로 불안정한 국가들도 있었기 때문이다. 베이징에 있는 동료, 샤오팡 허Xiao-Fang He는 쿠데타에 휘말린 스리랑카에서 박사 과정을 수행할 때 겪은 놀라운 이야기를 들려줬다. 샤오팡과 그의 동료들은 아름다운 정글 국가에서

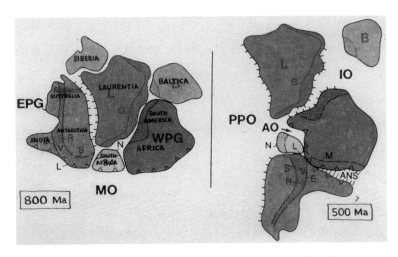

그림 16. 호프먼이 제안한 로디니아의 초기 버전(왼쪽)과 이 초기 버전이 곤드와나로 진화한 모습(오른쪽). 오른쪽을 보면, 로렌시아와 발티카가 가깝기는 해도 분리되어 있다. 호프먼은 판지에서 오려낸 대륙 모양을 올바르게 배열한 뒤, 광원이 설치된 검사대 위에 투사지를 놓고 자신이 구성한 과학적 형태의 밑그림을 그렸다. Image courtesy of Paul Hoffman.

야외 조사를 성공적으로 끝마쳤고, 스리랑카 현지인들에게 후한 (그리고 맛있는!) 대접을 받으며 여정을 마무리했다. 그러나 샤오팡과 그의 팀이 암석 샘플을 배에 실어 집으로 돌아가려 할 때 군사 쿠데타로 함반토타에 있는 주요 공항이 장악됐다는 사실을 알게 됐다. 샤오팡은 상황이 더 나빠지기 전에 빠르게 대처하기로 했다. 그래서 팀과 함께 북쪽으로 몇 시간이나 차를 몰아 수도인 콜롬보에 있는 다른 공항으로 향했다. 그들은 그렇게 중요한 암석 샘플과 함께 무사히 탈출할 수 있었다. 스리랑카나 마다가스카르 같은 정글에서 노두를 찾는 어려움뿐만 아니라 정치적 혼란까지도 겪으면서, 곤드와나를 연구하는 샤오팡 같은 지질학자들은 로디니아의 분열로 남은 조각들이 어떻게 재조립되어 곤드와나를 형성하게 됐는지를 알려줄 소중한 단서를 제공한다. 이 곤드와나 대륙들 때문에 호프먼은 다시 처음부터 배열을 시작해야 했다. 하지만 또 다른 단서, 이 대륙들을 무엇을 중심으로 배열할지 알려줄 단서가 필요했다. 로디니아의 중심에는 무엇이 있었을까?

로렌시아 대륙의 대략 절반 정도가 동쪽 주변부를 따라 기나긴 그렌빌산맥으로 둘러싸여 있었기 때문에, 호프먼은 그렌빌류와 비슷한 연대의 산맥을 공유하는 대륙들로 로렌시아를 둘러싸기 시작했다. 아마존강이 가로지른다는 의미에서 이름이 붙은 남아메리카의 아마조니아 지괴는 로렌시아와 충돌하며 생긴 산맥이 있을 것으로 예상되는 가장 유력한 후보였다. 남아프리카와 콩고 또한 그렌빌류 산맥을 지닌 지괴였다. 호프먼이 1991년에 알아낸 바에 따르면, 이들은 로렌시아의 맞은편에서 충돌하여 로디니아를 형성했다.[5] 하지만 규칙만큼이나 예외에서도 중요한 정보를 얻을 수 있다. 대륙들이 대부분 그렌빌만큼 오래된 산맥을 공유했다는 것이 규칙이라면, 서아프리카는 예외였다. 곧 곤드와나를 구성하게 될 대륙 지괴 중에서 서아프리카만이 그렌빌류 조산대가 없다. 그래서 호프먼은 30년 후인 오늘날까지도 유효한 가설을 세웠다. 즉, 그렌빌류 조산대들이 있는 곤드와나의 지괴들은 로렌시아와 충돌해 로디니아를 형성하며 같은 시기에 조산 운동이 있었지만, 서아프리카는 나중에 초대륙의 외부에 추가됐다는 것이다. 이러한 지질학적 추론은 로디니아에서 곤드와나로 이루어진 운동학적 전환과도 일치했다.

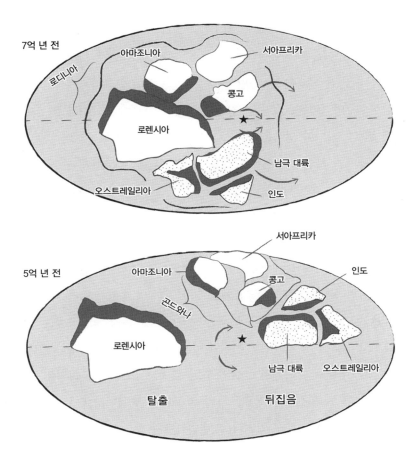

그림 17. 폴 호프먼이 재구성한 초대륙 로디니아(7억 년 전)와 로디니아가 곤드와나로 전환되는 과정(5억 년 전). 곤드와나는 판게아 형성의 첫 부분에 해당한다. 호프먼은 나중에 곤드와나를 형성할 대륙들을 자신이 구성한 로디니아 배열에서 '뒤집음'으로써 잘 알려진 곤드와나 대륙으로 전환할 수 있었다. 로디니아에서 로렌시아의 양쪽에 있던 대륙들은 곤드와나에서 서로 반대쪽에 자리 잡게 된다. 점으로 표시된 지역은 동곤드와나이고, 점으로 표시되지 않은 지역이 서곤드와나가 된다. 짙은 색으로 표시된 부분은 로디니아 형성 시 그 렌빌류 조산대가 있었던 지역이다. 별표는 호프먼이 곤드와나를 탄생시키기 위해 로디니아에 있는 로렌시아의 양측 대륙을 회전시킬 때 중심점을 나타낸 것이다. Adapted from P. F. Hoffman, "Did the breakout of Laurentia turn Gondwanaland inside-out?" Science 252, no. 5011 (1991): 1409-12.

호프먼은 로디니아의 분열이 곤드와나의 형성으로 자연스럽게 이어질 수 있음을 깨달았다. 5억 년 전 로렌시아는 곤드와나의 일부가 아니었고, 약 4억 2,000만 년 전 유럽과 합쳐져 유라메리카를 형성한 뒤, 약 3억 5,000만 년 전 곤드와나와 합쳐져 판게아를 형성하게 된다. 그는 이 새로운 단서, 즉 로렌시아가 나중에 곤드와나에서 분리됐다는 사실과 로렌시아 대부분이 11억 년 된 조산대에 둘러싸여 있었다는 이전 단서를 결합했다. 만약 로렌시아가 로디니아의 중심에 있었다면, 주변 대륙들로부터 로렌시아가 탈출하면서 곤드와나가 형성됐을 가능성이 있다(그림 17).

호프먼은 단순하게 한 번만 회전하면, 로디니아의 분열부터 곤드와나의 형성으로 대륙을 전환할 수 있었다. 호프먼이 회전 과정에 사용한 비유는 접부채였다. 부채는 사북이라고 불리는 중심점을 기준으로 접혔다 펼쳐진다. 로렌시아 남쪽에 있는 중심점을 하나 선택하고, 초대륙 로디니아의 중심 대륙인 로렌시아로부터 분리되는 모든 대륙에 이 회전을 적용함으로써, 호프먼은 로디니아에서 곤드와나로 전환을 설명할 수 있었다. 그렌빌산맥과 같은 연대의 조산대가 있으면서 훗날 곤드와나를 이룰 대륙들, 예를 들어 로디니아 내부에서 로렌시아와 가깝게 묶여 있던 아마조니아 같은 대륙괴들은 곤드와나의 바깥쪽으로 이동하게 된다. 반대로 그렌빌 조산대가 없는 서아프리카는 초대륙 로디니아의 바깥쪽에 있다가 곤드와나의 안쪽으로 묶이게 된다. 로디니아 안에서 로렌시아의 측면에 붙은 대륙들을 '뒤집음'으로써 곤드와나를 탄생시킬 수 있다고 증명하면서, 호프먼은 더 젊은 초대륙과 그 이전에 존재했던 초대륙 사이의 연결 고리를 처음으로 만들어냈다. 이러한 첫 번째 단서로, 로디니아를 찾기 위한 탐구가 본격적으로 시작됐다.

* * *

호프먼이 판지를 잘라 만든 모형은 꽤 영향력이 컸지만, 로디니아를 21세기로 데려와야 했다. 로디니아 연구에서 핵심 인물로 떠오르는 이는 정샹 리Zheng-Xiang Li다. 2008년 세계 각국의 저명한 지질학자 17명의 지지를 받아 발표된 그의 획기적인 논문 이후로, 리의 이름은 사실상 로디니아와 동의어가 됐고, 로디니아는 판게아 이전에 존재한 초대륙으로 진지하게 받아들여졌다. 리는 많은 사람이 도와주지 않았다면 불가능했다고 강조했지만, 세계 곳곳에서 다양한 의견을 종합해낸 것이 그가 이룬 가장 큰 업적일지도 모른다. 리는 로디니아뿐만 아니라(그림 18), 판게아 이전의 모든 초대륙을 재구성하는 길을 열었다.[6]

다양한 사고방식은 과학을 향상하는 가장 좋은 방법일 것이다. '모든' 과학 분야에서 협력이 중요하기는 하지만, 세계 각지에 흩어져 있는 대륙들이 아주 먼 과거에는 어떻게 맞물려 있었는지 밝혀내려고 할 때만큼 국제 협력의 이점이 뚜렷하게 드러나는 경우는 아마 없을 것이다. 만약 초대륙 로디니아가 자신의 후계자인 판게아처럼 정말 거대했다면, 거의 모든 대륙이 포함됐을 것이다. 매우 현실적인 관점에서 보자면, 각국의 지질학에 가장 익숙한 사람은 그 나라의 지질학자들이다. 로디니아라는 퍼즐을 어떤 조각으로 맞춰가야 할

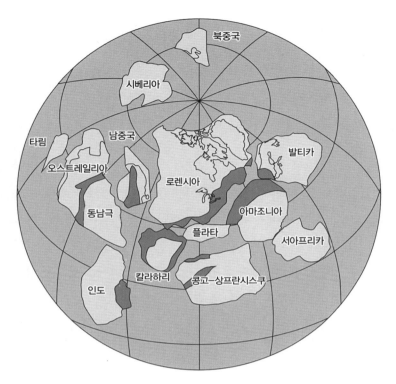

그림 18. 리 팀이 재구성한 로디니아. 회색으로 어둡게 표시된 그렌빌류 조산대를 포함해 호프먼이 재구성한 로디니아(그림 17)와 많이 유사하다는 점에 주목하자. 이 재구성은 비슷해 보여도 고지자기학(그 외 다른 방법들도 포함)으로 철저히 연구됐다. 컴퓨터를 기반으로 한 재구성이며, GIS 소프트웨어로 생성됐다. Adapted from Z. X. Li, S. Bogdanova, A. S. Collins, et al., "Assembly, configuration, and break-up history of Rodinia: A synthesis," Precambrian Research 160, no. 1-2 (2008): 179-210.

지 알고 싶다면, 그러한 지역의 지질학적 지식을 활용하는 것이 현명하다. 리는 이를 직접 경험했다.

다행히 국경 없는 과학 연구를 촉진할 수 있는 국제 조직이 이미 존재했다. 바로 유엔교육과학문화기구, 즉 유네스코UNESCO다.

지질학 분야에서 국제 협력을 위한 허브를 제공하는 것은 유네스코의 소관이고, 이는 대표 조직인 국제 지구과학 프로그램International Geoscience Programme(이하 IGCP)이 수행한다. 세계 각국의 지질학자들이 모여 공유하는 관심사를 IGCP 프로젝트 제안서로 만들어 제출하기도 한다. IGCP의 자금 지원이 많진 않지만, 소외된 개발도상국의 연구원들이 국제 학회나 워크숍에 참여할 수 있도록 경비를 지원하는 정도는 충분히 할 수 있다. 나는 IGCP에서 프로젝트장으로 있으면서, 전 세계 수많은 초기 경력 연구자 중에서 폴란드의 피오트르 크시비에츠Piotr Krzywiec, 중국의 줘 당Zhuo Dang, 보츠와나의 K. V. 윌버트 케헬판날라K. V. Wilbert Kehelpannala 같은 전도유망한 젊은 연구자들에게 자금을 지원할 수 있었다.

1999년, 로디니아를 연구하는 IGCP 프로젝트가 설계되어 승인받았다. 하지만 이런 청신호에도 불구하고, 리 팀 앞에는 험난한 길이 놓여 있었다. 비극이 발생했고, 한 번으로 끝나지 않았다. 리가 리더로 불리기를 주저한 이유도 이 때문일 것이다. 리가 그 역할을 맡은 것은 어쩔 수 없는 일이었고, 이 일을 혼자 한 것도 아니었다. 사실 리 외에도 공동 리더들이 있었고, 이 중에는 리가 할 수 없는 방식들로 팀을 지원한 사람들도 있었다. 프로젝트가 진행되는 몇 년 동안, 공동 리더 중 세 명, 라파엘 운루그Raphael Unrug(라이스대학교), 크리스 파월Chris Powell(서호주대학교), 앙리 캄푼주Henri Kampunzu(보츠와나대학교)가 세상을 떠났다.

리처럼, 스웨덴 룬드대학교의 스베틀라나 보그다노바Svetlana Bogdanova도 공동 리더로 나섰다. 힘들었던 프로젝트의 후반기 몇 년 동안, 보그다노바와 리는 팀원들을 독려해가며 야심 찬 프로젝트를 계속 진행했고, 프로젝트 범위도 통합했다. 리는 보그다노바가 팀을 단결하게 하는 데 중요한 역할을 했다고 회고한다. 보그다노바는 리더로서 긍정적인 영향력을 지녔을 뿐만 아니라 활발한 연구 활동을 하는 연구자로서, 몇 년 전 세상을 떠나기 전까지 스칸디나비아 고대 지각의 형성 연구에 있어 선도적인 인물이 됐다. 보그다노바의 친한 동료이자 2008년 논문의 공동 저자인 스톡홀름대학교의 빅토리아 피스Victoria Pease는 지구에서 가장 오래된 암석을 연구하는 학술지 《선캄브리아 연구Precambrian Research》의 편집장으로서 보그다노바의 유산을 이어가고 있다.

유네스코-IGCP 체제에서 후원받은 리 팀은 세계 각지에서 모인 연구자들로 구성됐다. 초대륙을 재구성하려면, 전 세계의 지질학을 알아야 하기에 최적의 조건을 갖춘 셈이다. 게다가 이렇게 모인 지식을 활용할 수 있는 기술도 필요하다. 일찍이 1960년대 초, 판구조 혁명이 일어나던 때와 비슷한 시기에, 컴퓨터가 발전하며 GIS Geographic Information System(지리정보시스템)도 등장했다. GIS는 지리 기반 데이터를 관리하는 정보 체계다. 컴퓨터 프로그램에서는, 서로 다른 지리 데이터 집합과 연관된 다양한 '레이어layer'를 만들 수 있다. 이를 통해 리 팀은 호프먼의 판지 모형보다 훨씬 정교하고 정밀하게 작업을 수행할 수 있었다. 판지 모형으로도 대륙의 배치를 이동하는 작업을 할 수 있지만, 이제는 컴퓨터와 방대한 데이터 집합을 사용하여 정확한 지리적 위치와 구 모양의 지구에 맞춘 데이터를 활용할 수 있었다.

두 가지 색으로만 이루어진 호프먼의 판지 모형(그림 16)과 달리, 리 팀의 대륙들은 다채로운 색으로 표현됐다. GIS에서는 화성암, 변성암, 퇴적암처럼 각 암석 유형에 따라 서로 다른 색으로 구분된 레이어를 생성할 수 있었다. 그런 다음 각 암석 유형의 지질시대에 따라 레이어 색의 농도를 달리해서 색이 더 진하면 젊은 암석, 연하면 오래된 암석으로 표현했다. 두 대륙이 충돌해서 로디니아를 형성했다면, 두 대륙에서 비슷한 농도(연대)의 초록색(변성암) 산맥을 찾을 수 있어야 한다. 그리고 이렇게 유사한 색과 농도를 보이는 경계가 서로 마주 보게 될 것이다. 다음으로, 더 젊은 화성암과 퇴적암을 사용하여 이 변성암 기반의 구성도를 검증할 수 있다. 만약 두 대륙이 로디니아에서 가까운 이웃이었다면, 초대륙이 분열할 때 그 지질학적 증거가 남아 있어야 했다. 두 대륙이 점차 벌어지면서 결국 분리되는 과정에서 주저앉은 지괴의 계곡에 침전된 퇴적 분지가 형성되고, 대륙 분열을 일으키는 뜨거운 맨틀에서 침입성 화성암이 형성되는데, 이 두 가지 현상이 모두 오늘날 동아프리카 열곡대에서 일어나고 있다. 그런 다음 분리되는 대륙 사이에서 해양이 열리며 대륙 주변부는 지질 기록 속에 훌륭히 보존될 퇴적층을 형성한다. 이런 식으로 리 팀은 컴퓨터를 기반으로 한 전 세계의 지리학적 데이터 집합과 다양한 지질 기록을 최대한 활용했다. 허투루 쓸 정보는 없었다.

색으로 구분된 리의 여러 GIS 레이어에서 서로 다른 암석 유형의 지질학적 상관관계는 한 가지 질문으로 귀결된다. '이 암석은 나이가 어떻게 될까?' 이 질문이 궁극적으로 중요한 것은 이 질문에 대한 답은 지질학 문제 대부분을 해결하는 데에 필요하기 때문이다. 그리고 고대 초대륙의 지리적 문제를 해결하는 데에도 예외는 아니다. 암석의 나이를 측정하는 방법은 하나만 있는 것이 아니다. 실제로 암석이 젊을 가능성이 있는지, 아니면 매우 오래됐을지에 따라 다양한 방법 중에서 더 유용한 방법을 선택한다. '지질연대학'에서 가장 흔히 사용되는 방법은 방사성연대 측정법으로, 방사성 원소가 시간이 흐르면서 체계적이고 장기간에 걸쳐 붕괴하는 성질을 이용해 암석이 형성된 시점을 역산하는 방식이다. 지르콘zircon이라는 내구성 있는 광물에서 우라늄이 납으로 붕괴하는 양을 측정하는 방법은 오래된 지질연대를 추정하는 데 최적의 기준으로 널리 인정받는다.

지질연대학자들 입장에서는 다행스럽게도 우라늄의 붕괴 속도는 매우 느리다. 방사성 물질의 반감기는 해당 시료의 원자핵 수가 원래의 절반으로 줄어드는 데 걸리는 시간을 의미한다. 우리가 사용하는 우라늄-238 동위원소의 반감기는 사실상 지구 나이와 비슷한 45억 년이다. 이는 우리가 측정할 수 있는 우라늄이 충분히 남아 있다는 뜻이지만, 우라늄이 납으로 붕괴하는 과정에서 매우 소량으로 생긴 납과 납의 동위원소를 감지하기 위해서는 매우 민감한 기기가 필요하다는 뜻이기도 하다.

* * *

리 팀이 사용한 또 다른 중요한 기술은 우리의 오랜 친구 고지자기학이다. 고지자기학은 앞서 다루었는데, 판게아의 존재를 검증하는 데 도움을 주었던, 떠오르는 과학적 도구 중 하나였다. 처음에는 제대로 인정받지 못했지만 나중에 정당성이 입증됐던 테드 어빙의 케임브리지 논문 작업을 떠올려보자. 판게아뿐만 아니라 판구조론 자체도 당시 판결을 기다리는 중이었기 때문에 그때는 검증에 이용할 수 있는 방법이 뭐든 중요했다. 판게아의 경우에는 대륙을 서로 밀어내는 메커니즘을 제공한 해저 확장을 발견한 것이 크게 도움이 됐다. 해저 기록은 사람들에게 대륙 이동으로 판게아가 분열했다는 사실을 확신하게 했다. 하지만 로디니아에 대해서는 그런 해저 기록이 존재하지 않는다. 당시 해양 지각은 대부분 오래전에 섭입되어 맨틀 속에서 재활용됐다. 고지자기학이 판게아를 뒷받침하는 증거로서 대체로 조연 역할을 맡았다면, 로디니아를 검증하는 데에는 주연을 맡게 될 것이다.

연구실에서 암석을 표본조사 하고 암석의 자기 방향을 신중하게 측정하며 힘들게 작업을 마치면, 고지자기학 연구는 두 숫자로 요약된다. 고지자기 극의 위도와 경도다. 예일대학교에서 내 박사 과정 지도 교수였던 데이비드 에반스David Evans는 고지자기 극을 그 출처인 대륙을 대표하는 '대사大使'로 생각할 수 있다고 가르친다. 대륙을 이동시키면 고지자기 극도 함께 이동해야 한다. 극과 대륙은 강하게 연결되어 있어서, 마치 대사들이 외국에 살고 있어도 자국의 이익을 염두에 두어야 하는 것과 같다. 이 정의가 조금 추상적으로 들릴 수 있지만, 고지자기 극은 대륙에 대한 자극magnetic pole의 위치다. 자극이 (오랜 시간 동안) 늘 같은 자리에 있었다고 가정한 상태에서, 고지자기 극이 북극(또는 남극)이 아닌 다른 방향을 가리키는 경우, 우

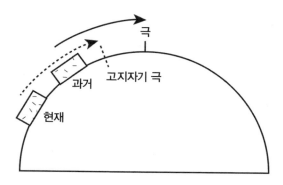

그림 19. 고대 대륙의 위치를 재구성하기 위해 고지자기 극을 사용하는 방법. 복각을 측정하면 고지자기 극의 위치(점선)를 추정할 수 있다. 그 고지자기 극을 북극으로 옮기면서 대륙도 함께 옮긴다(실선). 이를 통해 대륙의 과거 위치가 현재 위치보다 극(더 높은 고*위도)에 더 가까웠다는 사실이 드러난다. 사우스다코타의 사례가 이와 같다.

리는 그 대륙이 이동했다고 결론지어야 한다. 고지자기 극의 위치는 대륙이 어떻게 그리고 얼마나 멀리 이동했는지 알려준다.

암석이 형성된 시기에 대륙의 고대 위치를 재구성하기 위해서는 그저 고지자기 극을 북극으로 맞추기만 하면 대륙의 원래 위치가 파악된다. 그러면 대륙은 자신의 고지자기 극을 북극으로 가져가기 위해 움직여야 하는 만큼 끌려간다(그림 19). 예를 들어, 미국 중서부 사우스다코타에서 암석을 채취한 뒤 고지자기 극을 측정했을 때 캐나다 북부를 가리킨다면, 이는 사우스다코타가 암석이 형성될 당시 더 높은 위도에 있었다는 것을 시사한다. 사우스다코타의 고대 위도를 재구성하기 위해서 고지자기 극을 오늘날의 북극으로 옮기면서 대륙도 함께 데려와야 하기 때문이다.

리와 그의 팀은 모든 대륙에서 얻은 고지자기 극을 종합해, 단순히 같은 유형의 암석을 맞추기만 한 게 아니었다. 대륙들이 적절한 시기에 적절한 위도에 있었는지도 확인했다.

안타깝게도 고지자기 극의 신뢰성은 여러모로 의문이 제기될 수 있는데, 여기서 그중 가장 명백히 위험한 것들만 언급하겠다. 예를 들어 암석이 형성될 때 안정되게 자화되더라도, 이후 암석이 꽤 오래되거나 변성되면 다시 자화될 수 있다. 10억 년 전 로디니아 시기에 분출됐다가 식으면서 안정된 자화를 획득한 용암을 상상해보자. 이 정보는 10억 년 동안 아무런 영향도 받지 않고 유지되어야만 오늘날 우리가 사용할 수 있다. 그런데 그 후 초대륙 판게아가 형성되면서 산맥이 만들어져 이러한 용암류가 오랜 기간 고온에 노출됐다면, 용암류 속 (자철석 같은) 자성 광물에서 자기 구역이 충분히 에너지를 얻으며 판게아 형성 초기의 자기장 방향에 맞추어 재정렬될 테고, 로디니아 시기의 자화 방향을 영원히 잃을 수 있다.

암석이 다시 자화하지 않았더라도 다른 문제가 남아 있다. 어떤 암석이 안정적으로 자화하여 자력계로 측정된 고지자기 데이터가 훌륭하다고 해서 그 암석의 형성 시기를 정확히 측정할 수 있다는 뜻은 아니다. 즉, 암석이 형성될 때 자화를 획득(1차 자화)한 것 같아도, 암석의 나이를 정확히 밝힐 수 없다면, 계산된 고지자기 극은 아무리 신뢰할 만해도 사실상 무용지물이다. 이는 확실히 과학적 십자말풀이가 적용되는 사례로, 퍼즐을 해결하려면 믿을 수 있는 고지자기학과 지질연대학이 모두 필요하다. 즉, 고지리를 재구성하는 데 두 분야의 전문가들이 필요한 것이다. 나중에 알게 되겠지만, 암석의 조성은 다양해서 이 특별한 십자말풀이를 완성하는 일이 늘 쉽지는 않다. 이 모든 문제를 염두에 두고, 리 팀은 방대한 데이터를 신중히 검토하여 로디니아를 재구성하는 데 사용할 수 있는 진정한 정보를 찾아냈다.

* * *

과학자들은 엄격하게 데이터 필터링을 거친 후에 남은 데이터가 의미 있는 결론을 도출할 수 있을 만큼 충분하기를 바란다. 이렇게 우려하는 이유는 한 대륙에서 고지자기 극이 하나만 있는지, 아니면 여러 극이 있어도 시대가 다른지에 따라 대륙을 초대륙 안에 배치할 때 정밀성에 크게 영향을 받기 때문이다. 물론 극이 하나만 있다면 조금 실망스럽기는 하겠지만, 극이 아예 없는 것보다는 확실히 낫다. 그 하나의 극을 가지고도, 고지자기학자는 극(과 함께 대륙)을 북극으로 회전시킬 수 있다(그림 19). 그런 다음 이 방향과 위도를 고정한 채로 대륙을 지구 주위에서 회전시키며 가능한 모든 경도 위치를 실험한다. 그래서 고지자기학자들은 보통 자신들의 데이터가 위도에는 제약을 두지만 경도는 그렇지 않다고 말한다. 지구의 쌍극자 자기장은 모든 경도에서 동일하다. 암석들이 경도상 수천 킬로미터 떨어져 있다고 해도 같은 위도에서 형성된 암석 속 자성 광물의 방향에는 차이가 없다. 특정 연령대의 대륙에 극이 하나만 있다면, 그 대륙의 경도는 알 수 없다. 이런 모호함 때문에 지질학자는 같은 위도에 있는 다른 대륙과 관련해 다양한 잠재적 배열을 고려해야 하고, 지질학적 상관관계를 통해 이러한 선택지 사이에서 실험해야 한다.

하지만 한 대륙에서 발견된 서로 다른 연대의 암석에서 둘, 혹은 그 이상의 고지자기 극을 얻을 수 있다면 상황은 완전히 달라진다. 이 경우 고대 초대륙에서 그 대륙의 위치에 대해 훨씬 더 확신할 수 있다. 지구 역사에서 특정 시기에 한 대륙에서 두 개, 세 개, 혹은 그보다 많은 극을 얻을 수 있다면, 극과 극 사이의 경로를 추적할 수 있다. 고지자기학자들은 이를 '겉보기 극이동apparent polar wander' 경로라고 부른다. 이 용어가 쓰이는 이유는 극의 경로가 겉으로 보기에는 시간이 지날수록 북극이 이동하는 것을 나타내는 것 같지만, 실제로 북극은 움직이지 않고 판구조 운동으로 대륙이 이동하며 이 같은 이동하는 경로를 형성하기 때문이다. 만약 두 대륙이 초대륙 안에서 연결되어 있었다면, 이들은 같은 이동 경로를 공유해야 한다. 게다가 시간이 흐르면서 이들이 움직이는 경로는 (1) 충돌했을 때 수렴하고, (2) 초대륙이 유지되는 동안 같아야 하며, (3) 두 대륙이 분리되면 바로 갈라져야 한다(그림 20).

두 대륙이 공유하는 이동 경로의 이점은 단순히 두 대륙이 연결됐는지와 얼마나 오랫동안 연결됐는지를 알려주는 것에서 그치지 않는다. 이 경로는 두 대륙이 '어떻게' 연결됐는지도 알려준다. 다시 한번 극을 대륙의 '대사'로 생각하고, 한 대륙의 극(그 대륙도 포함)을 회전시켜 다른 대륙의 극과 겹쳐본다. 극의 경로는 형태가 비슷해서 두 경로를 겹쳐놓으면 잘 들어맞을 테고, 비슷한 연대의 극은 거의 일치할 정도로 맞아떨어질 것이다. 그렇다면 이것이 대륙이 이동한 장소를 의미할까? 두 대륙의 극을 포개려고 극에 적용했던 회전을 대륙에도 똑같이 적용해보면 마침내 당시 두 대륙이 상대적으로 어

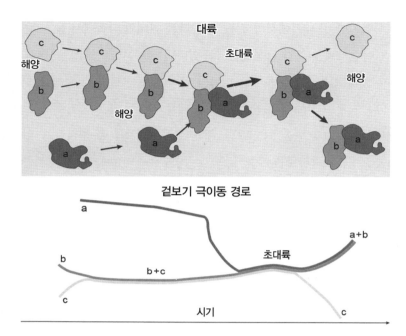

그림 20. 초대륙 내에서 연결된 대륙들이 같은 '겉보기 극이동' 경로를 공유하는 방법. 초대륙이 존재하는 동안 고지자기 극으로 구성된 경로다. 초대륙이 형성되는 동안 경로들이 수렴하고, 분열되는 동안 경로들이 갈라진다. 경로들은 측정된 고지자기 극 사이의 점들을 연결함으로써 생성된다. Adapted from D. A. D. Evans and S. A. Pisarevsky, "Plate tectonics on early Earth? Weighing the paleomagnetic evidence," When did plate tectonics begin on planet Earth? 440 (2008): 249–63, and R. N. Mitchell, N. Zhang, J. Salminen, et al., "The supercontinent cycle," Nature Reviews Earth & Environment 2, no. 5 (2021): 358–74.

떻게 배치되어 있었는지 발견할 수 있다(그림 20). 그런데 초대륙이라면 모든 대륙은 같은 경로를 공유해야 한다. 그래서 모든 대륙에 이와 같은 과정을 반복해서 어떤 겉보기 극이동 경로가 쓰였는지 확인하면 그 초대륙의 대륙 구성을 얻을 수 있다.

초대륙이 정말 존재했다면, 당시 지구상의 대륙은 대부분 비슷한 극이동 경로를 공유해야 한다. 이것이 바로 리 팀이 로디니아에 대해 시도한 결정적 실험 중 하나였다. 안타깝게도 모든 대륙의 데이터 집합이 동등하게 제공되지 않고, 데이터의 가용성도 미국, 캐나다, 호주 같은 부유한 나라에 치우쳐 있다. 그래서 지구과학 연구의 미래에 유네스코 IGCP 프로젝트가 매우 중요한 것이다. 폴 호프먼이 말했듯이 "초대륙을 재구성하려면, 세계의 지질학을 배워야만 한다." 그야말로 오랜 시간이 걸리는 목표이지만, 리 팀은 당시 보유한 자료로 어떻게든 연구를 진행해야 했다. 로렌시아 같은 대륙들은 북아메리카 국가들에서 얻은 고지자기 극 데이터가 풍부했지만, 상대적으로 연구가 더딘 서아프리카 같은 대륙 지괴들에서는 아예 없거나 있어도 극소수였다. 그래서 사람들이 일반적으로 그림 맞추기 퍼즐을 완성하는 방식대로, 위치를 알 만한 쉬운 조각부터 시작하고, 별 특징이 없어 어려운 조각들은 나중으로 미루어둔다. 퍼즐이 거의 풀릴 때쯤 되면, 이런 까다로운 '파란 하늘' 조각이 들어갈 만한 자리들이 얼추 가려진다.

하늘이 도왔는지 로렌시아는 퍼즐 조각 중에서도 데이터를 많이 지닌 귀한 조각이었다. 로렌시아가 초대륙 로디니아의 중심에 있었을 것으로 밝혀진 것이다. 그렇다면 다른 대륙 지괴들을 고지자기 데이터나 지질학적 연관성(둘 다 가능하면 이상적)을 바탕으로 로렌시아의 대륙 주변부를 따라 배치할 수 있었다. 오스트레일리아도 로렌시아처럼 고지자기 자료가 많았지만, 이렇게 데이터가 풍부해도 두 대륙의 상대적인 위치를 정하는 일은 예상했던 것보다 훨씬 어려웠다. 그래서 리 팀은 오스트레일리아와 로렌시아의 상대적인 배치 구성을 네 가지로 다르게 만들어서 장단점을 검토했다. 이들이 최종 선택한 배치 구성에서 이 두 대륙 사이에 직접적인 연결이 없었고, 대신 남중국이 이들 사이에 연결 고리로 배치됐다.[7] 불과 몇 년 뒤인 2011년에 리와 내 박사 과정 지도 교수인 데이비드 에반스는 데이터가 그토록 많았는데도 왜 이 두 대륙을 배치하는 것이 그토록 어려웠는지 이유를 밝혀냈다.

리와 에반스는 오스트레일리아에서 얻은 자료에 중대한 문제가 있었다는 사실을 마침내 깨달았다. 남호주의 암석에서 얻은 고지자기 극이 북호주에서 얻은 것과 일치하지 않는다는 사실을 발견한 것이다. 대륙들은 대체로 단단한 지괴로 되어 있는데, 오스트레일리아나 로렌시아처럼 아주 오래된 대륙들은 더 작은 지괴가 다수로 모여 구성되어 있다. 다행히 오스트레일리아의 기록은 세세하게 샘플링되어 있어서 호주의 남부와 북부 모두에서 여러 시대의 암석 샘플을 채취할 수 있었다. 그리고 그 두 지역에서 나온 결과는 역시나 일치하지 않았다. 그런데 이 불일치는 체계적이었다. 같은 시대의 극 중에 일치하는 것은 전혀 없었지만, 그 불일치는 크기와 방향이 거의 모두 일정했다. 이에 리와 에반스는 지괴 중 한 곳의 극을 회전시키면 그 한 번의 회전만으로 두 지역의 극이 다양한 연대에서 일치할 수 있음을 깨달았다.[8] 이들은 오스트레일리아판 자체 내에서 고대판의 회전 현상도 발견했다. 오스트레일리아에서 발견된 이런 판 내 회전은 곤드와나가 형성될 때 인도가 오스트레일리아와 충돌하면서 발생했다. 이로써 오스트레일리아의 남부와 북부가 서로 상대적으로 이동하게 된 것이다. 오스트레일리아 내에서의 이런 회전 움직임이 곤드와나와 나이와 같다는 것은 로디니아 생성보다 나중에 벌어진 일이라는 의미였다. 그래서 로렌시아와 비교할 일관된 겉보기 극이동 경로를 찾기 위해서는 오스트레일리아의 북부와 남부에서 회전이 일어나기 전인 원래 배치를 고려해야 했다. 오스트레일리아 대륙을 로렌시아의 서쪽 주변부에서 멀지 않게 두는 것이 이제는 거의 확실해졌다. 리와 에반스는 논문 제목을 "더 밀착되고, 더 오래 유지되는 로디니아A Tighter-Fitting, Longer-Lasting Rodinia"로 붙였다. 지질학자들이 가끔 싱거운 말장난을 칠 때가 있다고 내가 말한 적이 있던가?

그런데 오스트레일리아 데이터를 약간 재조정하는 정도는 리 팀이 직면한 역경 중 가장 작은 부분에 불과했다. 그리고 불행히도 이들이 당시 마주한 문제는 오늘날에도 상당 부분 남아 있다. 로디니아 퍼즐로 추정되는 중요한 조각이지만 이렇다 할 만한 고지자기 데이터가 없는 조각이 하나 있다. 바로 아마조니아다. 이는 남아메리카 북부 아마존강 밑에 놓인 대륙 지괴다. 다행히 리의 학제 간 팀이 강조한 것처럼 초대륙을 재구성하는 방법은 한 가지만 있는 것이 아니어서, 아마조니아는 고지자기 극에서 부족했던(그리고 여전히 부족한) 부분을 지질학적 증거로 만회하고 있었다. 아마조니아에는 순사스Sunsas 조산대라는 산맥의 증거가 있었는데, 이 조산대는 매우 중요한 로렌시아의 그렌빌 조산대와 같은 시기에 형성됐다. 이런 점에서는 호프먼의 판지 모형만으로도 충분했다. 그가 아마조니아를 놓은 위치는 리의 정밀한 GIS 기반의 로디니아 재구성과 거의 일치했다.

아마조니아는 로렌시아와 충돌해 그렌빌산맥의 중추를 형성한 대륙으로 가장 유력한 후보다. 그렇게 판단한 근거는 무엇일까? 일찍이 호프먼이 로디니아를 연구할 때, 몇몇 대륙들이 그렌빌 조산대의 산등성이를 따라 배치됐던 것을 떠올려보자. 그리고 아마조니아는 그때나 지금이나 그렌빌 전선Grenville front(그렌빌 조산대에서 대륙충돌의 영향을 가장 강하게 받은 지역 - 옮긴이 주) 맞은편 중앙에 가장 확실하게 놓여 있다. 결정적 증거는 아마조니아와 로렌시아의 암석에서 발견된 납 동위원소를 비교함으로써 확인된다. 대륙이 충돌하면 엄청난 압력과 온도로 인해 변성암이 형성될 뿐 아니라, 화성암, 구체적으로는 화강암도 대량 형성된다. 특정 화강암의 동위원소가 어떻게 그 화강암을 식별하기 위한 지문처럼 사용될 수 있는지 알아보기 전에, 화강암 자체가 왜 그토록 중요한지 이야기를 나눠보자.

* * *

화강암은 판구조 운동, 복잡한 생명체, 바다와 더불어 지구를 정의하는 특징 중 하나라고 볼 수 있다. 앞서 설명한 대로 대륙은 화강암의 부력 덕분에 비교적 밀도가 높은 현무암질 해양 지각 위에 올라탈 수 있다. 달, 화성, 금성, 그리고 수성에는 모두 현무암이 있다. 하지만 암석으로 이루어진 이런 천체들 중 어디에도 화강암은 없다. 물론 달과 화성에는 현무암에서 화강암으로 살짝 방향을 틀고 있는 '분화된' 화성암이 조금 있기는 하지만, 정식 화성 암석학자(화성암 전문가)라면 엄밀히 따져서 이러한 어중간한 성분을 화강암으로 분류하지는 않을 것이다. 화성암 유형은 진화 사슬을 형성하며, '원시'

형태인 현무암에서 시작해 '분화된' 형태인 화강암에 이른다(이것은 내가 비유법을 남발하는 게 아니라, 암석학자들이 실제로 사용하는 용어다). 그렇다면 원시 암석이 어떻게 분화된 암석을 만들어낼까? 이 중요하고도 복잡한 암석들이 어떻게 생성되는지 두 가지 주요 방법을 빠르게 살펴보자.

믿기 어렵겠지만 다수의 마그마방은 초기에는 원시 성분으로 시작한다. 하지만 냉각되면서 자연스럽게 화강암질 마그마를 생성하는 쪽으로 진화한다. 서로 다른 광물은 각기 다른 온도에서 결정화한다. 어떤 광물은 높은 온도를 좋아하고, 또 어떤 광물은 낮은 온도를 좋아한다. 이러한 이유로 마그마는 식으면서 조성이 바뀐다. 현무암을 구성하는 광물들(감람석, 휘석, 칼슘이 풍부한 사장석)은 모두 고온에서 결정을 이루고, 그 마그마방에서 분출되어 화산을 형성하는 마그마는 주로 현무암질이다. 현무암은 실리카silica로도 알려진 이산화규소(SiO_2)가 약 55퍼센트를 차지하는 반면, 화강암에는 이산화규소가 약 75퍼센트 함유되어 있다. 그래서 마그마가 결정을 이루면, 현무암은 화강암보다 석영(화학 조성: SiO_2)의 양이 훨씬 적다. 현무암과 화강암의 주된 조성 차이는 SiO_2 함량이다. 현무암은 석영이 아예 없거나 있어도 극소량이지만, 화강암은 부피의 20퍼센트에서 많게는 60퍼센트까지 석영을 포함하고 있는 것이 특징이다. 이러한 조성 변화는 분별 결정fractional crystallization(혼합물에서 용해도의 차이를 이용해 성분 물질을 정제하는 방식 - 옮긴이 주)이라는 과정을 통해 이루어진다. 용융물의 조성은 조기 형성된 광물이 고온에서 결정을 이루면서 변한다. 이러한 광물들은 또한 밀도가 높아서 마그마방 바닥으로 가라앉으며 본질적으로 남아 있는(즉, 잔여) 용융물에서 제거된다. 이렇게 광물의 결정화(광물을 잔여 용융물에서 제거)라는 작용 하나로 마그마의 화학적 성질이 더 '분화된' 조성으로 바뀌면서, 마그마가 결정을 이룰 때 운모, 나트륨이 풍부한 사장석, 그리고 석영과 같은 광물이 주성분인 화강암을 형성하게 되는 것이다. 그런데 화강암을 만드는 더 쉬운 방법이 밝혀졌다. 바로 물을 넣는 것이다!

화강암을 형성하는 또 다른 방법이자 아마도 지구의 지각을 형성하는 데 폭넓게 적용할 수 있는 방법은 그냥 현무암을 녹이는 것이다. 이 용융 과정에서 물의 역할이 절대적으로 중요하다는 사실이 밝혀졌다. 물은 현무암을 용해하는 식으로 녹인다. 프라이팬에 눌어붙은 음식을 하룻밤 물에 불리고 나면 녹아서 떨어지는 것처럼, 물은 단단한 암석도 녹인다. 물은 웬만한 액체보다 많은 물질을 용해해서 만능 용매로 알려져 있다. 물 분자는 양전하를 띤 수소와 음전하를 띤 산소로 이루어져 극성을 띤다. 이런 성질 때문에 물은 여러 종류의 분자에 끌리며, 이들의 결합력을 약하게 만들어 결속을 끊어낼 수 있다. 예를 들어 소금($NaCl$)을 물에 녹이면 용해되어 각각 나트륨과 염소 이온으로 분해되는 것이다. 이 마법 같은 액체는 지구 깊은 곳에 있는 암석도 녹일 수 있다.

물이 지각 아래 깊은 곳에 존재하는 한, 현무암은 낮은 온도에서도 녹을 것이고, 이 용융물은 화강암을 형성할 것이다.[9] 그런데 물은 애초에 지각 깊은 곳으로 어떻게 들어가게 된 걸까? 우리가 원하는 한 가지 답은 '섭입'이다. 해수는 가라앉는 해양판에서 벗어나면 위로 떠오르며 시간이 지날수록 농축된다. 그러다가 위에 있는 상부 판의 깊은 지각으로 스며드는데, 이곳은 현무암과 조성이 유사하다. 상부 판의 아래에 있는 이러한 깊은 지각이 용융되어 화강암을 생성한다. 한곳에서 섭입이 오랜 기간 발생하면, 화강암이 대량으로 생성되기도 하지만 대륙 충돌이 임박할 가능성도 커진다. 해양 지각이 너무 많이 소모되면, 대륙이 가까워질 수밖에 없다. 그러므로 화강암이 활발하게 생성된다는 것은 대륙 충돌이 곧 닥친다는 서곡, 아니 경고 신호다.

그렌빌 조산대에서 화강암이 대량 생산됐다는 증거를 통해 우리는 로디니아 형성 당시 충돌한 대륙을 알 수 있다. 앞서 다루었던 지질연대학이 그 증거를 추적하는 첫 단계다. 충돌하는 대륙에서 마그마방이 서로 관련이 있으려면, 먼저 비슷한 연대의 화강암이 존재해야 한다. 그런데 연대만 일치해서는 증거로서 충분하지 않다. '현재는 과거를 푸는 열쇠'라는 격언을 참고하자면 화강암은 오늘날 안데스산맥과 히말라야산맥에서 모두 생성되고 있지만, 이 조산대들은 현재 지구에서 서로 반대쪽 끝에 있다. 그러면 지구에서 이처럼 중요한 화강암이 로디니아라는 문제를 해결하는 데 어떻게 도움이 될까? 이번에는 우라늄이 아니라 납 동위원소에서 다시 한번 답을 찾는다.

* * *

방사능은 암석의 연대를 정확히 측정할 때뿐 아니라 화강암을 형성한 마그마원의 조성을 분석할 때도 중요하다. 방금 살펴본 것처럼 화강암은 아래에 있는 지각이 용융되어 형성되는데, 지질학자들은 이를 '기반암basement'이라고 부른다. 만약 두 대륙이 실제로 충돌했다면 당시 생성된 마그마는 유사한 용융 원천을 공유했을 것이고, 그 원천은 문제의 두 대륙의 기반암이 됐을 것이다. 우라늄 동위원소가 지속해서 천천히 납으로 붕괴하고 있다는 사실을 기억하자. 만약 두 화강암이 같은 마그마원에서 생성됐다면, 둘은 연대가 같아야 하고, 진화도 함께해야 했다. 이를 실험하는 방법이 있다. 같은 마그마원에서 얻은 두 화강암은 초기(즉, 결정화 시점에서) 우라늄 대 납의 비율이 같아야 하며, 이후 우라늄이 납으로 붕괴하면서 형성된 납 동위원소의 비율도 같아야 한다.

자, 로렌시아와 아마조니아에서 나온 화강암들은 대체로 납 동위원소 수치가 제각각이다. 이를 언뜻 보면 로렌시아의 그렌빌 조산대와 아마조니아의 순사스 조산대 사이의 잠재적 연관성을 부정하는 것 같기도 하다. 하지만 아직 희망은 남아 있다. 화강암은 지각이 녹아 형성된다는 사실, 그리고 정말 순수하게 새로운 지각은 원래 맨틀에서 추출됐다는 사실을 떠올리자. 그래서 그 지각이 젊은지 아니면 오래됐는지, 즉 지각이 맨틀에서 최근에 추출됐는지 아니면 오래전에 추출됐는지에 따라, 초기 납 동위원소 수준은 낮거나 높을 수 있다. 로렌시아와 아마조니아의 기반암이 각자의 맨틀에서 서로 다른 시기에 추출됐기 때문에 각자의 지각이 녹아서 화강암을 형성할 때, 이들이 나타내는 서로 다른 납 동위원소 수치는 각자의 고대 지각의 유산을 자연스럽게 드러낸다. 이런 의미에서 납 동위원소는 명백히 하나의 대륙으로 보이지만 실제로는 서로 다른 두 개의 지각 조각이 대륙 충돌로 서로 연결된 대륙을 탐지하는 데 매우 유용하다. 그렇다면 납 동위원소는 어떻게 로디니아에서 로렌시아와 아마조니아의 연결성을 검증하는 데 도움이 될까?

다행히도 우리에게는 단서가 더 있다. 비록 우리는 그렌빌 조산대를 대륙 충돌로 형성된 커다란 단일 산맥이라고 설명했지만, 사실여기에는 '테레인terrane'이라고 불리는 미소 대륙들이 서로 충돌하여 하나로 복잡하게 얽힌 구조도 포함된다. 서태평양 지도를 보면 아주 많은 섬이 점점이 찍혀 있다. 서태평양이 미래에 대륙 간 충돌에 연루된다면 그 사이에 있는 섬들은 분해될 테지만, 그들의 지각은 수렴하는 대륙들 사이에 갇혀 복잡한 형태를 지닌 테레인 모자이크로 보존될 것이다. 테레인은 주요 대륙들과 마찬가지로 판구조 운동에 참여하고, 각 테레인은 특유의 지질학적 역사와 구조를 지닌다. 짧은 기간 구조적으로 독립성을 지니기도 하지만, 대개는 큰 대륙 간 충돌에 휘말려 영원히 독립성을 잃는다.

그래서 테레인은 충돌했을 것으로 의심되는 두 대륙 간의 중요한 연결 고리가 되기도 한다. 주변에 있는 더 큰 대륙들과 같이 판구조적 규칙을 따르면서 독립적 존재로서 지내다가, 그 짧은 여정이 끝나면 더 큰 대륙에 흡수되는 특성 때문이다. 이 점에 착안하자 그렌빌 조산대가 여러 테레인과 화강암 산맥('산괴massif'라고 불림) 등 다양한 집합체로 구성되어 있다는 사실이 드러났다. 한 초대륙에서 다음 초대륙까지 판구조 운동의 순환이 반복되기 때문에 대륙들의 가장자리는 연구되고 또 연구된다. 애팔래치아산맥은 판게아 형성에서 중요한 역할을 맡은 것으로 유명하지만, 애팔래치아의 조상도 역시 로디니아 통합에 관여했다. 실제로 그렌빌 조산대의 자취는 남부 애팔래치아산맥의 고생대 암석들 아래에 있는 기반암에서 발견된다.

미국 테네시와 캐롤라이나의 블루리지산맥과 같은 남부 애팔래치아산맥은 로디니아 중심에서 (북아메리카의) 로렌시아와 (남아메리카의) 아마조니아가 연결됐다는 단서를 찾을 수 있는 곳이다. 테레인들이 대륙 주변부와 충돌하는 것은 바다를 점점 좁히며 양옆에서 다가오는 대륙들이 최종적으로 충돌할 것이라는 대륙 간 충돌의 전조를 의미한다. 남부 애팔래치아산맥, 특히 그렌빌 조산대 가장자리에는 먼 곳에서 왔다는 의미를 지닌 '이국적' 테레인들이 있다. 이를 알 수 있는 이유는 이곳 화강암의 납 동위원소가 그렌빌 조산대에 있는 나머지 화강암의 납 동위원소와는 완전히 달랐기 때문이다. 남부 애팔래치아산맥의 화강암은 그렌빌 조산대와 같은 시기에 형성됐지만, 로렌시아의 지각이 녹아 형성된 화강암과는 다른 마그마에서 유래했을 가능성이 크다. 이 남부 애팔래치아산맥의 암석들에 더 적합한 출처는 아마도 아마조니아일 것이다.

대학원생이었던 에린 마틴Erin Martin은 아마조니아와 애팔래치아 사이의 연결 고리를 확인하기 위해 과감히 남아메리카로 첫 야외 조사를 떠났지만, 현장에서는 계획대로 되는 일이 별로 없다는 사실을 빠르게 깨달았다. 그는 복잡한 암석 구조를 다루는 것보다 아르헨티나의 해당 지역에서 사용되는 스페인어 방언을 이해하는 데에 더 많은 어려움을 겪었다. (예를 들면, 'TORTILLA'를 발음할 때 두 개의 'L'을 'Y'로 소리 내어 '토르티야'로 읽는 게 아니라, 'CH'처럼 소리를 내며 '토르

티차'로 읽는 식이다.) 외진 지역에서 현장용 차량이 고립되어 견인차 운전사에게 위치를 알려주려는데, 인근 마을의 위치조차 명확하게 설명하기 어려운 상황을 상상해보라. 하지만 마틴은 집요하게 문제를 해결했고, 하루도 안 돼 어떻게든 트럭을 고쳐 다시 길을 떠날 수 있었다. 문제는 거기서 끝나지 않았다. 그는 현지에 도착하면 기본적인 현장 장비를 구할 수 있으리라 생각했다. 그러나 대형 철물점을 찾을 수 없어서 작은 철물점을 몇 곳이나 샅샅이 뒤져 큰 쇠망치(단단한 석영이 풍부한 화강암 샘플을 채취할 때 필수다)를 겨우 찾아냈다. 그가 구입한 망치는 첫 암석을 한 번 내리치자마자 손잡이가 바로 부러졌다. 그러나 마틴은 포기하지 않았다. 그는 한 농부에게서 낡았지만 쓸 만한 망치를 하나 샀다. 그 망치는 그의 여정 내내 문제없이 잘 버텨주었다. 늘 준비된 자세로 현장 조사에 임해야 한다는 교훈을 가슴에 새기며 그는 그 망치를 호주로 가지고 돌아왔고, 다음에 현장 조사에 갈 때마다 이 믿음직한 망치를 가져가겠다고 다짐했다. 어떤 역경도 슬기롭게 극복해내며, 마틴은 아마조니아에서 필요한 샘플을 모두 수집했고, 마침내 성공적으로 박사 학위를 받았다.

이전 연구에서 아마조니아가 로렌시아와는 완전히 다른 납 동위원소 특징을 가지고 있다는 것이 증명되었다. 만약 애팔래치아가 로렌시아에서 유래하지 않았다면, 마틴이 이를 아마조니아에서 유래했다고 증명할 수 있을지가 관건이었다. 마틴이 둘을 비교한 결과, 남부 애팔래치아 테레인의 납 동위원소가 실제로 아마조니아와 동일하다는 사실을 발견했다.[10] 이제 그렌빌 조산대의 일부가 된 남부 애팔래치아산맥이 아마조니아에서 유래했다는 것이 밝혀졌다. 즉,

남부 애팔래치아산맥의 화강암은 아마조니아 지각에서 녹아 형성된 것이다. 이 떠돌이 테레인은 아마조니아에서 떨어져 나와 짧은 시간 구조적 독립성을 띠고 혼자서 바다 하나를 온전히 건너며 더는 아마조니아의 일부도, 그렇다고 로렌시아의 일부도 아닌 상태로 존재했다. 그러다 결국 로렌시아와 충돌했고, 거기서 연대는 비슷하지만 납 동위원소는 근본적으로 다른 로렌시아 화강암 산괴들과 나란히 쌓이게 됐다. 그리고 이 테레인을 선발대로 해서 아마조니아도 그대로 경로를 따라 이동해 마침내 로렌시아와 충돌했다. 두 대륙이 충돌하면서 마지막 단계에서 그렌빌 산맥이 하늘 높이 치솟았고, 드디어 초대륙 로디니아가 형성됐다.

그림 18은 리 팀이 만든 로디니아의 최종 재구성을 보여준다. 전세계 지질학자들로 이루어진 이 팀은 말 그대로 로디니아를 지도 위에 올려놓았다. 물론 일부 수정이 이루어졌고 앞으로도 수정이 계속될 것이다. 그러나 로렌시아와 아마조니아가 그렌빌 조산대를 가로질러 연결된 것과 같은 수많은 근본적인 연결 고리들은 세월의 무게를 견뎌낼 것 같다. 그리고 단순히 로디니아의 형태를 제외하고도, 로디니아에 대해 우리가 배운 중요한 사실들이 있다. 우리는 로디니아가 어떻게 움직였고, 지구에서 어떻게 기후와 생명을 만들어냈는지도 배웠다. 초대륙이 한번 형성되면 지구의 형태, 지구 자전의 안정성, 나아가 생명의 진화에 필요한 기후와 환경 조건들을 변화시킴으로써 지구가 작동하는 방식을 바꿔놓는다.

로디니아는 극심한 한랭기를 겪은 것으로 알려져 있다. 지구 역사상 가장 심각한 빙하기를 겪으며 '눈덩이 지구'로 알려진 것처럼

(바다를 전부 포함해서) 지구 전체가 얼음으로 뒤덮였다. 현대 지구에는 극지방 만년설(남극 대륙과 그린란드를 생각해보자)이 존재하는데, 이는 고위도 지역일수록 태양광이 더 비스듬히 도달하면서 태양복사가 적기 때문이다. 그런데 극지방 만년설이 점점 커진다고 상상해보자. 어느 정도 넓이가 커지며 하얗게 변한 지구는 흡수하는 빛의 양보다 더 많은 양의 빛을 반사하기 시작할 것이다. 스키를 타러 가보면 알겠지만, 눈과 얼음은 빛을 매우 잘 반사한다. 그러다가 임계점에 도달하면 극지방에서 적도까지 지구 전체가 빠르게 얼음으로 뒤덮이게 되는데, 이런 상황이 로디니아 시기에 두 번이나 발생한 것으로 추정된다. 왜 로디니아에서만 이런 일이 벌어지고, 나머지 두 초대륙에서는 벌어지지 않았는지는 아직 밝혀지지 않았다. 그러나 한 가지는 분명하다. 로디니아가 분열하기 시작할 때 대륙들은 대부분 적도에 걸쳐 있었다. 이는 기후 재앙을 일으키는 조합이다. 모든 대륙이 열대의 풍화대에 모이면서 암석이 활발하게 화학적 풍화 작용을 거치면 대기 중 이산화탄소(CO_2) 농도가 크게 줄기 때문이다. 이산화탄소 농도가 증가하면 지구 온난화가 촉발되는 것과 반대로 이산화탄소가 급감하면 재앙 수준으로 지구 한랭화를 초래할 수 있다. 하지만 지구가 커다란 눈덩이가 됐다고 나쁘기만 한 것은 아니었다. 오히려 지구가 극한 상황에 내몰리자 생태계가 나서서 자연선택을 진행한 덕분에, 한랭기가 끝난 뒤 생존한 생물 형태는 지구에 자리를 잡을 준비를 마쳤다. 이렇게 로디니아의 열개 작용에서 최초의 조류藻類와 다세포 생물(후생동물)이 등장하게 됐으며, 이들은 곧이어 등장할 대형 동물의 토대가 됐다.

★ ★ ★

지금까지 우리는 초대륙 순환을 밝히기 위해 중요한 존재인 로디니아의 실체를 확립했다. 그러나 로디니아가 왜 우리 이야기에서 중요한지, 즉 로디니아가 다음 초대륙을 예측하는 데 어떤 단서를 제공할지 아직 탐구하지 않았다. 여기서 호주 오지에서 겪은 내 이야기를 다시 이어간다. 지난 이야기는 말루프 교수와 할버슨 교수가 엄격한 호프먼 교수 밑에서 제자로 있었을 때의 이야기를 모닥불 앞에서 들려주던 지점에서 멈추었다.

무척이나 아름다웠던 남호주 플린더스산맥 국립공원에서 일주일간의 지질 관광이 막 끝난 참이었다. 플린더스산맥은 지질학적으로 정말 놀라운 곳이었다. 이 지역은 한때 대륙의 깊은 열곡이 있었고, 퇴적층으로 가득 차 있었다. 그러다가 판의 구조적 힘이 확장에서 압축으로 변하면서, 그 틈이 사라졌고 지층은 접히면서 우리가 지금 보는 황홀한 지형이 됐다. 플린더스의 지층에는 에디아카라 동물군Ediacara fauna으로 알려진 대규모 다세포 생물 형태가 세계에서 가장 잘 보존되어 있다. 이런 특이한 생물 형태는 오늘날 우리에게 익숙한 모습과는 너무 달라서 외계 생명체에 비유되기도 한다. 예를 들어 유명한 디킨소니아Dickinsonia는 동물이라기보다 양치식물인 고사리에 가깝게 생겼다(그림 21). 가장 중요한 것은 이들이 현미경 없이 눈으로 볼 수 있는 최초의 동물로 알려졌다는 것이다. 이들은 크기가 약 1.5미터에 달하지만, 두께는 고작 몇 밀리미터밖에 안 되어 거대한 팬케이크처럼 보인다. 하지만 에디아카라기에 최초로 등장

그림 21. 남호주 플린더스산맥 사암 속에 보존된 에디아카라기 화석인 '디킨소니아'로 단단한 신체 기관이 없어 동물(어쩌면 식물?)의 연한 몸만 자국으로 남아서 보존됐다. 애들레이드 남호주 박물관에서 공개한 표본. Photo credit: Dr. Alex Liu, University of Cambridge.

한 이 거대한 동물은 몸이 단단하지 않았고, 다음 시대인 캄브리아기 전에 멸종했다. 에디아카라기의 후생동물들이 수백만 년 후 캄브리아기 대폭발 시기에 시작된 우리에게 더 친숙한 생명체와 어떻게 관련이 되는지는 지금도 여전히 미스터리로 남아 있다. 하지만 관광은 끝났고 스완슨-하이셀과 나는 다시 일을 하러 돌아가야 했다.

교수들은 각자 대학으로 돌아갔고, 스완슨-하이셀과 나만 남았다. 둘만 있으니 규칙적으로 일상을 보내게 됐다. 우리는 스완슨-하이셀이 프린스턴 실험실에서 박사 논문을 위해 분석할 중요한 샘플을 신속하게 확보했다. 몇 주간 성공적으로 샘플링을 마친 뒤, 표본 가방을 잔뜩 채워 홀가분한 마음으로 여행의 후반부를 보내고 있었다. 그런데 비극은 늘 끝이 보일 때쯤 찾아온다고 하던가?

우리는 호주 중부 맥도널산맥에 있는 로스강Ross River이라는 곳에서 캠핑을 하고 있었다(그림 22). 처음에는 이름을 보고 나에게 딱 맞는 장소처럼 느껴졌다. 우리는 모닥불 주위로 텐트 두 개, 탁자 하나, 의자 두 개를 놓고 간단하게 캠핑을 시작했다. 요리는 대부분 불 위에서 했고, 커피와 파스타를 만들 때에만 가스레인지를 썼다. 우리 트럭은 호주 오지에서 쓰이는 대표 차량인 토요타 하이럭스Toyota Hilux였는데, 픽업트럭 위에 덮개가 있어서 두 가지 용도로 사용됐다. 현장에서는 이 덮개가 시도 때도 없이 불어오는 먼지를 막아주고 장비를 강렬한 햇빛으로부터 보호했으며, 마을에서 물품을 구할 때에는 꽤 비싼(게다가 교체하기 어려운) 현장 장비들이 도난당하지 않도록 지켜주었다. 암석 채취용 망치와 지질 조사 장비 외에 별다른 것은 없었다. 현지 문화도 익히고 재미있게 운동도 할 겸 가지고 다니

그림 22. 호주 로스강(사진 중앙부에서 아래로 흐르는 줄기 형태) 야외 작업 지역. 퇴적암 지층이 극적으로 기울어지고, 접히고, 단층을 이루는 모습이 뚜렷하게 드러난다. 층서학적으로 본 개별 지층이 먼 거리까지 이어진다. 이미지의 실제 너비는 약 60킬로미터다. Courtesy of the public domain from https://earthexplorer.usgs.gov.

던 '풋티footy(호주식 풋볼)' 공 하나와 볼일 볼 때를 대비한 삽 하나 정도가 다였다. 프리스비도 하나 있었는데 배고픈 남자 둘이 요리를 더 빨리하기 위해 보조 도마라는 더 중요한 역할로 사용했다. 단순한 생활이었고 우리는 그런 점이 마음에 들었다. 오직 우리 둘과 암석뿐이었다.

호주 오지에서 하는 야외 작업은 노두에서 캠핑할 수 있어서 매우 특별하다. 우리는 텐트에서 그날 표본조사 할 퇴적층을 바로 눈앞에서 편안하게 볼 수 있었다(그림 23). 우리는 이미 며칠 동안 로스강 구역에서 작업했다. 퇴적 지층 더미가 잘 드러난 부분을 지질학자들은 층서 '단면'이라고 부른다. 우리는 먼저 그 단면을 측정했다.

줄자를 지층에 수직으로 대고 퇴적층의 두께를 재는 작업이다. 한때 수평으로 퇴적됐던 층이 지각 변동으로 기울어졌기 때문에, 로스강 구역의 층은 약 45도(사진에서 경사각이 이보다 완만해 보이는 이유는 층이 왼쪽뿐 아니라 언덕 쪽으로도 살짝 기울어져 있기 때문이다) 기울어져 있다. 이렇게 경사가 가파른 덕분에 층과 층 사이를 이동할 때 많이 걷지 않아도 된다. 판구조 운동, 고맙다! 우리는 모든 퇴적층의 두께를 일일이 재지 않았다. 그렇게 했다가는 영원히 끝나지 않았을 것이다. 대신 모래면 모래, 셰일이면 셰일, 석회암이면 석회암, 이런 식으로 같은 조성을 지닌 층들의 두께를 측정하고 나서, 다음 유사한 퇴적물 유형 층으로 넘어갔다.

우리가 로스강에서 다룬 것은 대개 탄산염질 퇴적암이었다. 탄산염암으로 가장 잘 알려진 석회암은 탄산칼슘($CaCO_3$)으로 구성된다. 그런데 우리가 작업하던 단면에서 가장 많이 얻은 것은 백운암으로 이는 마그네슘이 풍부한 탄산염($CaMgCO_3$) 암석이다. 이유가 명확히 밝혀지지 않았지만 고대 암석에서는 백운암이 석회암보다 훨씬 흔하게 발견되고, 반대로 현대 지층에서는 석회암이 백운암보다 더 많이 발견된다. 우리는 아주 오래된, 대략 8억 년 전의 로디니아 시대를 연구하고 있었기 때문에 백운암을 많이 다루었다.

우리가 샘플 채취한 암석들은 백운암질 조성 외에도 형태와 구조가 무척 흥미로웠다. 우리는 '스트로마톨라이트stromatolite'라고 불리는 화석에서 형성된 매우 특별한 유형의 탄산염암을 다루고 있었다. 이 미생물 무더기는 지구상에서 가장 초기 생명체의 흔적으로 여겨지는데, 우리가 로스강에서 시료로 채취한 특정 스트로마톨

그림 23. 우리의 로스강 야영지. 내 텐트와 물 펌프가 앞에 있고, 뒤로는 퇴적층을 배경으로 니콜라스 스완슨-하이셀과 우리의 토요타 하이럭스, 캠프파이어 자리, 캠핑 부엌이 보인다. Photo credit: Ross Mitchell.

라이트는 아니지만 약 30억 년 전에 형성된 스트로마톨라이트가 존재해 지구의 진화 초기부터 세균이 존재했음을 증명한다.[11] 스트로마톨라이트는 석회를 분비하는 시아노박테리아(광합성을 하는 세균)가 포획한 퇴적물로 구성된 백악질 더미이자, 지구 초기 생물 형태가 만든 구조물로서 선캄브리아 시대 암석에서 비교적 흔하게 발견된다(그림 24). 시아노박테리아는 오늘날에도 여전히 살아 있어서 서호주의 외진 샤크만을 여행한다면 스트로마톨라이트가 실제로 형성되는 과정을 볼 수 있다. 스트로마톨라이트는 미생물 군집의 유형에 따라 데시미터(1/10미터) 단위로 좁고 구부러진 활 모양 형태로 쌓이기도 하고, '바이오험bioherm'이라고 불리며 미터 단위로 널따랗게 쌓이기도 한다. 시아노박테리아는 황홀한 구조물을 남기기도 하지만 광합성을 하는 유기체로서 훨씬 더 심오한 유산을 남긴다. 바로 우리가 들이마시는 산소를 대기 중에 만들어낸 것이다. 이 이야기는 나중에 또 이어가보자.

우리가 다루고 있던 탄산염암 덕분에, 스완슨-하이셀은 자신의 논문에 로디니아 시기의 해양 화학의 진화라는 흥미로운 연구 주제를 포함할 수 있었다. 스트로마톨라이트의 탄소 함량을 측정하면 당시 해양 조성이 어떠했는지, 그리고 조성에 변화가 있었다면 어떻게 변화했는지 알 수 있다. 우리는 물의 순환 과정을 이미 알고 있다. 액체 상태의 물이 증발하면 수증기가 되고, 그것이 응축되어 구름을 형성한 다음, 비로 떨어지며 처음부터 순환이 다시 시작된다. 이와 비슷하게 탄소 순환도 있는데, 오늘날 우리가 직면한 기후 위기 때문에 이 주제에 대해서도 웬만하면 알고 있을 것이다. 물처럼 탄소도 대기, 생물권, 해양, 암석, 즉 '암석권lithosphere'까지 지구의 다양한 영역을 돌아다닌다. 탄소는 석회암과 백운암 같은 퇴적암의 주요 성분이고, 이 퇴적암들은 탄소가 지구 시스템을 순환하는 과정에서 중요한 저장소 역할을 한다. 그렇다면 탄소 순환으로 우리는 해양에 대해 어떤 정보를 얻을 수 있을까? 또 스완슨-하이셀은 어떤 결과를 예상했을까?

여기서 동위원소가 다시 한번 중요한 역할을 한다. 앞서 우라늄과 납 동위원소를 언급했는데 이들은 일련의 과정을 통해 우라늄에

그림 24. 시아노박테리아가 만든 스트로마톨라이트는 함께 무리를 지어 고대 유기물 더미 같은 암초를 형성하는데, 이처럼 평행하게 수직으로 쌓인 더미에서 직접 확인할 수 있다. 중국에서 온 이 표본은 10억 년 이상 된 것으로, 높이는 약 13센티미터다. Photo credit: Ross Mitchell.

서 납으로, 한 동위원소에서 다른 동위원소로 방사성 붕괴를 일으킨다. 탄소는 자체적으로 동위원소가 다수 존재하며, 그중 탄소-14, 탄소-13, 탄소-12가 유명하다. 여기에서 숫자는 원자핵 속에 있는 아원자 입자의 수를 나타내는 것으로, 각 동위원소는 중성자 수에서만 차이가 난다. 우라늄에서 납으로 변환되는 계열의 동위원소들처럼, 탄소-14는 시간이 흐르면서 방사성 붕괴를 일으키는 '방사성 동위원소'다. 우라늄의 반감기는 지구의 나이만큼 길어서 매우 오래된 암석의 연대를 측정하기에 유용하지만, 탄소-14의 반감기는 5,730년으로, 지질학적 관점에서는 매우 짧으며 빠르게 붕괴한다. 따라서 수백만 년 된 암석에는 탄소-14가 거의 남아 있지 않아서 이를 측정하는 것은 효과적이지 않다. 이런 이유로, 우리가 들어본 적 있는 탄소 연대 측정법(방사성 탄소-14의 붕괴를 이용)은 고고학 유물의 연대를 측정할 때 주로 사용된다.

하지만 지금 우리가 관심을 두는 것은 탄소-13과 탄소-12이다. 이들은 방사성을 띠지 않고 자연적으로 붕괴하지 않는 안정 동위원소다. 이들이 우리에게 유용한 이유는 생명 활동과 상호작용 하는 방식 때문이다. 안정 동위원소인 탄소-12와 탄소-13은 질량에서 차이가 나는데, 방사성 동위원소와 마찬가지로 과학자들은 이 미세한 차이를 측정할 수 있다. 질량에서는 미세한 차이이지만 광합성에는 큰 영향을 미친다. 식물과 유기체들이 햇빛과 이산화탄소를 에너지(당)로 전환해 생명 활동에 연료를 공급할 때에는 가벼운 동위원소인 탄소-12를 선호한다. 로디니아 시기에는 식물이 없었을지 모르지만, 스완슨-하이셸과 내가 채취한 스트로마톨라이트로 입증된 것처럼 초대륙에는 확실히 시아노박테리아가 존재했다. 시아노박테리아와 그 외 광합성을 하는 생물들이 표층수에 풍부했던 시기에 이들은 흡수하기 쉬운 가벼운 동위원소를 마구 먹어치웠다. 화산은 대기 중으로 끊임없이 이산화탄소를 내뿜는데, 이중 1퍼센트만이 탄소-13이고, 나머지는 전부 탄소-12다. 탄소-13이 해양에서 농축되려면 생명 활동이 있어야만 가능한데, 그러려면 유기체들이 화산에서 나오는 다량의 탄소-12를 우선으로 흡수하길 기다려야 한다. 그런데 더 가벼운 탄소-12를 써가면서 자신들의 연조직을 만드는 조류와 박테리아가 존재하지 않으면, 그래서 화산만 일을 열심히 하게 된다면, 더 풍부한 탄소-12에 비해 탄소-13은 상대적으로 바다에서 농축되지 않는다. 간단히 말해서, 탄소-13과 탄소-12의 비율(탄소-13/탄소-12)이 낮다는 것은 생명체가 부족하다는 신호다.

스완슨-하이셸은 로스강에 노출된 지층이 형성될 당시의 바다에서 정확히 이런 현상을 발견했다. 바다는 화산활동으로 탄소-12가 풍부한 상태였고, 생물학적 활동의 흔적은 거의 찾아볼 수 없었다.[12] 어떤 이유에서든, 당시 지구의 환경 조건은 생명체가 성장하기에 불리하게 변했다. 바다에 생명체가 번성하지 않았기 때문에, 미세 화석과 유기 물질이 거의 형성되지 않았고 암석 기록도 거의 남지 않았다. 놀라운 점은 이처럼 생명체가 없는 세계가 얼마나 빠르게 나타났다 사라졌는가였다. 로스강 지층의 위아래에 있는 퇴적층은 완전히 정상적이었고, 탄소 동위원소 비율도 바다에서 생물학적 활동이 활발했음을 시사했다. 한편 로스강의 층서학적 단면만은 완전히 딴 세상이었다. 지질학적 관점에서 보면 하룻밤 사이에 종말이 일어났던 것 같았다. 하지만 환경 변화의 속도뿐만 아니라 이러한 소동이 일시적이었다는 점도 놀라웠다. 로스강의 지층이 퇴적될 당시 바다는 수백만 년 동안 상대적으로 생명체가 없는 상태였지만, 이후에는 다시 생명체가 풍부한 바다로 돌아왔다. 무언가가 바닷속 생명을 별안간 소멸하게 했지만, 전염병처럼 빠르게 퍼진 재앙은 그만큼 빨리 사라졌다.

게다가 재앙이 끝나고 단순히 회복으로 이어진 것처럼 보이지도 않았다. 비교를 위해 약 6,600만 년 전, 소행성이 충돌해 공룡(과 그 외 많은 동물)이 멸종했을 당시를 살펴보자. 충돌의 영향으로 당시 바다 표면에 살던 광합성을 하는 유기체들이 사멸하면서, 바다는 오직 화산활동에만 영향을 받아 탄소-13의 비율이 급감했다. 결국 수천 년이 흐른 뒤에야 생명이 다시 돌아왔고, 유기체들이 점점 더 많이 탄소-12를 사용하기 시작하면서 탄소 순환에서 탄소-13이 풍부한 수준으로 돌아올 수 있었다. 마치 주식 시장이 붕괴한 것처럼, 소행성 충돌로 갑작스럽게 종말을 맞이했다가 이후에 느린 회복이 뒤따른 것이다. 하지만 로스강은 이런 패턴과 달랐다. 로스강에서는 생명체의 멸종과 회복이 모두 갑작스럽게 벌어졌다. 마치 생명을 없앤 무언가가 아주 기이하게도 스스로 상황을 되돌린 것 같았다. 소행성 충돌과 또 다른 차이점은 로스강에서의 변화는 지질학적으로 빠르기는 했지만, 소행성이 어느 날 돌연 지구를 강타한 것만큼 순간적이진 않았다는 점이다. 로스강에서의 환경 변화는 지질학적으로 볼 때 놀라울 만큼 갑작스러웠다. 하지만 사실 생명체가 완전히 사라지기 전에 수천 년 동안 쌓여온 퇴적층에 그 징조가 나타났다. 생물학적으로 황폐해진 세상이 다가온다는 짧은 경고가 있었을 수 있지만, 로스강의 갑작스러운 변화는 우리가 일반적으로 생각하는 대부분의 지질학적 과정보다 빠르게 일어났다. 그리고 손톱이 자라는 속도만큼 움직이는 판구조 운동이 한몫하기에도 너무 빨랐다.

* * *

스완슨-하이셀이 호주 오지에서 박사 과정 현장 연구를 수행한 이유는 그와 지도 교수인 말루프가 생각한 가설 때문이었다. 그런데 그 가설은 판구조 운동과 관련이 **없었다**. 로스강 지층에 보존된 환경 변화는 느리지만 꾸준하게 움직이는 판구조 운동이 어떤 역할을 했다고 보기에는 너무 빨랐다. 그런데도 이들은 로스강의 암석에서 판구조 운동 **없이는** 설명하기 힘든 또 다른 단서를 발견했다. 로스강의 급격한 환경 변화가 탄소 동위원소의 극적인 변동으로 기록된 것 외에도, 고지자기 샘플링을 통해 당시 오스트레일리아의 위도, 정확히 말하면 '여러' 위도에서 추가 단서를 발견한 것이다. 일반적으로 퇴적층에서 한 층서학적 단면의 고지자기는 하나의 답, 즉 그 시대 오스트레일리아의 예상 '고古위도'를 산출한다. 그러나 로스강의 지층은 '다수'의 고위도를 산출했다. 이는 마치 대륙 이동이 대륙 경주가 된 것처럼 오스트레일리아가 짧은 시간 동안 고위도를 **변경했음을** 의미했다.

더욱이 고위도의 변화는 탄소 동위원소의 변화와 보조를 맞추어 일어났다. 환경적 종말 위와 아래(이전과 이후)에 퇴적된 지층에 보존된 고위도는 서로 일치했고, 둘 다 그 층이 퇴적될 당시 오스트레일리아가 아열대 지역에 있었음을 보여주었다. 그러나 일시적 종말이 발생한 시기의 고위도를 추정해본 결과, 오스트레일리아가 정확히 열대 지역에 있었음이 드러났다. 숫자로 보면, 34도(거의 4,000킬로미터) 이동한 것으로 보인다. 그것도 단 한 번이 아니라 두 번이나 이동한 것으로 보인다. 이는 오스트레일리아가 완전히 다른 기후대 사이를 위아래로 오갔음을 시사했다. 이 정도의 위치상 변화는 판구조 운동으로 달성할 수 있다고 알려져 있긴 하지만, 말루프와 스완슨-하이셀은 이를 판구조적으로 설명하기에는 몇 가지 문제가 있다고 판단했다.

첫째, 시기가 맞지 않았다. 판구조 운동은 속도 제한이 있다. 가장 빠르다고 알려진 대륙 이동의 사례는 인도 대륙이 유라시아 대륙을 향해 전력 질주했던 때다. 인도도 비슷한 거리를 이동했지만, 가장 빠른 속도라도 약 2,000만 년이나 지속됐다. 그러나 오스트레일리아의 두 차례 위도 이동은 각각 몇 백만 년밖에 안 걸렸다. 판구조 운동이 자신의 최고 속도로 움직였다고 해도, 오스트레일리아의 고위도 이동을 설명하기에는 너무 느렸다.

판구조 운동에 속도 제한이 있다는 데에는 타당한 이론적 근거가 있다. 해양 지각은 섭입될 수는 있어도 여전히 두꺼워서, 섭입되려면 먼저 아래쪽으로 상당히 구부러지고 휘어져야 한다. 만약 해양 지각이 어떤 이유에서든 약해진다면, 그때는 당연히 구부러지기 쉬워질 것이다. 하지만 일반적으로 판구조 운동의 속도 제한은 연간 약 20센티미터로, 섭입하는 판이 얼마나 빨리 구부러지느냐에 따라 결정된다.[13] 인도 대륙은 최고 속도일 때 연간 약 16센티미터를 달성했는데 이는 이론상 구조적 한계에 근접한 것으로 손톱이 자라는 속도에 비유되는 일반적 판의 속도에 비해 인도 대륙의 속도는 머리카락이 빠르게 자라는 속도에 더 가까웠다. 이에 비해 로스강 지층에 기록된 오스트레일리아 대륙의 움직임은 연간 80~100센티미터로, 잔디가 빠르게 자라는 속도와 비슷한데, 이는 판구조 운동이 개입됐을 가능성에 의문을 제기할 만큼 비정상적으로 빨랐다. 판구조 운동과 맞지 않는 것은 대륙 이동의 속도뿐만이 아니었다. 이동 방식도 특이했다.

판구조 운동은 해양을 열고 닫으면서 대륙을 움직인다. 다른 말로 하면, 마치 이사할 때마다 새집을 짓고 헌 집을 허물어야 하는 것처럼 꽤 크게 건설과 철거가 수반된다. 지질 기록에는 이런 건설과 철거의 증거가 보존되어 있어야 한다. 물론 초대륙 '순환'을 다룬 책에서, 나는 이러한 대륙의 움직임이 영구적이라고 말하는 것은 아니다. 하지만 대륙들이 다시 이동하기까지 수천만 년, 길게는 수억년 동안 제자리에 머물러 있기 때문에, 분명히 어느 정도는 지속성을 지니고 있다. 그러나 오스트레일리아의 암시적인 위도 이동은 일시적이었고, 이후 같은 크기의 반대 방향 움직임이 오스트레일리아를 원래 자리로 되돌려놓았다. 히말라야산맥의 수렴형 경계와 다시 비교하면, 인도는 곤드와나의 남부 대륙들 사이에 있던 고대 위치에서 떨어져 나와 적도를 가로질러 유라시아 북반구라는 현재의 위치로 자리를 잡게 됐다. 인도가 유라시아와 충돌하기 시작한 것은 약 2,000만 년 전이며, 그때부터 히말라야산맥의 높은 봉우리들이 본격적으로 솟아오르기 시작했다. 믿기 어렵겠지만 그 충돌은 아직도 진행 중이며, 인도 대륙은 여전히 훨씬 큰 유라시아 대륙 아래로 계속 밀려들어가고 있다. 인도-유라시아 충돌이 영원히 지속되지는 않겠지만, 봉합 부위(충돌대)가 곧 역전될 가능성은 매우 낮다. 인도의 사례에서 상대적 속도를 고려하더라도, 판구조 운동은 너무 느리고, 오스트레일리아가 열대 지방으로 갔다가 다시 아열대 지방으로 돌아오는 오락가락한 이동 방식을 설명할 수 있는 방식으로 경로를 바꿀 것처럼 보이지도 않는다.

스완슨-하이셀과 말루프는 판구조론이 여러 학문 분야에서 얻은 관측 결과를 설명할 수 없다면, 다른 무언가가 설명해야 한다는 것을 알고 있었다. 검증이 필요한 또 다른 유력한 가설은 상대적으로 덜 알려진 진극배회true polar wander라고 불리는 과정이었다.[14] 진극배회, 지금부터 짧게 '배회'로 언급할 이 현상은 지구의 단단한 껍질(지각과 맨틀)이 맨틀 아래에 있는 액체 외핵 주위를 전체적으로 회전하는 것을 일컫는다. 배회가 일어나는 이유는 지구가 회전하는 물체로서 질량을 이리저리 보내는 것으로 알려져 있기 때문이다. 지구가 시간이 지나면서 질량을 재분배함에 따라, 배회는 지구가 새롭고 더 안정적인 축을 중심으로 회전할 수 있는 방법을 찾는다. 이는 지구의 축이 우주에서 변하는 것이 아니라, 지구가 안정적인 회전축에 맞춰 스스로 재정렬하는 것이다. 따라서 GPS가 장착된 위성이 북극 상공에 있어도 지구의 회전축 위치가 변화한 것은 감지하지 못할 것이다. 회전축은 계속해서 위성을 가리킬 것이기 때문이다. 하지만 시간이 지남에 따라, GPS는 적도 어딘가에 있는 축을 중심으로 지각

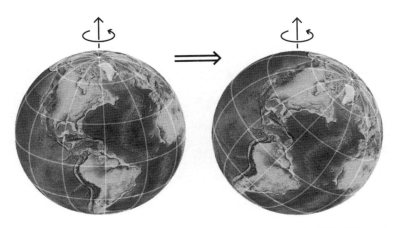

그림 25. 오늘날 45도 진극배회가 일어난다면, 우주에서 어떻게 보일지 예측한 이미지: 이동 전(왼쪽)과 이동 후(오른쪽). 상단의 화살표는 회전축의 위치를 나타낸다. 배회하는 동안, 지구의 고체 부분 전체가 액체 외핵을 중심으로 회전하며 더 안정적인 회전을 위해 새로운 지리적 위치를 찾는다.

과 해양의 회전을 감지할 것이다. 배회가 발생한 뒤, 회전축의 지리적 위치는 지구의 재정렬로 인해 대류와 관련된 새로운 위치로 변경된다(그림 25). 다시 말해, 배회는 지구의 고체 부분이 역동적이기 때문에 발생한다. 판구조 운동과 맨틀 대류는 끊임없이 지구의 질량을 재분배하고 있다. 시간이 흐르면서 이러한 변화에 대응하고 지구의 회전을 안정시키기 위해 지구의 단단한 외각 전체(지각과 맨틀 모두)는 액체 외핵을 중심으로 회전해야 한다. 하지만 이러한 커다란 변화는 항상 일어나는 것이 아니다. 판구조 운동과 대류로 인해 맨틀 내부에서 증가하고 감소하는 질량은 때로는 전 세계적으로 어느 정도 균형을 이루어 지구의 회전축을 안정화할 수 있기 때문이다.

배회 현상이 작용하는 모습을 눈으로 확인하고 싶다면, 누군가가 손가락 위에서 회전시키는 농구공을 느린 화면으로 보면 된다. 믿기 어렵겠지만, 농구공도 질량 분포에 미세한 불균형이 있어 배회를 경험한다. 공이 회전하기 시작하면 처음에는 농구공의 솔기가 무작위로 움직이다가 차츰 변하는 것을 볼 수 있다. 공이 계속해서 회전하며 솔기의 위치가 회전축(손가락)을 기준으로 이동하게 되면서, '질량 결핍' 부분(솔기가 만나는 곳)은 극의 회전축(손가락)으로 가게 되고, '질량 과잉' 부분(솔기가 갈라지고 솔기 자국이 적은 곳)은 '적도'(손가락에서 90도 떨어진 곳)로 가게 된다. 미국 묘기 농구팀인 할렘 글로브트로터스는 빨간색, 흰색, 파란색 농구공을 사용하기 때문에 시간이 지나면서 패턴이 안정화하는 모습을 확실히 볼 수 있다. 유튜브에서 꼭 확인해보길 바란다(http://youtu.be/QRImf9DQwmI). 이 방법이 배회 현상을 직접 볼 수 있는 가장 쉬운 방법이다. 여기서 작동하는 기본 원리는 각운동량 보존 법칙이다. 또 다른 예로, 피겨스케이팅 선수들이 회전 효율성을 높이기 위해 팔을 몸에 가깝게 당기는 (질량을 자신의 회전축에 더 가깝게 가져오는) 모습을 떠올려보라. 모든 물체의 질량은 회전을 최적화하기 위해 재분배될 수 있다.

지구로 돌아와서, 질량 과잉과 결핍은 상승하는 맨틀 플룸과 하강하는 섭입판의 역학으로 발생한다. 맨틀의 구조는 실제로 매우 복잡해서 상승하는 플룸이나 하강하는 섭입판을 질량 과잉 또는 결핍으로 생각하는 것은 엄밀히 따지면 잘못된 접근이다. 플룸과 섭입판이 맨틀의 다른 층을 만날 때 이들이 지구 자전에 미치는 영향, 그리고 그에 따라 배회에 미치는 영향이 달라질 수 있다. 지금으로서는 '복잡하다'는 것만 알아두면 충분하다. 하지만 기본 개념은 플룸과 섭입판의 역동적인 움직임으로 지구 내부의 질량이 끊임없이 재분배된다는 것이다. 지구는 역사상 플룸과 섭입판이 거대한 형태 변화 사건을 일으킬 때마다 배회를 통해 새롭게 안정적인 회전축을 찾아 기울어졌을 것이다. 따라서 오스트레일리아가 열대 지방으로 이동했다 돌아온 왕복 여행은 배회와 직접적인 관련이 있을 것으로 예상된다. 하지만 전 지구 규모에서 질량을 재분배해 배회를 촉발하는 임계점에 도달하게 한 것은 바로 장기적인 판구조 운동이었다.

그러므로 판구조 운동과 진극배회는 대륙이 이동할 수 있는 두 가지 방법이다. 그러나 판구조 혁명 이후, 배회는 판구조론 연구에서 종종 무시됐다. 판구조 혁명 이전의 배회는 대륙이 서로 다른 기후대 사이를 이동하는 메커니즘으로서, 대륙 이동의 실현 가능한 대안으로 여겨졌다. 예를 들어, 고대 석탄 퇴적물이 현재 남극의 극지방에서 발견되고, 고대 빙하 퇴적물이 현재 아열대 인도에서 발견되는 이유를 설명하는 경쟁 이론으로 배회가 제시됐다. 이제 우리는 판구조 운동과 배회가 동시에 발생한다는 사실을 정밀한 위성 측정을 통해 알고 있다. 판구조 운동은 여러 판이 서로 상대적으로 이동하지만, 배회는 두꺼운 맨틀을 포함한 지구의 단단한 껍질이 일제히 움직이면서 모든 판이 공유하는 움직임이다. 그러나 과학자들이 판게아가 분열한 이후 대륙의 겉보기 극이동 경로를 비교하여 대륙 이동설을 입증하면서(그림 20), 경쟁 이론을 내다버렸다. 청소를 한답시고 먼지 쌓인 귀한 골동품을 내다버린 셈이다! 안타깝게도 과학자들 사이에서 이런 태도는 여전히 남아 있다. 또한 지질학적 과거에서 배회의 유용성을 둘러싼 의심도 많이 남아 있다.

문제 해결을 단순화하는 가정은 과학에서 매우 중요하다. 자연은 매우 복잡하고, 우리 지성과 이해력에는 늘 한계가 있기 때문이다. 사실 모든 과학적 발전은 몇 가지 추가적인 복잡성을 잠시만이라도 무시할 수 있다고 가정함으로써 이루어진다고 해도 지나치지 않다. 하지만 과학적 진보는 선대 거인들의 어깨 위에 서서, 후대 과학자들이 그러한 가정 중 일부에 의문을 제기할 때에만 이루어진다. 거인이 실수한다는 말이 아니라(하기도 하지만!), 과학의 거인들도 결국은 그들 시대의 한계를 지닌 존재라는 뜻이다. 진보를 이루어냈던 어제의 단순화한 가정이 이제는 진보를 방해하기도 한다. 실제로 판구조 운동과 배회는 상호 배타적이지 않다. 말루프와 스완슨-하이셀은 판구조 혁명 기간 거의 무시당했던 배회가 계속해서 무시당할 수 있다는 가정에 이의를 제기한 것이다. 로스강 지층에서 입증된 환경과 위도의 급격한 변화는 판구조 운동으로 설명하기에는 너무 빨랐지만, 배회라면 가능할지도 모른다.

* * *

로스강 데이터가 아무리 혼란스러웠어도, 스완슨-하이셀과 말루프는 과학적 십자말풀이처럼 이 수수께끼에 현명하게 접근해나갔다. 이들은 한 가지 데이터 유형이나 한 분야의 전문 지식에만 의존하지 않고, 다양한 데이터를 활용했으며, 각각의 데이터 집합을 독립적으로 해석했다. 이 학생-교수 콤비는 네 가지 데이터 집합을 사용해 과학적 십자말풀이를 정석대로 수행했다. 이들이 특정 데이터 집합에 아무리 확신이 있더라도, 배회 가설이 실제로 타당해지려면 모든 개별 데이터 집합의 최종 해석이 내부적으로 일관되어야 했다.

배회는 판구조 운동과는 매우 다른 방식으로 대륙을 움직인다. 판구조 운동은 대륙들을 서로 '상대적'으로 천천히 움직인다. 반면, 배회는 모든 대륙(실제로는 지구의 단단한 고체 외각 전체)을 '일제히' 이동시키고, 그 속도는 가장 빠르게 움직이는 판만큼 빠르거나 그보다 훨씬 빠를 수도 있다. 극 배회 역시 판구조 운동처럼 속도 제한이 있지만 훨씬 느슨해서 비유하자면 미국의 주간 고속도로 시스템보다 독일 아우토반의 맹렬한 속도에 더 가깝다. 그러나 판구조 운동과 극 배회 간의 이러한 잠재적 속도 차이 외에도, 배회 가설을 가장 잘 검증할 수 있는 측면이자 특징은 바로 전 지구 규모의 재현성이다. 배회는 전체적인 회전이기 때문에, 이런 일관성 있는 움직임은 모든 대륙이 공유해야 한다. 말루프는 몇 년 전 하버드대학교에서 박사 과정 연구 중 호프먼과 함께하면서, 북부 로렌시아가 대규모(~50도)로 회전했음을 발견했다.[15] 만약 배회가 발생했다면, 오스트레일리아에서도 같은 규모의 회전이 발견되어야 한다. 그래서 그들은 오지로 떠났다.

그리고 이들은 실제로 오스트레일리아가 자북극을 기준으로 약 50도 정도 이동했다는 것을 발견했다.[16] (대규모 회전 당시 지구상 위치를 고려하면, 오스트레일리아 대륙은 앞서 언급했듯이 34도의 위도 변화를 겪었으며, 추가적인 각운동이 오스트레일리아의 회전에 영향을 미쳤을 것이다.) 겉으로 봐서는 배회 가설을 강하게 뒷받침하는 것처럼 보였다. 하지만 과학이라는 분야가 흔히 그렇듯이, 오스트레일리아에서 얻은 결과는 명확하지 않았다. 탄산염암에서 얻은 고지자기 데이터가 두 고지자기 방향 사이에서 큰 변화가 있었음을 나타내기는 했지만, 그중 한 방향이 신뢰할 수 있을 만큼 확실히 입증되지 않았다. 탄산염암이 지각 변동 운동으로 기울어졌기 때문에, 그 후에 벌어진 판구조적 사건으로 발생한 열과 유체가 암석을 재자화했을 가능성이 있었기 때문이다. 그런데 이 데이터를 신뢰할 수 없다는 것도 입증되지 않았다. 스완슨-하이셀, 말루프 그리고 동료들은 당시 논문에서 진극배회 해석을 '장밋빛 선글라스 관점'이라고 낙관적으로 표현했다. 이 데이터를 배회 가설을 뒷받침하는 것으로 해석하고 싶다면 그렇게 할 수도 있지만, 그것은 결정적인 검증이 아니었다. 그럴수록 과학적 십자말풀이 접근법을 취하고, 한 줄 가설 검증에만 의존하지 않아야 했다.

그렇다면 탄소 동위원소는 어떨까? 탄소 순환은 전 지구 규모로 이루어지는 현상이므로, 당시 오스트레일리아만이 아니라 모든 대륙의 분포를 고려해야 한다. 게다가 탄소 순환에서 가장 중요한 지역에 초점을 맞춰야 한다. 오늘날 지구에서는 거대한 아마존강이 떠오를 것이다. 남아메리카 서부의 안데스산맥에서 시작해 동쪽에 있는 대서양으로 이어지는 아마존강은 대륙 전체를 가로지를 뿐만 아니라 적도 근처의 열대 풍화대도 지난다. 이 과정에서 아마존강 삼각주는 엄청난 양의 퇴적물에 다량의 유기 탄소를 매장한다. 아마존강이 존재하기 때문에 유기 탄소가 매장되는 비율이 높은 것이다. 그런데 배회가 갑자기 발생해서, 대륙들이 이동하며 아마존강 삼각

주가 적도가 아닌 극지방 근처로 옮겨진다면, 매장된 유기 탄소의 비율은 크게 줄어들 것이다. 아마존강이 적도에서 멀어지면 지구 전체의 탄소 순환이 바뀐다.

이 상황이 실제로 약 8억 년 전, 로스강 지층이 형성될 당시 벌어졌을 것이다. 그때는 안데스산맥과 아마존강이 존재하지 않았지만, 다른 산맥이 솟아 있었고 그 옆에는 다른 웅장한 강이 여럿 있었다. 바로 초대륙 로디니아의 중추를 따라 이어지는 친숙한 그렌빌산맥과 그곳에서 흘러나오는 수많은 강이었다! 현대의 안데스산맥처럼, 그렌빌산맥도 적도에 걸쳐 있었다. 열대 지방에서는 강수량이 많아서 암석이 끊임없이 풍화되어 유기 물질이 풍부하고, 그 유기 탄소를 매장하고 보존하는 퇴적물 역시 부족하지 않다. 그리고 남아메리카 해안선을 따라 이어지는 안데스산맥처럼, 그렌빌산맥도 북아메리카 해안선에 걸쳐 이어졌다. 미국 동부에 있는 그렌빌산맥에서 풍화된 모래 알갱이가 멀리 떨어진 캐나다 북서부 끝에서 발견된 적도 있다. 다른 말로 하면, 로렌시아에는 실제로 그렌빌산맥에서 발원해 넓은 대륙을 가로지르는, 아마존강만큼이나 긴 강이 존재했다.[17] 하지만 섭입으로 형성되어 대륙의 가장자리를 따라 자리 잡은 안데스산맥과는 달리, 그렌빌 산맥은 대륙 간 충돌로 만들어진 히말라야산맥에 조금 더 가까웠다. 이러한 산맥은 커다란 초대륙의 **내부에** 있다. 따라서 안데스산맥에서 녹은 눈과 비는 하나의 대륙을 가로지르는 아마존강 한 군데에만 물을 공급하는 반면, 그렌빌산맥은 적어도 두 대륙을 가로지르는 커다란 강이 여러 군데 있었을 것이다.

따라서 로렌시아 대륙과 그렌빌산맥을 적도에 걸쳐놓고 리와 호프먼의 로디니아 지도를 생각하면, 아마조니아를 비롯해 로렌시아를 둘러싼 다른 대륙들도 열대 지방에 있었을 것이다. 이것은 바닷속 생명체들로서는 호시절이라는 뜻이었다. 열대 풍화 작용과 아마존 같은 여러 강이라는 조건이 만나 한때 암석 안에 갇혀 있던 인과 같은 영양분이 대량으로 바다로 운반됐기 때문이다. 광합성에는 햇빛 외에도 영양분이 필요하다. 이렇게 비료가 추가되며 생명체를 자극했을 것이다. 이것이 로스강 지층이 퇴적되기 전과 후의 상황이었다. 그런데 지층이 퇴적되는 동안 바다의 탄소 동위원소 비율이 화산 분출과 유사한, 그래서 생명체가 존재하지 않았을 수준까지 일시적으로 급감한 것이다. 무엇이 바뀌었을까? 무엇이 다시 원래 상태로 되돌려놓았을까? 배회로 이 상황을 설명할 수 있을까?

말루프가 박사 과정 연구 중에 얻은 로렌시아의 고지자기 데이터 집합과 스완슨-하이셀이 연구 중 얻은 오스트레일리아의 데이터 집합을 결합해 약 50도 회전이 당시 대륙 배치에 어떤 영향을 끼쳤는지 예측했다. 대륙들이 회전한 결과로 당시 탄소 순환 방식에 큰 변화가 있었을 것으로 예상됐다. 회전하기 전에 그렌빌산맥은 적도에 걸쳐 있었지만, 회전이 일어나면서 광합성 하는 생물들에게 유리했던 배치가 더는 유지되지 않았다. 그렌빌산맥의 넓은 부분과 그 옆을 따라 흐르던 아마존 같은 강들이 습한 열대 지역에서 건조한 아열대 지역으로 이동하면서 이러한 유기 탄소 공장들이 대부분 문을 닫게 됐을 것이다. 그리고 로렌시아뿐만이 아니라 초대륙 로디니아에서 로렌시아를 둘러싼 대륙들도 대부분 주로 열대 지방에서 아열대나 혹은 더 높은 위도로 이동하게 됐다. 실제로 이 같은 회전은 이후에 남중국에서 확인됐다.[18] 세상은 영양분을 바다로 효율적으로 운반해 광합성을 하는 박테리아와 조류에 연료를 공급하던 열대 풍화 작용을 하루아침에 잃었다. 그로 인해 생산되던 유기 탄소를 묻을 만한 풍화 퇴적물도 잃었다. 유기 탄소 생성의 감소, 그리고 그 탄소 매장량의 감소라는 두 가지 영향으로 바다에서는 더 무겁고 광합성에 적합하지 않은 탄소-13이 농축되지 않았다. 결과적으로 전 세계의 탄소 순환은 통제를 벗어나 제멋대로 탄소를 뿜어대는 화산 분출로 탄소-12가 풍부해지며 동위원소 비율 값이 곤두박질쳤다.

그런데 배회는 상황 설명만이 아니라, 상대적으로 생명이 없는 세상이 어떻게 얼마 되지 않아 원상 복구를 이룰 수 있었는지 그 속도까지도 설명할 수 있었다. 인도가 유라시아에 충돌한 것과 같은 판구조 움직임이라면 수백만 년 후까지도 복구되지 않을 수 있지만, 배회라면 가능하다. 앞서 언급했듯이 섭입하는 판과 맨틀 플룸이 각각 맨틀에서 하강하고 상승하면서, 질량 과잉 상태에서 결핍으로, 결핍 상태에서 과잉으로 전환된다. 그 이유는 맨틀이 균질하지 않고, 실제로는 매우 단단한 하부 맨틀과 덜 단단한 상부 맨틀로 층을 이루고 있기 때문이다. 밀도가 높은 섭입판이 상부 맨틀을 통해 가라앉기 시작하면 질량 과잉이 되며 안정성을 위해 적도로 이동하려 한다. 하지만 섭입판이 매우 단단한 하부 맨틀로 가라앉으면 같은 섭입판이라도 이때는 질량 결핍 상태가 되어 극지방으로 이동하려 한다.[19] 배회에서 이와 같은 반전 효과는 부력이 있어 상승하는 맨틀 플룸에도 발생하지만, 상황은 반대가 된다.

배회가 원래 방향으로 되돌릴 수 있는 또 다른 이유는 암석권, 즉 판구조 운동에 관련된 지구 가장 바깥쪽 고체층이 지닌 특성에 있다. 암석권은 지각의 전체 구성 층과 맨틀 일부를 포함한다. 암석권은 고유한 물리적 성질을 지녀서 탄력적으로 변형을 일으킬 수 있다. 즉, 고무줄처럼 변형됐다가도 압력이 제거되면 원래 형태로 회복할 수 있다. 지구는 자전하기 때문에 완벽한 구체가 아니라 적도에서 부풀어 오른 타원형에 가깝다. 그 결과, 배회가 지각과 맨틀을 함께 회전시키면, 암석권은 위도 변화에 맞게 늘어나야 한다. 암석권은 탄성 덕분에 이전 형태의 '기억'을 가질 수 있어서, 나중에 배회가 발생하기 전 형태로 되돌아갈 수 있다.[20] 간단히 말하면, 배회가 그렌빌 산맥과 로디니아의 주변 대륙들이 일시적으로 열대 지역 밖으로 벗어난 움직임을 쉽게 설명할 수 있는 만큼, 귀환 경로도 설명할 수 있다는 것이다. 그리고 배회가 원래 극 위치로 돌아가자 같은 대륙 주변부에서 광합성과 유기 탄소 매장이 다시 활발해지고, 탄소 동위원소 비율도 이전 수준으로 회복됐다. 배회가 왕복 티켓인 셈이다.

초대륙 순환, 넓게는 판구조론에 관한 책에서 배회를 다루는 데 왜 이토록 많은 시간을 할애했을까? 특히 많은 과학자가 대륙 이동이 증명된 이후 배회를 폐기된 가설로 여긴다고 언급까지 하면서? 간단히 답하자면, 현재의 판구조론이 초대륙 순환을 온전히 설명하지 못하는 상황에서 배회는 우리가 잃어버렸던 결정적 퍼즐 조각으로서 판구조론이 제공하지 못하는 맨틀 대류에 대한 단서들을 제공하기 때문이다. 초대륙을 예측하는 더 큰 이야기에서 판구조 운동과 맨틀 대류 간의 상호작용은 매우 중요하다. 이런 이유로 우리는 대륙의 판구조 운동을 탐구할 때만큼이나 맨틀 대류에 대한 모든 단서를 탐구해야 한다. 바라는 점이 있다면, 로스강 지층에서 배회로는 설명할 수 있지만, 판구조론으로는 설명할 수 없는 여러 증거를 보면서, 배회가 앞으로 더 잘 이해해야 하는 중요한 힘이라는 점에 사람들이 동의하는 것이다. 그러려면 이런 지적 호소 외에 초대륙 순환에 대한 단서를 제공해줄 배회를 사람들에게 인정받게 하려는 내 마음이 얼마나 진심인지, 여러분의 감정에도 호소해야 한다. 이제 내가 오른손 엄지손가락 절반을 잃은 이야기를 마무리 지어야겠다.

* * *

엄지손가락 이야기를 하기 위해서는 백운암이 일반적으로 석회암보다 더 단단하고 날카롭다는 사실을 먼저 아는 것이 중요하다. 산 지 얼마 안 되는 부츠 밑창이 벌써 꽤 닳은 것만큼이나, 풍화 작용에도 끄떡없다는 듯 들쭉날쭉한 이탈리아 알프스, 돌로미티산맥의 외관도 이를 증명한다.

스완슨-하이셀과 나는 로스강 구역에서 거의 일주일 동안 야영하고 있었다. 탄소 동위원소 분석을 위해 규칙적으로 샘플링하고, 퇴적암층 조성물의 두께를 측정하면서 구역을 꽤 세밀하게 조사했다. 드디어 고지자기 샘플링을 할 시간이었다. 드릴 나와, 드릴! 이 과정에서는 휴대용 착암기로 개조된 전기톱을 사용한다. 나무를 자르는 체인 대신, 회전자가 끝에 다이아몬드가 달린 드릴 비트를 회전시키면서 마찰을 통해 암석을 절단한다. 다이아몬드는 가장 단단한 광물로 알려진 만큼 마찰로 겨루면 지는 법이 없다. (이 다이아몬드는 희귀한 천연 보석이 아니라 공업용으로 제작된 것이다.) 마찰은 많은 열을 발생시키기 때문에, 드릴 비트가 열팽창으로 균열이 생기지 않도록 펌프로 물을 공급해가며 식혀줘야 한다. 호주 오지에서는 물이 귀하다. 이곳에는 강이나 개천이 없고, 폭우로 갑작스럽게 홍수가 나면 일시적으로 생겼다가 다시 말라버린다(우리는 실제로 이러한 먼지투성이인 개천 바닥에서 최상급 땔감을 찾곤 했다). 이곳은 농부들이 지하수에서 물을 끌어 올려 사용하는 지역이다. 그래서 우리는 주유할 때마다 물통도 함께 채워야 했고, 때로는 휘발유보다 물로 문명을 실감했다. 하지만 그 운명적인 날, 우리는 전혀 다른 이유로 도시로 돌아가야 했다.

드릴을 쓸 때에는 평소보다 장비를 더 많이 챙겨가야 한다. 고민하고 말고 할 게 없었다. 그저 일을 끝내기 위해 필요한 것이었다. 우리가 작업 중이던 언덕은 경사가 꽤 가파르고, 여기저기 불안정한 바위들이 있어서 학생들을 데려갈 만한 곳이 아니었다. 그렇다고 그런 경사면에서 우리 둘만 작업하는 것도 고민하고 말고 할 게 없었다. 역시 일을 끝내려면 그래야 했다. 어느 순간 나는 다음 바위 턱으로 올라가려면 손과 발을 모두 써야 하는 까다로운 지점에 도착했다. 나는 그 턱 위에 드릴과 기름통을 먼저 올려두었다. 손을 먼저 올려두고 발을 놓으려는데 내 앞에 있는 바위가 움직이는 것을 알아차렸다.

바위 표면 전체가 떨어져 나가기 직전이었다. 다행히 오른쪽에 공간이 있어서 바위가 떨어져 나올 때 몸을 돌려 피할 수 있었다. 갈라져 나온 조각은 너비도 높이도 사람 몸통만 했다. 나는 오른발을 축으로 회전하면서 왼발과 왼손을 떨어지는 바위에서 뗐다. 이제 됐다고 생각했다. 그런데 이제는 바위가 내 옆을 지나 굴러떨어지며 속도를 높였다.

다행히 스완슨-하이셀은 현명하게 다른 경로로 경사면을 올라갔고, 나와 약간 떨어져 있었다. 바위가 그의 옆을 지나갈 때쯤에는 이미 속도가 붙을 대로 붙어 자칫하면 목숨을 잃었거나 부딪쳐서 의식을 잃었을 뻔했다. 대신 바위는 그의 옆을 아슬아슬하게 비켜 갔다. 위험에서 벗어나자 나를 걱정한 스완슨-하이셀은 소리쳤다.

"괜찮아??!"

나는 제때 잘 피했다고 생각했다. 거의 그랬다. 하지만 닉(스완슨-하이셀의 애칭)의 질문에 어떻게 대답할지 생각하던 중에 나는 내 오른손이 바위를 피하지 못했다는 사실을 깨달았다. 떨어지는 바위를 피하려고 몸을 돌리는 사이, 내 오른손 엄지손가락이 그 아래에 끼어버린 것이다. 아드레날린이 혈관을 타고 흐르는 것을 느끼며 나는 큰 소리로 침착하게 상황을 알렸다.

"오른손 엄지손가락이 없어졌어."

"알았어." 닉이 말했다. "거기 가만히 있어. 내가 금방 갈게."

닉은 험준한 백운암 바위를 힘겹게 올라와 내가 있는 곳에 도착했다. 우리는 상황을 파악했다. 처음에 오른손 엄지손가락을 완전히 잃었다고 대담하게 말한 것과 달리 상황은 그만큼 나쁘지 않았다. 나는 오른손 엄지손가락의 일부, 절반 정도를 잃었을 뿐이었다. 닉은 나머지 부분이 어디 있는지 아냐고 물었다. 그는 진지했고 질문도 적절했다는 것을 알기에 웃지 않으려 애썼다. 하지만 이미 잃어버린 것은 잃어버린 것이었다. 바위가 떨어지면서 딸려갔을지 모를 일이었다. 우리는 잠시 주변을 살펴보다가 그만 포기하고 당면한 문제에 집중하기로 했다. 깨끗한 천이 별로 없었기에 닉은 망설임 없이 셔츠를 벗어서 붕대 크기로 찢어 내 손에 묶어주었고, 안전하게 차량이 있는 곳으로 움직였다.

내려가는 길에 닉은 앞에서 길을 안내하며 내 상태를 확인하려 수시로 돌아봤다. 나는 그의 몸이 떨리는 것을 알 수 있었다. 나도 내 친구가 다쳤다면 마찬가지였을 테다. 하지만 아드레날린 덕분에 나는 아무렇지 않은 듯 말했다. "나 안 챙겨도 돼. 다리를 잃은 것도 아니고, 고작 손가락 하나인데. 그냥 길만 안내해줘. 바로 뒤에서 따라갈게."

우리는 야영지로 내려왔다. 평지에 발을 디디자마자 닉은 트럭을 가지러 달려갔다. 우리는 트럭 뒷문 뒤로 조리용 탁자를 설치해뒀었다. 닉은 단번에 탁자를 치워버리고 트럭에 올라 시동을 걸었다. 우리는 얼음이 없어서 병원에 도착할 때까지 트럭의 에어컨을 켜서 내 잘린 엄지를 최대한 차갑게 유지했다.

차를 몰고 험한 비포장도로를 20분 정도 달리고 나서 마침내 포장도로에 들어섰다. 그때쯤 되자 아드레날린이 서서히 떨어지기 시작했고, 이 상황의 실체와 고통이 나를 고스란히 덮쳐왔다. 그때부터 닉은 현장 트럭을 구급차처럼 몰기 시작했다. 그러면서 앨리스스프링스를 향해 서쪽으로 달리는 직선 도로에서 차라는 차는 전부 추월했다(그림 26). 그렇게 빨리 달렸건만, 목적지에 도착하기까지 몇 시간이나 걸렸다.

그림 26. 로스강(그림 22는 이 사진의 오른쪽)에서 앨리스스프링스 병원까지의 운전 경로. 앨리스스프링스의 동쪽으로 2차선 고속도로가 있다. 운전 초기 구간은 바싹 마른 하천 바닥(점선 부분)을 달리는 비포장도로다. 이미지의 실제 너비는 대략 70킬로미터다. Courtesy of the public domain from https://earthexplorer.usgs.gov.

우리는 마침내 앨리스스프링스 응급실에 도착했다. 여전히 상의를 벗은 상태였던 닉은 나를 응급실로 데려가기 전, 몇 초 동안 서둘러 셔츠를 입었다. 나는 응급실에 이미 많은 사람이 대기 중인 것을 보고 낙담했던 기억이 난다. 하지만 내 잘린 엄지손가락이 촌각을 다투는 상황임을 고려해서 다행히 오래 기다리지 않았고, 곧바로 누워 간절히 필요했던 모르핀 주사를 맞게 됐다. 모르핀 때문이었는지 모르겠지만, 간호사 중 한 명이 어느 발가락을 오른손 엄지손가락에 이식하고 싶은지 물어봤던 기억이 난다. 나를 안심시키려고 물어봤을 테지만, 당시에는 그다지 듣고 싶었던 말이 아니었다. 다행히 내가 어디에 있든 닉이 옆에 있어줬다.

닉한테 전화를 받은 부모님이 즉시 지구 반대편에서 날아오겠다고 하셨다. 나는 그 말에 위로받았지만, 실질적인 도움이 될 것 같지 않았고 시간도 촉박했기에 정중히 거절했다. 부모님은 뭐라도 해야 한다고 느끼셨는지, 미국에 있는 손 전문의들에게 전화를 걸어 내가 어떤 치료를 받을 수 있는지, 안 된다면 다른 방법은 무엇인지, 또 다른 방법은 없는지, 이런저런 의견을 구하셨다.

좋은 소식은 떨어진 바위가 엄지손가락 관절은 남겨주었다는 것이다. 부모님이 집에서 연락해본 손 전문의들은 하나같이 이 관절 덕분에 우리가 엄지손가락을 이용해 물건을 쥘 수 있는 것이라고 설명하며, 이게 얼마나 다행한 일인지 강조했다.

앨리스스프링스의 의사는 가능하다면 관절을 보존하는 것이 중요하다고 전적으로 동의했고, 자신이 무슨 말을 하는지 확실히 아는 것 같았다. 하지만 그가 제시한 선택 사항은 내가 어려운 결정을 내려야 한다는 것을 의미했다. 그는 필요한 경우, 차례대로 세 가지 해결책을 시도할 것이라고 했다. 먼저, 기존 연조직을 사용해 상처를 봉합하는 방법을 시도하는 것이었다. 만약 실패한다면(즉, 연조직이 충분하지 않다면), 그때는 허벅지에서 피부를 이식해 상처를 봉합할 것이라고 했다. 피부 이식에 실패한다면, 그때는 충분한 연조직을 확보하고 상처를 봉합하기 위해 관절 부위를 절단해야 한다고 했다. 그리고 이 단계별 선택 사항들은 모두 마취 상태에서 순차적으로 진행될 예정이기에 그는 본격적으로 치료를 시작하기 전에 세 가지 사항에 모두 동의해줄 것을 요구했다. 그중에는 옵션 C… 절단까지 포함되어 있었다.

미국에 있는 손 전문의들은 절단이 전혀 필요하지 않으며, 오히려 절단하면 나중에 인공 손가락을 장착하고 싶어도 제약이 생길 수 있다고 했다. 엄지 관절은 매우 복잡한데 관절이 온전히 남아 있으면 인공 손가락을 장착하는 것이 비교적 간단하지만, 관절이 없으면 인공 손가락이라는 선택지는 제한되거나 이상적이지 않다는 것이었다. 하지만 이들의 말을 따르려면 이곳에서 수술을 미루고(감염될 위험이 높아짐) 상처가 열린 채로 지구 반 바퀴를 날아가야 했다.

나는 절단이 그저 최후의 수단일 뿐이라는 의사의 말을 믿기로 했다. 요약하면 상처를 봉합할 만큼 연조직이 충분하지 않아서 옵션 A는 실패했지만, 옵션 B인 피부 이식은 성공했다. 엄지손가락이 약간 짧아지긴 했지만, 물건을 쥐는 데에는 문제가 없고, 다친 부위도 눈에 잘 띄지 않았다. 이 일은 내가 대학교 3학년 때 벌어진 일로 사회에서 경력을 쌓기도 전이었다. 하지만 이 일로 지질학자가 되겠다는 내 결심은 절대 흔들리지 않았다. 내가 대학원에 진학했을 때 내 지도 교수가 될 교수님들은 이 이야기를 듣고 내 결연한 의지에 감탄했다. 때로는 마음을 따르기 위해 손가락 하나 정도는 잃을 각오를 해야 하는 법이다.

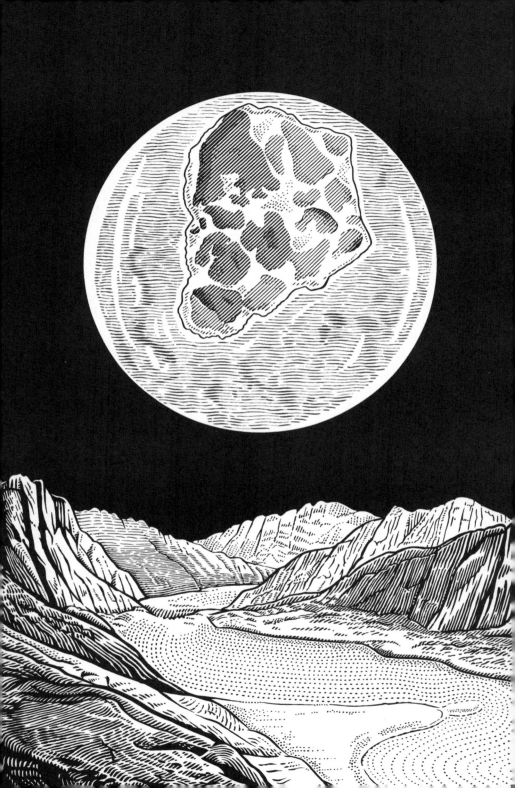

컬럼비아

과거는 결코 죽지 않는다. 과거는 지나간 것도 아니다.

― 윌리엄 포크너William Faulkner

우리가 초대륙 '순환'이 실제로 존재한다고 확신하려면 세 가지 사례가 필요하다. 만약 판게아만 존재했다면, 우연일 수 있었다. 두 개의 초대륙(판게아와 로디니아)은 여전히 우연의 영역에 속한다. 하지만 세 개의 초대륙이 있다면 그것은 과학이다. 그러므로 초대륙 순환이 존재하려면, 우리는 판게아의 전신인 로디니아뿐만 아니라, 로디니아의 전신 또한 실재한다는 사실을 확인해야 한다.

내가 박사 과정을 어디서 이수할지 결정한 순간이 바로 이때였다. 대학원을 어디로 갈지 결정을 앞두고 있던 2006년은 공교롭게도 내가 오른손 엄지손가락 일부를 잃은 해이기도 했다. 당시 과학자들은 또 다른 고대 초대륙의 실체를 밝힐 만한 근거가 매우 부족하다고 판단했다. 하지만 그 가능성만으로도 내게는 매력적이었다. 나는 예일대학교의 데이비드 에반스 교수가 로디니아의 전신에 대한 아이디어를 검증할 계획을 세웠고, 그 존재의 초기 단서 일부를 학회에서 여러 차례 발표했었다는 것도 이미 알고 있었다. 하지만 프린스턴대학교의 애덤 말루프 교수가 내 친구이자 동료인 닉 스완슨-하이셸과 함께 호주 오지에서 현장 조사를 할 수 있는 흥미로운 기회를 주었기 때문에, 박사 과정 지도 교수로서 처음에는 그를 1순위로 택했다. 그래서 나는 그에게 물었다.

"로디니아 이전의 초대륙을 믿으십니까?"

"그건 사실보다는 허구에 가깝지."

말루프는 무미건조하게 대답했다. 나는 그의 희망 없는 전망에 실망했다. 그가 고대 초대륙이 존재하지 않았다는 설득력 있는 증거를 제시했기 때문이 아니라, 과학에 접근하는 방식이 나와매우 다르다는 것을 보여주었기 때문이다. 누군가의 지도하에 박사 과정을 밟으려면 내가 가고자 하는 목적지와 방향이 맞는 사람을 찾아야 한다. 내가 이미 목격한 증거를 바탕으로, 나는 또 다른 초대륙의 가능성을 시험하는 데 내 논문을 걸 준비가 되어 있었다. 물론 말루프 교수가 증거가 부족하다고 지적한 부분은 옳았고, 나도 마음은 쓰리지만 그의 반응이 적절했다고 이해할 수 있었다. 하지만 내가 데이비드 에반스 교수의 학회 보고서와 연구비 신청서에서 본 조짐은, 말루프가 사실로 받아들일 만한 수준은 아니었지만, 올바른 방향을 가리키는 것 같았다. 그래서 대학원은 1지망으로 예일대학교를 선택했고, 프린스턴대학교에는 지원조차하지 않았다.

또 다른 초대륙의 가능성에 내 미래를 걸게 된 주요 계기는 데이비드 에반스가 그 초대륙의 '중심 조각', 즉 퍼즐을 맞추는 열쇠가 될 대륙을 알아냈다는 것이었다. 판게아에는 아프리카가 있었고, 로디니아에는 로렌시아가 있었다. 이러한 초대륙들의 재구성은 나머지 대륙에 둘러싸이며 대륙의 전반적인 배치를 보여줄 중심 조각을 식별하는 것으로 시작됐다. 남아프리카 지질학자인 알렉산더 더토이는 알프레트 베게너와 같은 시기에 대륙의 비영속성을 고민하면서, 판게아의 존재에 대한 가장 설득력 있는 단서를 찾기 위해 자신의 고향 대륙인 아프리카에 주목했다. 더토이는 자신의 저서 《떠도는 우리 대륙Our Wandering Continents》에서 아프리카가 독특한 해안가, 화석이 풍부한 남아프리카 카루의 지층, 그리고 잘 드러나 있는 선캄브리아 시대 암석들로 판게아의 남부 대륙 곤드와나를 재구성하기 위한 '열쇠'가 된다고 주장했다.[1] 베게너를 비롯해 오늘날 고지리학자들도 고대 초대륙을 재구성할 때에는 이 중심 조각 접근 방식을 사용한다. 지난 장에서, 우리는 호프먼이 로렌시아를 중심에 두고 판지 모형을 배열하며 로디니아 퍼즐을 해결해나가는 과정을 살펴보았다. 그런데 에반스와 러시아 과학자들은 로디니아보다 훨씬 오래된 초대륙의 중심 조각이 될 후보를 이미 발견해냈다. 그것은 바로 시베리아였다.[2]

　고대 산악 지대의 연대를 근거로 보면, 로디니아 이전의 초대륙은 (실제로 존재했다면) 대략 17억 년 전에 형성됐을 것이다.[3] 이 중요한 산악 지대에 대한 자세한 내용은 나중에 살펴보겠다. 먼저 초대륙이 어떻게 분열되는지 살펴보자. 산악 지대가 초대륙 형성의 증거를 남기는 것처럼, 초대륙이 분열될 때에는 암석 기록에 흔적을 남긴다. 오늘날 지구에서 대륙이 활발히 분리되고 있는 유일한 사례인 동아프리카를 생각해보자. 동아프리카 열곡대의 지질은 현무암과 '지루地壘, horst 및 지구地溝, graben' 열곡 분지로 구성된다. 화성암과 퇴적암으로 이루어진 이곳은 대륙의 열개 작용을 여실히 드러낸다. 현무암은 '원시적인' 화성암으로, 현무암 용해물은 맨틀에서 직접적으로 공급된다. 그래서 현무암을 얻기 가장 쉬운 상황은 맨틀 위의 지각이 늘어나 얇아지면서 맨틀이 지표면 가까이에 있는 경우다. 지루와 지구는 동전의 양면 같은 사이다. 지각이 늘어나면, 단층으로 인해 지각 덩어리들이 서로 미끄러져 떨어져 나가기 때문에 지각이 얇아진다. 지루는 융기된 지괴이고, 지구는 그 사이의 계곡이다. 약 15억 년 전부터, 특히 13억 년 전쯤에는 많은 대륙에서 현무암과 지루 및 지구 열곡 분지의 증거가 나타났는데, 이는 이 시기에 초대륙 분열이 일어났다는 단서를 제공한다. 그런데 시베리아의 기록이 가장 눈에 띄었다. 시베리아는 기본적으로 모든 면이 대륙 분산의 단서로 둘러싸여 있었다. 만약 로디니아의 전신이 존재했다면, 아마도 시베리아 대륙을 중심으로 한 초대륙이었을 것이다. 핵심 단서를 손에 넣은 에반스와 나는 이 가설을 진지하게 검증해보기로 결심했다. 하지만 허구라는 인식을 사실로 전환하기까지는 많은 노력이 필요했다.

* * *

내가 앞으로 등장할, 더 오래된 잠재적 초대륙을 '로디니아의 전신'으로 언급한 데에는 이유가 있다. 과학자들 사이에서 이 초대륙의 명칭을 '누나Nuna'라고 할지, '컬럼비아Columbia'라고 할지 혼란이 이어지고 있어서다. 과학적 관점에서, 컬럼비아 대 누나 논쟁은 아무 소득 없는 소모전이라 이 혼란 자체가 참을 수 없다. 하지만 그래도 몇 가지 세부 사항을 공유하겠다.

1997년, 캐나다의 폴 호프먼은 (북아메리카 대륙의 북부 해양과 바다에 접해 있는 땅들을 가리켜) '모든 땅'을 의미하는 이누이트어인 '누나'를 사용해 발티카와 인접한 것으로 추정되는 더 큰 대륙인 로렌시아를 지칭했다.[4] 따라서 누나 진영에서는 호프먼이 약 17억 년 전에 형성된 초대륙의 이름을 선점하기 위해, 현장에 가장 먼저 깃발을 꽂았다고 주장한다. 하지만 컬럼비아 진영에서는 호프먼이 몇몇 소수 대륙(로렌시아와 발티카) 간의 연관성만 언급했을 뿐, 지구 규모의 초대륙 재구성을 제시하지 않았다고 지적한다. 2002년, 한 논문에서 미국의 태평양 연안 북서부의 컬럼비아강 지역이 고대 초대륙의 일부라는 맥락에서 언급되며 '컬럼비아'라는 용어가 만들어졌다.[5] 그리고 같은 해, 홍콩대학교의 궈춘 자오Guochun Zhao 교수가 이끄는 연구팀이 이 시기에 해당하는 초대륙 재구성을 제시한 첫 논문을 발표했다.[6] 자오와 그 팀은 컬럼비아라는 이름을 고수하기로 했다. 그런데 17억 년 된 암석이 거의 존재하지 않는 지역에서 이름을 따 컬럼비아로 불리게 되었다는 점은 다소 의아하다. 그래서 단순히 논문 발표 시점으로만 본다면 누나가 우선권을 가질 만하다. 하지만 2002년에 발표된 두 논문은 이제 각각 1,300회 이상 인용되어서, 컬럼비아라는 이름은 쉽게 사라지지 않을 것으로 보인다. 이러한 대중적 성공은 논란의 여지는 있지만 존중받을 이유는 된다.

따라서 과학 문헌에서는 각 진영이 선호하는 이름을 홍보하는 논문들을 계속해서 발표하고 있고, 이들 사이에서 무관심하거나 중립적인 사람들은 '컬럼비아/누나' 혹은 '누나(일명 컬럼비아)'라고 초대륙 순환을 장황하게 일컫는다. 흥미롭게도 이 명칭 교착 상태는 현재 미국과 중국 간의 정치적 대립을 반영하는 측면도 있다. 서구 과학자들은 누나를 더 자주 사용하고, 아시아(특히 논문 출판이 대규모로 이루어지는 중국)의 과학자들은 컬럼비아를 선호하는 경향이 있다. 이 교착 상태는 어떻게 해결될까? 해결되기는 할까? 우선권에 대한 논쟁은 에어스록Ayers Rock을 울루루Uluru로 되돌리는 것만큼 쉽게 가라앉지 않는다. 오죽했으면 호주 노던주 정부가 공식적으로 울루루/에어스록으로 등록해놓았을까. 외부인의 관점에서는 "그냥 이름 하나 골라서 다시 과학에만 집중해라" 하고 생각할 수 있다. 편의를 위해 나와 동료들은 최근에 해결책을 하나 찾아봤다. 그것도 과학적인 해결책으로. 하지만 지금은 이 이야기를 할 때가 아니다.

* * *

로디니아를 다룬 장에서 우리는 폴 호프먼이 캐나다 지질조사국에 있을 당시 고대 초대륙에 이바지한 방대한 업적을 빙산의 일각만 다루었다. 지질학자들에게 호프먼이 남긴 과학적 유산이 무엇이냐고 물으면, 대개는 '눈덩이 지구'라는 단어를 듣게 될 것이다. 하지만 연구력이 왕성했던 호프먼이 하버드대학교로 옮겨 눈덩이 지구 가설을 발굴하기 전에 이미 세계적인 경력을 쌓았다는 사실은 쉽게 잊힌다. 초대륙 연구에 매진하는 나로서는 호프먼의 공헌이 알프레트 베게너 다음으로 중요하다고 생각한다. 호프먼이 예언하듯 제시한 초대륙 로디니아에 대한 비전은 그 이후로 수십 년간 연구에 박차를 가했다. 하지만 이것은 오직 그가 캐나다 지질조사국에서 발표한 마지막 역작일 뿐이었다. 이보다 훨씬 전에, 호프먼은 이미 고대 판구조 운동 연구의 최전선에서 초대륙 개념을 확립했다. 먼저, 호프먼은 '미합판국United Plates of America(폴 호프먼이 만든 신조어. 미합중국 the United States of America에서, 'state' 대신 '판'을 뜻하는 'plate'를 사용해 북아메리카가 여러 독립적인 판이 합쳐져 구성됐다는 의미를 나타냄 – 옮긴이 주)'으로 알려지게 됐다.

모든 대륙에는 적어도 어느 정도 고대 암석이 존재한다. 하지만 북아메리카가 특별한 이유는 오래된 암석의 수가 압도적으로 많기 때문이다. 그리고 호프먼에게는 다행스럽게도 미국보다 캐나다 쪽에 고대 암석이 대부분 몰려 있었다. 그렇게 호프먼은 캐나다 지질조사국이라는 완벽한 장소에서 일하며 고대 판구조 운동에 관한 우리의 이해를 크게 발전시켰다. 게다가 가장 최근의 빙하기인 3만 1,000년 전에서 1만 6,000년 전의 '마지막 최대 빙하기Last Glacial Maximum' 동안 캐나다는 대부분 빙하에 침식됐다. 이러한 자연 얼음의 힘이 빗물에 의한 풍화 작용보다 훨씬 효율적으로 침식 작용을 일으켰다. 그 결과, 캐나다의 고대 암석들, 특히 젊은 암석에 덮여 있던 고대 암석들은 지표에 아름답게 노출되어 지질학자들이 그 위를 걸으며 드릴을 사용하지 않고도 쉽게 접근할 수 있게 됐다. 캐나다는 고대 판구조 연구와 고대 초대륙 연구에 있어 그야말로 보물 창

고라고 부를 만하다.

호프먼은 드디어 북아메리카 전역의 선캄브리아 시대 지질을 종합하여 자신의 흔적을 남겼다. 하지만 이런 거인들의 이야기도 보잘것없는 출발점에서 시작하는 경우가 허다하다. 호프먼이 지질학자가 되기 전의 이야기를 여기서 할 필요는 없다. 호프먼이 1964년 보스턴 마라톤에서 첫 출전임에도 9위를 차지한 이야기 등 마음을 사로잡는 이야기는 가브리엘 워커Gabrielle Walker가 쓴 눈덩이 지구를 다룬 흥미진진한 책에 잘 나와 있다.[7] 우리의 이야기는 모든 과학자가 가장 초라한 시점인 박사 학위 논문에서 시작된다. 캐나다 출신답게 퇴적암과 고대 암석에 관심이 있었던 호프먼은 존스홉킨스대학교의 프랜시스 존 페티존Francis John Pettijohn 교수의 지도하에 대학원 과정을 밟기로 했다. 그때 페티존은 지질 기록에서 퇴적학을 다룬 시의적절한 교재를 완성한 상태였다. 하지만 호프먼이 이런 결정을 내린 이유는 그게 다가 아니었다. 존스홉킨스에서 멀지 않은 대학으로, 호프먼이 대학원에 등록하기 전 강의를 했었던 프랭클린앤마샬컬리지는 캐나다 지질조사국과 협력하여 학생들을 현장 캠프로 보내는 프로그램을 운영하고 있었다. 따라서 젊은 호프먼은 최고의 전문가에게 퇴적학을 배울 수 있었을 뿐만 아니라 자신의 고향인 북쪽으로 가서 최상의 고대 암석을 볼 수 있는 기회도 얻게 됐다. 그는 자신이 자란 오타와보다 북쪽에 훨씬 마음이 끌렸다. 그렇게 호프먼은 툰드라로 향했다.

놀랍게도 우리는 지질학에서 가장 기본적인 틀인 지질시대(그림 27)를 논하지 않고 여기까지 왔다. 지질시대는 지질학자들이 시간을 구분하는 방식이다. 지구의 역사는 수천, 수십만, 수백만, 심지어 수십억 년에 걸쳐 있어서 시간을 구분하는 체계를 마련하는 것이 중요하다. 물론 숫자로만 시간을 다룰 수도 있겠지만, 그 방식은 지루할 뿐만 아니라 실용적이지도 않다. 마치 1년을 계절이나, 달, 또는 주로 나누지 않고 온전히 365일로만 세는 것과 같다. 그래서 지구 역사는 긴 시간 간격을 더 짧은 단위로 점차 세분화하는 방식으로 나뉜다. 그리고 이는 지구에서 일어나는 자연스러운 사건의 흐름에 따라 결정된다. 지구에서 별다른 변화가 없던 시기는 시간 간격이 길고, 반대로 환경적·생물학적 변화가 휘몰아친 시기는 시간 간격이 빈번하게 나뉘는 것이 특징이다. 한마디로 지질시대는 지구 변화를 측정하는 척도다.

다음 장에서는 먼 과거로 돌아가 지질시대의 연대 중 가장 크고 기본적인 단위인 누대eon를 다룰 것이다. 누대는 매우 긴 시간(평균적으로 약 10억 년!)인 만큼, 일반적으로 '신-(새로운)', '중-(중간)', '고-(고대)'와 같은 접두어를 사용하여 세 개의 '대era'로 나뉜다. 예를 들어 초대륙이 최소 두 개 존재했던 원생누대는 신원생누대(로디니아 시대), 중원생누대(누나/컬럼비아 시대), 고원생누대(누나/컬럼비아의 서곡, 폴 호프먼이 자기 인생에서 처음으로 먼 북쪽으로 탐험하며 흥미를 느꼈던 시기)로 다시 나뉜다. 그리고 이런 대는 지구 역사에서 더

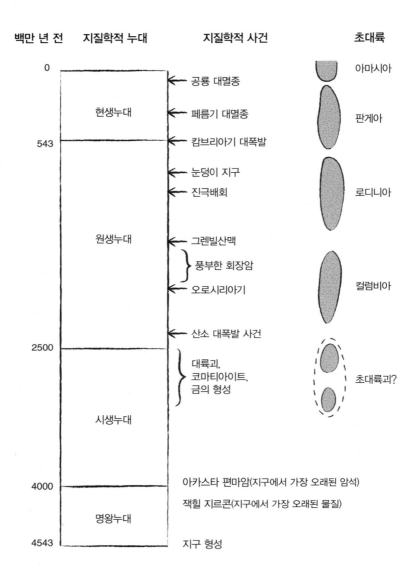

백만 년 전	지질학적 누대	지질학적 사건	초대륙
0		← 공룡 대멸종	아마시아
	현생누대	← 페름기 대멸종	판게아
543		← 캄브리아기 대폭발	
		← 눈덩이 지구	
		← 진극배회	로디니아
	원생누대	← 그렌빌산맥	
		} 풍부한 회장암	컬럼비아
		← 오로시리아기	
2500		← 산소 대폭발 사건	
		} 대륙괴, 코마티아이트, 금의 형성	초대륙괴?
	시생누대		
4000		아카스타 편마암(지구에서 가장 오래된 암석)	
	명왕누대	잭힐 지르콘(지구에서 가장 오래된 물질)	
4543		지구 형성	

그림 27. 이 책에서 다룬 사건들로 본 지질시대.

욱 의미 있는 시간 단위인 '기period'로 세분된다. 예를 들면 중생대에는 잘 알려진 트라이아스기, 쥐라기, 백악기가 있다. 마이클 크라이튼Michael Crichton과 스티븐 스필버그Steven Spielberg 덕분에 쥐라기가 이 연대의 대표적 시기로 떠올랐지만, 공룡은 백악기에 훨씬 더 다양했다. 어쨌든 이야기의 요점은 지구 역사에서 각 '기'가 독특한 특징을 지니며, 지구의 진화 시계에서 특정한 시기를 의미한다는 것이다.

젊은 호프먼이 툰드라로 들어가서 연구한 시기는 훨씬 더 오래된 과거의 또 다른 기, 약 20억 년 전 고원생누대의 오로시라이기였다. 오로시라Orosira는 그리스어로 '산맥'을 의미하는데, 이것이 바로 호프먼이 멀리 북쪽으로 탐험을 떠나 연구하려던 이유였다. 고대 산맥을 연구함으로써 고대 판구조 운동을 알아보고, 나아가 고대 초대륙에 대한 단서도 얻을 수 있을 터였다. 오로시라이기는 조산 운동으로 정의되는데, 당시에는 모든 대륙에서 조산 운동이 일어났다. 오로시라이기에 형성된 조산대는 현재까지 스무 군데가 넘게 발견됐다.[8] 대륙 충돌의 자연스러운 결과로 산맥이 형성되는 만큼, 오로시라이기는 로디니아의 전신으로 추정되는 더 오래된 초대륙의 가능성을 탐색해볼 적절한 시기이다.

* * *

호프먼이 고대 산맥을 연구할 때 사용한 접근법은 다소 의외다. 그가 존스홉킨스대학교의 퇴적학 전문가인 페티존 교수 밑에서 박사 과정을 수행하기로 선택했다는 점을 떠올려보자. 퇴적학은 지질학의 하위 분야로, 퇴적물이 해수면의 상승과 하강, 퇴적암 형성 당시의 환경과 기후에 대해 알려주는 정보를 연구한다. 그렇다면 퇴적학이 산맥과 무슨 관련이 있는 걸까? 사실 호프먼은 고대 산맥을 직접적으로 연구하는 데 별로 시간을 들이지 않았다. 대신 산맥에서 떨어져 나와 주변 분지에 쌓인 퇴적물을 연구하는 데에 시간을 쏟았다. 왜 그랬을까?

퇴적암은 지구 역사의 기록 보관소에 가장 근접한 존재다(귀중한 화성암과 변성암을 무시하는 게 아니다). 퇴적암은 층층이 쌓이는 특성 덕분에 당시 발생한 사건을 상세히 기록해놓는다. 물론 화성암과 변성암도 연대를 측정할 수 있지만, 수십억 년 전에 형성된 암석의 나이를 가장 정확하게 측정한다고 해도 수백만 년만큼 오차가 생길 수 있다. 반면에 퇴적물의 각 층은 이전 층 위에 쌓이기 때문에 위층이 아래층보다 더 젊다고 보는 것이 당연하다. 이 같은 **상대적** 시간의 개념인 '중첩superposition'의 법칙은 지질학에서 기본 개념이 되어 퇴적암에서 시간을 측정하는 데에 큰 이점을 제공한다. 그리고 호프먼과 동료들에게는 기존 화성암과 변성암의 연대를 측정하는 것과 정확히 같은 방식, 즉 우라늄-납(U-Pb) 지질 연대 결정법을 사용해, 퇴적암에서도 '절대' 시간을 얻고 연대를 정확히 측정할 계책이 있었다.

산맥은 퇴적물을 떨어뜨리기도 하지만, 화산으로도 잘 알려져 있다. 두 대륙이 충돌하려면 먼저 그들을 갈라놓는 큰 바다가 닫혀야 한다. 현재 유라시아를 향한 충돌 경로에 올라 있는 오스트레일리아를 생각해보자. 언젠가 이 대륙들은 충돌하게 될 테지만, 그때까지 그 사이에 있는 동남아시아의 많은 해양 지각이 섭입되어야 한다. 해양 지각은 물속에 있어서 시간이 흐를수록 현무암질 지각에 나 있는 공극으로 바닷물을 흡수하며 점점 더 수분을 머금게 된다. 그러다가 해양 지각이 대륙 아래로 섭입되면, 하강하는 판은 맨틀 속 뜨거운 온도를 만나 탈수하기 시작한다. 탈수된 물이 위에 있는 대륙으로 이동하면서, 깊숙이 화강암을 형성하고 지표면의 화산활동에 연료를 공급하는 마그마를 제조하는 완벽하고 간단한 비법, '물 더하기'가 완성된다. 태평양을 둘러싼 불의 고리는 현재 지구상에 존재하는 화산 대부분이 발견되는 장소. 이런 곳이 '화산호magmatic arc(섭입대 위에 활처럼 굽은 형태로 배열된 화산대 – 옮긴이 주)'다. 오스트레일리아가 유라시아를 향해 돌진하고 그 경로에 있는 해양 지각은 전부 섭입되면서 파푸아뉴기니에도 화산호가 하나 존재한다.

호프먼 팀이 중요하게 생각한 것은 화산이 용암뿐만 아니라 화산재도 반복해서 대량으로 분출하는 성향이 있다는 사실이다. 게다가 화산재는 멀리 퍼지기도 한다. 예를 들어 옐로스톤 칼데라의 '초대형 분출'은 미국 본토 상당 부분에 걸쳐 화산재를 흩날렸고, 그 재는 미국 국내선 항공편으로도 꽤 긴 시간을 가야 하는 먼 루이지애나까지 도달한 바 있다.[9] 오로시리아기 산맥이 형성될 때, 화산호의 화산들이 뿜어낸 화산재 기둥은 하늘 높이 솟아올랐다 떨어지며 산기슭의 퇴적 분지에 정착했다. 마그마방에 형성되어 우라늄-납 연대 측정법으로 화성암의 연대를 정확히 측정하게 해주는 광물인 지르콘은 공기역학적이어서 화산재와 함께 비행한다. 호프먼은 학생들과 퇴적 분지를 층층이 조사하다가 가끔 두 퇴적층 사이에 끼어 자신의 순간을 남긴 화산재층을 발견했다. 이들은 큰 자루에 화산재를 모아 실험실로 가져간 뒤 지르콘 알갱이만을 분리해내어 연대를 측정했다. 이렇게 호프먼은 퇴적암을 통해 상대적 시간뿐만 아니라 암석의 절대 연대도 꽤 정확히 파악할 수 있었다.

* * *

호프먼은 우라늄-납 연대 측정을 통해 화산재층의 시기를 파악할 수 있었지만, 산맥이 솟아올라서 대륙 충돌로 이어졌다는 것을 어떻게 알아낼 수 있었을까? 이 증거는 퇴적암 자체에서 찾아야 했다. 호프먼이 존경하는 지도 교수인 페티존에게 배운 기법 중 하나는 '고수류paleocurrent', 즉 퇴적암이 쌓일 때 그 안에 보존된 고대 물 흐름의 유용성이었다. 해변에서 파도가 빠져나갈 때 모래 위에 생기는 잔물결을 생각해보라. 잔물결의 마루는 파도 방향에 수직으로 나 있다. 이러한 잔물결은 강의 퇴적물에도 보존되지만, 물의 흐름이 파도와 달라서 모양이 다르다. 파도는 앞뒤로 진동하며 잔물결의 마루 양쪽이 대칭을 이룬다. 반면에 물이 일정한 방향으로 흐르는 강에서는 잔물결이 비대칭을 이루며 강이 흐르는 방향으로 '기울어진다'. 중요한 것은, 지질학자들이 이러한 고수류를 통해 퇴적물을 운반한 물 흐름이 어느 방향에서 유래했는지 감지할 수 있다는 것이다.

마라톤 선수답게, 젊은 호프먼은 자신이 연구하던 퇴적암에서 고수류를 측정하는 작업에 진지하게 임했고, 그야말로 엄청난 노력을 기울였다. 논문을 위한 현장 작업이 완료될 무렵, 호프먼은 자기 나

침반을 사용해 고수류 총 8,000건을 측정했고, 고수류 방향이 담긴 지도를 만들었다. (아무리 뛰어난 연구라 해도 대개 수백 건의 데이터를 다루지, 수천까지는 아니다.) 호프먼도 이 측정 횟수가 '과잉'일 수 있음을 스스로 인정하며, '어떤 지층에서는 1,500개나 측정했지만 유용한 정보는 500개도 되지 않았다'라고 털어놓았다.[10] 그래도 호프먼은 후회하지 않았다. 이러한 데이터는 궁극적으로 '고수류 지도를 더 설득력 있게' 만들었고, 과학의 세계에서 (만약 달성할 수만 있다면) 이 정도 수준의 확실성은 목표로서 추구할 만한 가치가 있다.

호프먼이 제작한 상세한 고수류 지도를 통해 한 퇴적암에서 다음 퇴적암으로 넘어가는 과정에서 근본적 변화가 일어났다는 사실이 분명해졌다. 처음에 오래된 퇴적암에서 발견한 고수류는 예상대로 분지가 형성된 인근 대륙에서 퇴적물이 유래했음을 나타냈다. 그러다가 지질학적으로 눈 깜짝할 사이에 모든 게 변했다. 느닷없이 더 젊은 퇴적암에서 고수류가 반대 방향을 가리켰는데, 이는 퇴적물이 인근 대륙에서 흘러나온 것이 아니라 어디선가 다른 곳에서 유래했다는 것을 의미했다.

우리는 오늘날 북아메리카, 즉 로렌시아를 하나의 대륙으로 생각한다. 하지만 이는 약 20억 년 전인 오로시리아기 이후부터만 해당하는 것이다. 다시 말해, 오로시리아기의 '미합판국' 이전에는 독립적으로 떠다니는 판이 많았다. 지구에서 비교적 젊고 작은 대륙을 구성한 이 고대 대륙의 핵을 '대륙괴craton'라고 한다. 로렌시아는 오로시리아기에 충돌한 5~6개의 대륙괴로 이루어져 있다. 호프먼은 그중 슬레이브Slave 대륙괴에서 고수류를 측정했다. 그런데 퇴적물의

기원이 갑자기 바뀐 것을 확인하고, 또 다른 대륙괴가 빠르게 다가
오고 있었음을 알게 됐다. 결국 대학원생들의 도움을 받아 호프먼은
이 대륙괴 간 충돌이 19억 7,000만 년 전이라고 추정했다.[11] 이로써
'미합판국'에 대해 사람들이 인식하기 시작했으며, 슬레이브 대륙괴
는 호프먼과 마찬가지로 그 역사의 시작을 여는 존재로 인정받았다.

* * *

호프먼이 미합판국을 주장한 이후로 연구자들은 많은 진전을 이
루었고, 로디니아 이전 초대륙에 대한 개념을 로렌시아를 훨씬 넘어
서는 곳까지 확장했다. 그래서 우리는 다시 한번 호주 오지로 떠나
야 한다. 초대륙 연구 분야의 또 다른 거장인 정상 리도 호프먼처럼,
로디니아를 넘어 그 전신을 알리는 데에 이바지했다. 지난 장에서
리가 로디니아 연구에 매진한 이야기를 하면서 내가 그에게 좋은 자
극을 받으며 3년간 연구원으로 함께 일할 수 있어서 얼마나 행운이
었는지는 말하지 않았다. 그런데 나뿐만이 아니었다. 리는 로디니아
연구처럼 그 이전 초대륙의 연구를 이어나가며 학제 간 연구팀을 구
성했고, 초기 경력 연구자를 위주로 약 15~20명을 모아 5년간 연구
지원을 받았다. 나는 이를 앞으로 계속해서 동료와 협업하며 결실을
볼 일생일대의 기회로 여겼다.

리 팀 소속이었던 한 젊은 대학원생이 박사 과정에서 이 프로젝
트의 가장 중요한 발견을 이루어냈다. 리에게 전문적으로 지도받으
며 호프먼의 발자취를 따라가던 애덤 노드스반Adam Nordsvan은 이 고

대 초대륙에서 호주 오지가 어디에 있었는지 확인하기 위해 그곳의 퇴적암을 이용했다. 리 팀은 미국, 중국, 독일, 프랑스, 러시아, 이집트, 이탈리아 등 전 세계에서 모인 연구자들로 구성되어 있었지만, 노드스반은 현지 국가인 호주를 대표하는 몇 안 되는 사람 중 한 명이었다.

노드스반과 리는 호주의 퇴적암이 어디에서 왔는지 식별하는 방법으로 퇴적암의 '지문을 분석'하는 아이디어를 냈다. 퇴적물이 실제로 호주 근처에서 유래했을까? 혹시 더 이국적인 기원 이야기를 들려주지 않을까? '지문 분석' 방법은 호프먼이 박사 학위를 준비하던 시절 이후로 크게 발전했다. 노드스반은 현재 널리 사용되는 '쇄설성 지르콘 기원 분석detrital zircon provenance' 기법을 주로 활용했다. 이 방법은 지르콘이 최초로 결정화할 때부터 퇴적물로 쌓일 때까지 일생의 전 과정을 추적하는 방식이다. 예를 들어보자. 지르콘은 마그마방 깊은 곳에서 결정화한다. 보통 마그마가 식으며 결정화하면, 지르콘은 화강암 속 광물 중 하나가 된다. 그러다가 훗날, 수백만 년이 지나면서 위에 놓인 지각이 융기하고 침식되면 화강암이 지표에 도달하게 된다. 노출된 화강암은 풍화되어 퇴적물로 변하고, 지르콘은 이 과정에서 '쇄설성' 지르콘이 되어 자유의 몸으로 강을 따라 이동하면서 바다로 향한다. 그러면서 여러 퇴적물과 함께 퇴적 분지로 찾아들게 되고, 퇴적물로서 쌓이며, 마침내 퇴적암에 보존된다. 노드스반의 과제는 이러한 지르콘의 이동 경로를 거슬러 올라가, 지르콘이 모래 알갱이가 되어 처음 추출된 실제 노출된 암석, 즉 퇴적물의 출처를 추적하는 것이었다. 간단히 말하면 노드스반은 쇄설성 지르콘의 연대를 측정해 퇴적물이 어디서 유래했는지를 밝히려는 계획을 세웠다.

이 방법이 효과적인 이유는 모든 대륙에 같은 연대의 암석이 있는 것은 아니기 때문이다. 물론 암석은 전 세계에서 계속 생성되기 때문에 겹치는 부분도 있다. 하지만 지르콘이 특정 연대에서 '정점'에 달하는 상황은 한두 대륙에서만 나타난다. 예를 들면 오늘날 남아메리카의 안데스산맥만큼 화강암(과 화강암 속 지르콘 광물)을 많이 생성하는 장소는 거의 없다. 이제 쇄설성 지르콘에서 하나 또는 둘, 아니면 더 나은 경우 여러 개의 연대 정점을 식별하면 성공 가능성은 기하급수적으로 늘어난다. 세상에서 같은 연대 정점을 보이는 장소가 두 곳 이상일 가능성은 드물기 때문이다. 노드스반이 연구한 호주 퀸즐랜드의 야외 현장은 조지타운 내좌층inlier(젊은 암석이 위에 놓이는 일반 지질 구조와 달리 더 오래된 암석이 드러나 있는 경우를 일컬음 - 옮긴이 주)으로 불리는데, 과거 호주에 편입되기 이전에 구조적 독립체를 이루었을 가능성이 있다. 즉, 조지타운은 현재 북호주에 있지만, 항상 그곳에 있었던 것은 아닐 수 있다. 조지타운의 지르콘 연대 정점을 호주의 주변 지각이나 전 세계 다른 지역의 연대 정점과 비교하면 조지타운이 다른 곳에서 유래했을 가능성을 확인할 수 있을 것이다.

노드스반은 605개에 달하는 쇄설성 지르콘의 연대를 측정하는 고된 분석 작업 끝에, 실제로 조지타운 지역에서 뚜렷하고 지배적인 연대 정점을 확인하게 되어 마냥 기뻤다. 드디어 진실을 확인할 시간이 왔다. 그가 직접 발견한 연대 정점을 북호주의 지역적 기원, 더 나아가 전 세계의 다양한 장소와 비교해야 했다. 결과는 명확했다. 노드스반이 '지문 분석'에 일치하는 연대를 찾기 위해 북호주라는 작은 지역을 넘어 다른 곳을 살펴봐야 한다는 것이 분명해졌다. 그런데 판구조 운동과 이 암석들의 오래된 연령대를 고려했을 때, 현재 퀸즐랜드를 둘러싼 인접 지역들은 당시 존재하지 않았거나(그래서 암석이 형성되지 않았거나), 독립적으로 이동하고 있어서 퀸즐랜드와 충돌하기 전이었다는 점도 명심하자. 결국 노드스반은 북호주 인접 지역을 넘는 것뿐만 아니라 호주 전역을 넘어 살펴봐야 했다.

그렇게 생각해낸 가설, 즉 조지타운이 실제로 북아메리카에서 떨어져 나와 북호주와 충돌했다는 가설은 독립적인 방법으로 추가 검증을 거쳐야 했다. 그래서 노드스반은 쇄설성 지르콘 수백 개를 연대 측정하고 현대 수학적 알고리즘을 사용한 것 외에도 호프먼의 방식을 따라 고수류 분석을 활용했다. 호프먼이 슬레이브 대륙괴에서 했던 것처럼 노드스반은 각 퇴적암 형성 과정에서 시간에 따라 고수류를 측정했다. 그리고 호프먼보다 한 단계 더 나아가, 자신이 쇄설성 지르콘을 분석했던 동일한 퇴적층에서 고수류를 분석했다. 흥미롭게도 노드스반은 시간 경과에 따라 고수류 방향이 180도 바뀌는 것을 발견했다. 게다가 이 방향 전환은 쇄설성 지르콘의 기원 변화와도 정확하게 일치했다. 그 외에도 두 가지 상반된 고수류 방향은 두 대조되는 기원과도 일치했다. 지르콘이 북아메리카에서 유래했다고 여겨지던 시기에는 조지타운 퇴적물이 동쪽에서 공급됐다. 그러다가 지르콘의 기원이 북호주로 이동하면서, 조지타운 퇴적물은 서쪽에서 공급하게 됐다. 십자말풀이처럼 맞아떨어지는 증거로, 노드스반과 리는 호주 오지의 일부가 사실상 미국에서 기원했다는 사실을 입증했다.

호주 일부가 원래 로렌시아에서 유래했다는 사실을 노드스반이 발견하면서, 이 두 대륙이 로디니아의 전신에서 이웃이었다는 사실이 밝혀졌다.[12] 역사적으로 보면 이러한 발견은 참 얄궂다. 최근 수십 년간 초기 고지리학적 연관성에서 엄격히 검증된 가설 중 하나가 바로 로디니아 시기에 오스트레일리아의 동부 해안과 로렌시아의 서부 해안이 맞닿아 있었다는 것이었다. 그러나 검증이 반복될수록 로디니아에서 오스트레일리아와 로렌시아가 이웃했을 가능성이 점점 낮아졌다. 정리하면 로디니아 시기에 두 대륙은 이웃한 것으로 보이지 않지만, 로디니아 전신의 시기에는 이웃이었던 것으로 보인다. 카드 한 벌을 섞듯이, 초대륙 순환은 세계의 질서를 개편하여 이웃을 이방인으로, 이방인을 이웃으로 바꿔놓는다.

* * *

로디니아 이전 초대륙에 오스트레일리아를 배치한다는 것은 호프먼의 미합판국을 넘어서 고대 초대륙 전체를 재구성해야 한다는 것을 의미한다. 그리고 호프먼이 사용한 '누나'라는 용어를 더 큰 초대륙에 맞춰 재검토하는 것도 의미가 있을 것이다. 호프먼이 사용했던 이누이트 용어는 더 큰 초대륙의 핵심을 완벽하게 묘사했다. 호프먼이 본래 누나로 언급했던 로렌시아와 발티카 외에도, 중심부 대륙에는 시베리아가 포함되어 있었다.[13] 이 세 핵심 대륙에 있는 모든 산맥은 약 20억 년에서 17억 5,000만 년 전에 형성됐을 정도로 오래되었지만, 오스트레일리아만큼 젊은 산맥은 없었다. 오스트레일리아는 16억 년 전에야 초대륙에 합류했기 때문이다.[14] 이 초대륙의 중심부는 최종적으로 초대륙이 완성되기 약 2억 년 전에 먼저 통합됐는데, 이를 확인한 내 동료들은 이 상황이 판게아보다 약 1억 7,000만 년 앞서 형성된 곤드와나와 유사하다고 했다.

곤드와나는 초대륙 순환에서 늘 어정쩡한 위치에 있었다. 크기는 또 얼마나 큰지, 1장에서 말한 대로 오늘날 남부 대륙이 모두 속해 있었다. 엄청난 크기 때문에 일부 연구자들은 단순히 곤드와나를 초대륙이라고 부르면서, 그 정의를 제대로 고려하지 않기도 한다. 어떤 연구자들은 곤드와나가 판게아의 절반, 비록 더 큰 절반이기는 하지만, 더 큰 퍼즐의 한 조각에 불과해서 초대륙이라고 부를 수 없다고 주장한다. 나와 내 동료는 이 곤드와나의 정체성 위기와 누나/컬럼비아의 의미론적 교착 상태를 한 방에 해결할 간단한 제안을 하고자 한다.

우리는 모든 초대륙이 큰 땅덩이가 먼저 조립되면서 시작된다는 사실을 깨달았다. 다름 아닌 폴 호프먼의 도움으로, 우리는 이 같은 커다란 초기 구성 요소를 '거대 대륙megacontinent'이라고 부르기로 했다.[15] 판게아는 초대륙으로 완전히 합쳐지기 약 1억 7,000만 년 전에 가장 주된 초기 요소로서 곤드와나를 형성했다. 그리고 방금 다루었듯이, 거대 대륙 누나는 초대륙 컬럼비아가 최종적으로 합쳐지기 약 2억 년 전에 통합됐다. 그리고 2장에서 직접적으로 언급하진 않았지만, 초대륙 로디니아도 완성되기 약 2억 년 전에 거대 대륙 중 가장 불확실한 존재인 '움콘디아Umkondia'가 통합되는 선행 작업이 있었을 것으로 예상된다. 움콘디아라는 이름은 이 거대 대륙을 둘러싼 다른 대륙들에서 발견된 남아프리카의 주요 용암 분출에서 유래했다. 따라서 각 초대륙은 대략 2억 년 전에 크기가 절반 정도 되는 거대 대륙을 형성했을 가능성이 높다. 앞서 언급한 대로, 로마는 하루아침에 이루어지지 않았고 초대륙도 마찬가지다. 거대 대륙은 더 큰 과정으로 나아가는 중요한 첫걸음일지도 모르겠다.

호프먼이 초대륙에 붙였던 이름을 우리가 빼앗아갔다고 해도(아니면 적어도 누나를 거대 대륙으로 재분류했다고 해도), 우리는 초대륙 컬럼비아의 잠재적 중요성을 내다본 그의 결정적인 추측을 빼앗지는 않았다. 내가 여기서 '추측speculation'이라는 단어를 사용하는 이유는 그를 존경하지 않아서가 아니다. 이는 호프먼이 얼마나 시대를 앞서갔는지 인정하기 위함이며, 그가 1989년에 《지올로지》에 발표한 논문, 〈로렌시아 초기 10억 년에 대한 추측: 20억 년 전부터 10억 년 전까지Speculation on Laurentia's First Gigayear: 2.0 to 1.0 Ga〉에서 정확히 그 단어를 사용했기 때문이다.[16] 호프먼은 추측하기에 앞서, 로렌시아의 최초 10억 년이 지구 역사에서 특별한 시기이자 장소였다는 사실을 나타내는 방대한 지질학적 관측 자료를 축적했다. 그는 이전 연구에서, 이미 아메리카의 판들을 통합했었다. 이제 그는 이 대륙판들이 하나로 합쳐져 초대륙을 형성한 결과로 무슨 일이 벌어졌는지 알아볼 것이다.

우선 호프먼의 과학 논문을 직접 인용하여 그의 이야기를 들어보자. "로렌시아의 초기 10억 년은 네 악장으로 구성된 교향곡과 같다. 20억 년 전~18억 년 전(알레그로), 18억 년 전~16억 년 전(안단테), 16억 년 전~13억 년 전(아다지오), 그리고 13억 년 전~10억 년 전(알레그로)이다."[17] 호프먼은 과학적 논문을 쓸 때 시적이면서도 적확하게 표현하는 능력이 있다. 여기서는 시간에 따른 지질학적 '움직임'의 속도를 묘사하는 적절한 비유로서 고전 음악의 다양한 빠르기말을 사용한다. 처음 두 악장인 알레그로(20억 년 전~18억 년 전)와 안단테(18억 년 전~16억 년 전)는 우리가 방금 다루었던 내용을 가리킨다. 먼저 거대 대륙 누나의 통합은 활기찬 속도, 다음으로 초대륙 컬럼비아의 최종 통합은 적당히 느린 속도다. 3악장인 아다지오(16억 년 전~13억 년 전)는 새로 형성된 초대륙이 성숙해지며 모든 게 느려졌다. (4악장은 조산 운동으로의 복귀로, 이는 2장에서 다룬 그렌빌 조산대의 이야기이며, 다음 초대륙 순환의 시작을 알린다.) 모차르트의 마지막 교향곡 41번 〈주피터〉는 호프먼이 지질 기록에서 발견한 표준 4악장 형식을 충실히 따른다.

호프먼은 느린 3악장 시기에 지구상에서 가장 기이하고 논란이 되는 암석, 회장암anorthosite이 발생했다는 점에 주목했다. 이 책을 읽는 사람들은 대부분 회장암을 본 적이 있을 것이다. 달의 흰 표면 전체가 사실상 회장암이기 때문이다. 어두운 부분은 현무암질 용암류로, 라틴어로 '바다'를 뜻하는 '마리아maria'로 불린다. 달이 밝게 보이는 이유는 회장암이 태양 빛을 반사하기 때문이다. 회장암은 대부분 사장석plagioclase이라는 광물로 이루어져 있으며, 앞서 다룬 천천히 냉각되는 다른 화성암, 예를 들면 화강암에서도 흔히 볼 수 있다. 화강암에 있는 사장석은 보통 나트륨이 풍부하지만, 회장암에 있는

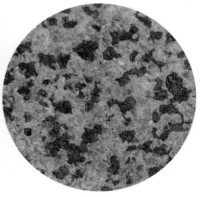

그림 28. 칼슘이 풍부한 흰 사장석 결정을 지닌 회장암. 왼쪽 사진에 1센티미터 눈금이 표시된 자가 있다. 오른쪽의 확대된 사진은 너비가 약 2.5센티미터다. Photo credit: Ross Mitchell.

사장석은 칼슘이 풍부하다(그림 28). 칼슘이 풍부한 사장석은 희고 반투명한 색을 띠고 있어서 달이 태양 빛을 환하게 반사하게 한다. 그렇다면 이처럼 달과 같은 암석이 초대륙 컬럼비아의 성숙기에 지구에 존재하는 이유는 무엇일까? 당시 로렌시아는 전무후무할 정도로 회장암이 풍부했다. 왜 이렇게 많은 '달과 같은 암석'이 초대륙 컬럼비아에서 형성됐을까? 호프먼은 틀림없이 궁금해했을 것이고 나아가 추측했을 것이다.

지금까지 설명했듯이 지구에서 일어나는 섭입 과정은 해양 지각을 맨틀 속으로 다시 밀어 넣는 과정이다. 이는 지각의 기저에 물을 공급하는 최적의 방법이며 이로써 지구는 화강암을 지닌 독특한 행성이 됐다. 그리고 이 과정은 모두 물을 재활용하는 판구조 운동 덕분이다. 해양 지각이 나이가 들면, 광물 사이에 있는 공극 속으로 점점 더 많은 바닷물을 포함하게 된다. 그러다가 섭입이 시작되면 해양 지각의 판은 하강하면서 맨틀 깊은 곳에서 열을 만나 탈수된다. 2장에서 다룬, 섭입대에서 화강암을 만드는 '물 더하기' 비법을 떠올려보자. 그런데 회장암 속 광물들은 물을 전혀 저장하지 않으므로, 광물이 결정화할 때 주변에 물이 거의 혹은 아예 없었음을 의미한다. 따라서 회장암은 섭입 과정의 결과로 형성됐을 리 없다. 그렇다면 회장암은 화강암처럼 서서히 냉각된 화성암으로 큰 덩어리를 형성하지만, 화강암과 달리 섭입대의 산물이 아니다. 달이 섭입이나 판 구조 운동을 겪었을 리 없지만, 겉모습이 스위스 치즈처럼 생긴 이유는 칼슘이 풍부한 회장암으로 이루어졌기 때문이다.

회장암이 특이한 또 다른 이유는 암장(암석의 모체가 되는 반액체 물질 – 옮긴이 주)을 형성하기 위해 녹는 암석들이 매우 깊은 곳에서 유래한다는 점이다. 비교하자면 해양 지각은 지표면에서 몇 킬로미터 이내의 얕은 깊이에서 생성된 용융물에서 형성된다. 아이슬란드를 생각해보자. 이곳에서는 대서양 양쪽의 판이 갈라지며 맨틀 용융물이 지표면까지 상승한다. 그런데 회장암은 지각의 기저이자 깊은 맨틀의 상단 근처에서 만들어진 용융물로 형성된다. 이 지점은 위로는 부력이 더 큰 지각을, 아래로는 밀도가 높은 맨틀을 둔 조성적 경계다. 회장암 형성에 판구조 운동이 직접적으로 연관될 필요는 없다. 하지만 판 아래의 뜨거운 맨틀에서 나오는 열은 확실한 핵심 요소다. 맨틀 안에 열원이 집중되어 있다고 한다면, 남은 준비물은 지각기저에 있는 조성적 경계뿐이다. 열적 대류로 녹은 암석은 이곳에서 지표면을 향해 오르기 전 웅덩이에 고여 있을 것이다. 따라서 호프먼은 초대륙 컬럼비아의 형성 과정에서 회장암이 대규모로 생성된 현상이 초대륙 아래의 과열된 맨틀과 관련이 있을 수 있다고 판단했다.[18] 우리는 이 이야기가 끝나기 전에 호프먼이 왜 맨틀에 주목했는지 이해하기 위해 기본 물리학 원리를 살펴봐야 한다.

* * *

지질학은 단순히 관찰상 증거에만 의존하지 않는다. 이론은 지질학적 가설을 검증하는 데 데이터만큼이나 중요하다. 사실 데이터와 이론 간의 긴장 상태는 과학적 방법론에 대한 이 두 가지 접근 방식 모두에서 최상의 결과를 이끌어내는 힘겨루기이기도 하다. 이러한 긴장 상태는 데이터와 이론이 서로 독립적일 수 있기에 존재하며, 그런 면에서 유용하다. 물론 이 둘이 어느 정도 겹치는 부분도 있다. 데이터를 생성하려면 기기로 측정하는 것부터 새로운 데이터의 의미를 분석하는 것까지 모든 과정에서 이론적 가정이 필요하다. 반대로 이론적 모델은 종종 실험 측정에서 파생된 매개 변수나 수치를 사용해야 한다. 하지만 넓게 보면, 새로운 데이터를 얻거나 새로운 모델을 생성하는 방식으로 가설을 검증하는 것은 과학적 방법을 사용하는 독립적인 수단이다. 우리는 과학적 십자말풀이로 돌아가서 데이터와 이론을 가로 열쇠와 세로 열쇠처럼 교차 점검해야 한다.

초대륙이 형성되면서 호프먼이 생각한 것처럼 로렌시아 아래와 아마도 그 너머에 맨틀 상승류가 생성됐다는 것이 가능한 일일까? 호프먼은 대체로 지질학적 데이터에 기반을 두고 이런 아이디어를 생각했지만, 일관된 이론으로 만들려면 컴퓨터 모델이 필요할 것이다. 초대륙이 형성되면서 그 아래에 있는 맨틀을 가열할 것이라는 호프먼의 생각은 모델링을 통해 명확히 검증할 수 있다.

지질학자라고 해서 모두 폴 호프먼이나 믿음직한 망치를 든 에린 마틴처럼 암석광은 아니다. 이들 중에는 자칭 '지구물리학자'라고 하는 자부심 강한 컴퓨터 괴짜들도 있다. 베이징에 있는 내 동료인 난 장Nan Zhang이 바로 그런 부류다. 장은 맨틀 내 대류를 모델링한다. 이 작업은 간단해 보일 수 있지만 전혀 그렇지 않다. 다행히 컴퓨터 처리 속도는 믿기 힘들 만큼 빨라졌고, 더 빨라지고 있다. 이는 장이 단순한 대류가 아니라 지구의 대류를 모델링하고 있다는 점에서 중요하다. 모델을 더 지구처럼(즉, 사실적으로) 만들수록, 더 복잡해지면서 실행하는 데 시간이 오래 걸린다. 처리 능력도 장이 작업하는 데에 걸림돌이 될 수 있어서 시뮬레이션을 잘 완료하려면 슈퍼컴퓨터에 의존해야 한다.

장의 모델에 있는 많은 방정식에는 여러 숫자가 포함되는데, 그중 하나가 맨틀의 점도다. 점도, 즉 흐름에 대한 저항은 물(낮은 점도)이나 꿀(높은 점도)에서 확인할 수 있다. 맨틀은 이 두 종류의 유체보다 더 뻑뻑하지만(더 점성이 있지만), 그럼에도 역시 흐른다. 맨틀의 점도와 같은 매개 변수가 까다로운 이유는 정확히 측정하기 어렵기 때문이다. 맨틀이 얼마나 된지 감지하는 방법이 있기는 하지만, 그 추정치와 관련해서 불확실성이 존재하고, 맨틀에서 깊이 들어갈수록 불확실성은 더 커진다.

비교적 얕은 맨틀은 마지막 최대 빙하기 이후, 스칸디나비아 지역의 대륙 빙하가 녹은 뒤 맨틀이 반등한 속도를 측정함으로써 확실히 알 수 있다. 언젠가 스웨덴 룰레오Luleå에서 열린 회의에 참석한 적이 있는데, 이곳은 땅의 반등이 가장 빠르게 일어나는 중심지였다. 그 속도가 너무 빨라서 지구가 반등할 때마다 매번 도시의 부두를 저지대에 새로 지어야 할 정도다. 그런데 우리는 이 반등으로 얕은 맨틀의 된 정도만 알 수 있다. 깊은 맨틀은 훨씬 더 뻑뻑하다고 알려져 있으며, 맨틀의 점도를 더 정확하게 추정하기는 어렵다. 이런 불확실성 때문에 장은 다양한 가능성을 탐색해야 했고, 맨틀의 점도를 10배 이상 변경해가며 모델 결과가 얼마나 민감하게 변하는지 확인했다. 좋은 소식은 장의 컴퓨터 시뮬레이션 처리 능력이 향상되어 점점 지구와 비슷해지고 있고, 맨틀의 점도와 같은 매개 변수의 측정이 조금씩 가능해지면서 더 사실적 결과를 얻을 수 있게 됐다는 점이다.

하지만 모델링의 저력은 지구와 유사한 모델을 만드는 데에서 나오는 것만이 아니다. 실제로는 정반대 방식이 그에 못지않게 유용할 때도 있다. 장과 같은 모델러인 예일대학교의 데이비드 버코비치 David Bercovici는 모델링과 관련해 '현실은 과대평가됐다'라고 농담하기 좋아한다. 이러한 모델에 입력되는 변수의 불확실성이 얼마나 될지, 컴퓨터 처리 능력이 모델의 '현실성'에 얼마나 제약을 줄지 생각해보자. 버코비치는 이러한 모델들을 실제로 현실 '닮은꼴'이라고 여기는 것이 순진한 생각이라고 지적한다. 그가 진짜 하려는 말은 시스템의 잠재적 역량을 알려면 다양한 조건을 설정하고, 그에 따른 모든 가능성을 탐구해야 한다는 것이다.

★ ★ ★

　장이 컴퓨터를 활용해서 초대륙 순환 연구에 공헌하게 된 것은 대학원생으로서 지도 교수인 시지에 종Shijie Zhong과 함께 연구할 때였다. 장과 종은 초대륙이 형성되면 그 아래에서 맨틀 상승류를 일으킬 수 있다는 호프먼의 추측을 검증하기에 딱 맞는 모델을 가지고 있었다. 그런데 당시 이들의 특정 모델이 특히나 중요했던 이유를 이해하는 것도 중요하다. 장과 종의 연구가 있기 전에, 초대륙은 '열 담요thermal blanket' 효과를 통해 그 아래에 있는 맨틀을 가열한다고 여겨졌다. 대륙 지각은 해양 지각에 비해 두꺼워서 맨틀의 열이 밖으로 빠져나가는 속도가 느리다. 열 담요라는 개념은 모든 대륙 지각이 한곳에 모이면(즉, 초대륙이 형성되면), 그 지역에서 열 흐름이 줄어들어, 시간이 지나면서 초대륙 아래의 맨틀이 가열된다는 것이었다.[19] 단순한 발상은 좋지만, 틀리거나 혹은 문제를 해결하기에는 불충분할 수 있다. 호프먼이 추측한 이후로 몇 년간, 모델러들은 실제로 열 담요 효과의 존재를 뒷받침하는 결과를 산출해내기도 했지만, 다른 과정들에 비해 이 효과가 중요한지는 의문이 제기됐다. 초대륙의 열 절연 효과로는 온도를 약 20도 정도만 올릴 수 있다고 추정됐는데, 이 정도로는 해양 지각 아래에 있는 맨틀 온도와 크게 다르지 않을 터였다.[20] 초대륙이 정말 뜨거운 맨틀 상승류를 만들어내려면 또 다른 메커니즘이 필요했다.

　2007년, 장과 종은 이 문제를 해결했다. 3차원으로 수행된 최초의 맨틀 대류 모델을 만든 것이다. 약 10년 전, 캘리포니아공과대학교 대학원생이었던 종은 마이크 거니스Mike Gurnis와 함께 초대륙이 형성되는 원인을 규명하는 최초의 맨틀 대류 모델을 개척했다. 하지만 당시의 모델들은 2차원으로 수행됐다. 지구는 구 형태이기 때문에 2차원으로 된 거니스와 종의 모델은 지구와 유사하다고 할 수는 없지만, 중요한 발견을 하는 데에는 여전히 유용했다. 판게아를 다룬 첫 장에서, 우리는 대륙이 '내리막길'로 이동하려는 경향이 있다는 기본 물리학을 받아들였고, 이로써 맨틀이 하강하는 지형적 저지대에서 초대륙이 합쳐지리라 예측했다. 모델링에서 중요한 점은 최대한 현실적이면서 복잡한 모델로 상식을 검증할 때 계속해서 의미가 통하는지 입증하는 것이다. 1988년 《네이처》에서, 거니스는 예상대로 초대륙이 맨틀 대류의 하강류가 뚜렷한 지형적 계곡 위에 형성되는 경향이 있다는 것을 정확히 시연해 보였다. 욕조에서 물을 뺄 때 고무 오리가 하강류로 떠내려가는 것처럼, 대륙도 강한 맨틀 하강류 위에 정착할 것이라는 상식적 개념을 확인한 것이다(그림 29).[21] 종은 대학원생 시절 거니스와 함께 연구하며 이 모델을 점점 더 정교하게 발전시켜 초대륙 형성의 새로운 역학을 검증할 수 있었다.

종이 콜로라도대학교 볼더 캠퍼스의 교수이고, 장이 당시 그의 유망한 제자였던 시절, 이들은 시뮬레이션을 3차원으로 실행함으로써 새로운 도약을 이룰 수 있었다. 이들은 몰래 또 다른 계획도 준비해두고 있었다. 계산 효율성이 향상되어 3차원 맨틀을 만들 수 있게 되니 검증할 만한 새로운 아이디어가 떠오른 것이다. 바로 초대륙이 형성된 뒤 맨틀 대류에는 무슨 일이 벌어지는지 탐구하는 것이었다. 거니스의 영향력 있는 연구를 기반으로, 이들은 이미 초대륙이 맨틀

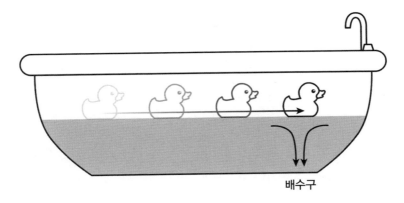

그림 29. 대류를 일으키는 맨틀 위에 떠 있는 대륙은 마치 고무 오리가 물이 빨려 내려가는 배수구를 향해 떠내려가는 것처럼 차가운 맨틀 하강류를 향해 이동한다.

하강류 위에서 형성되리라고 가정할 수 있었다. 이제 다음 단계는, 초대륙을 차가운 하강류 위에 떨어뜨린 뒤 가만히 앉아 무슨 일이 일어날지 관찰하기만 하면 됐다.

처음에 이들의 모델은 혼돈 상태에서 시작됐다. 장과 종 팀은 거대한 맨틀 하강류, 즉 슈퍼 하강류가 처음부터 발생할 수 있는지 먼저 증명해야 했다. 그래서 이들은 맨틀 내에 무작위로 다수의 하강류와 상승류를 배치했다. 그런 다음, 모델을 작동시키고 어떻게 진화하는지 지켜봤다. 시간이 지나면서, 이들은 맨틀 내 하강류와 상승류가 점점 조직적으로 결합함으로써 안정적으로 각각의 수를 줄여나가기 시작했다는 것을 발견했다. 하강류는 하강류끼리, 상승류는 상승류끼리 뭉쳤고 결국 각각 하나씩만 남게 됐다.[22] 그게 어떤 모습일까? 한쪽 반구에서는 맨틀의 대류가 가라앉고(하강류), 반대쪽 반구에서는 상승하고 있었다(상승류). 장과 종의 용어로 이 패턴은 '1도' 대류를 나타낸다. 대류 세포가 하나만 있기 때문이다(그림 30). 1도 대류를 '한쪽' 대류로 생각하면 이해하기 쉽다. 바닥에 열원이 하나만 있는 오븐처럼 차가운 공기가 가라앉으면서 그 자리를 상승한 따뜻한 공기가 대신하는 형태다.

두 사람은 혼돈 상태의 시작점에서 구축된 1도 흐름을 확인한 뒤, 다음 단계로 넘어갔다. 이번에는 초대륙이 형성되면 대류 패턴이 어떻게 변할지 관찰할 차례였다. 이들은 아기용 욕조에서 마개를 빼면 물이 빠져나가는 배수구 쪽으로 고무 오리가 빨려 들어가는 것처럼 대륙들이 맨틀 하강류가 있는 반구로 모일 것이라고 가정했다(그림 29). 종과 장은 대략 판게아 크기만 한 대륙 하나를 슈퍼 하강류의 중심에 정확히 떨어뜨렸고, 그 아래의 맨틀이 어떻게 반응할지 지켜봤다. 1도, 즉, 한쪽 가열 패턴은 오래가지 않았다.

이들은 맨틀 하강류가 초대륙의 가장자리를 따라 발생하는 현상을 발견했다. 이는 섭입으로 인한 것이었다. 해저 확장으로 새로운 해양 지각이 계속해서 만들어지면서, 지구의 표면적을 일정하게 유지하기 위해 어딘가에서 같은 비율만큼 섭입으로 해양 지각을 파괴해야 했다. 대륙들이 하강류를 향해 이동하면서 그 사이에 있던 해양 지각이 섭입으로 소모됐다. 그러다가 새롭게 초대륙이 형성되면 대륙 사이에 있던 섭입대가 모두 사라진다. 이렇게 되면 섭입은 다른 곳에서 다시 시작되어야 한다. 그곳이 바로 새로 형성된 초대륙의 가장자리 전체다(그림 30).

종과 장은 초대륙 가장자리에서 이루어지는 섭입이 초대륙을 형

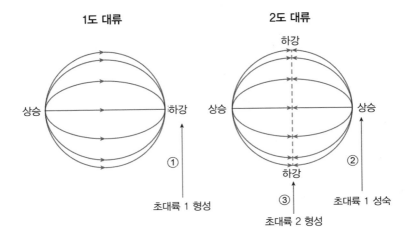

1도 대류

2도 대류

하강

상승 · 하강 상승 · 상승

① ②

초대륙 1 형성 ③

초대륙 2 형성 초대륙 1 성숙

그림 30. 상승류와 하강류를 포함한 3차원 맨틀 대류. 무작위 대류가 1도 대류(왼쪽)로 자연스레 진화하며, 한쪽 반구에 상승류, 반대쪽 반구에 하강류가 생긴다. 1단계에서는 대류들이 '내리막길'을 따라 모이면서(그림 29) 1도 하강류 위에 초대륙을 형성한다. 이 과정에서 복귀 흐름에 의해 하강류가 상승류로 전환되며 2단계가 시작되고, 이때 서로 반대되는 위치에 두 상승류가 존재하는 2도 대류(오른쪽)가 발생한다. 1도 대류와 2도 대류는 각각 '한쪽'과 '양쪽' 가열로 생각할 수 있는데, 마치 바닥에 열선 하나만 있는 오븐(1도)과 상단과 하단에 열선이 하나씩, 총 두 개가 장착된 오븐(2도)과 같다. 다음 초대륙의 형성인 3단계는 2도 대류의 세계에서 발생하며, 이 내용은 5장에서 다룰 예정이다.

성한 슈퍼 하강류를 꽤 빠르게 변형시켰다는 것을 발견했다. 대류의 원칙이 '내려가는 것은 반드시 올라가야 한다'는 것임을 기억하자. 초대륙 가장자리에서 발생한 섭입의 고리는 집중적으로 하강류를 만들며 초대륙 아래의 맨틀을 둘러싸며 반응하도록 유도했다. 이는 '복귀 흐름return flow'으로, 한때 초대륙 밑에 있던 하강류가 상승류로 진화했음을 의미한다.[23] 이제 지구의 대류 패턴이 달라졌다. 이들의 실험은 하나의 맨틀 상승류와 그 반대편에 하나의 맨틀 하강류,

그리고 그 하강류 위로 형성된 새로운 초대륙 하나로 시작했다. 하지만 새로운 초대륙이라는 존재, 그리고 그 초대륙 가장자리에서 만들어진 섭입의 고리로 인해 그 하강류가 상승류로 전환됐다. 이들의 모델에 따르면, 이제 지구는 서로 닮은 두 상승류가 그 사이의 맨틀 하강류 고리로 양분되는 현대 지구와 유사한 대류 시스템을 획득하게 됐다(그림 13).

이 구성은 초대륙 밑에서 두 번째 맨틀 상승류가 형성됐기 때문에 '2도' 흐름으로 불린다(그림 30). 한쪽에서만 열이 가해지던 1도 대류가 이제 양쪽에서 열이 가해지는 2도 대류로 바뀌며, 열선이 윗면과 아랫면에 장착된 오븐과 같은 모습이 됐다. 종과 장은 드디어 해냈다. 이들은 초대륙이 형성되면 그 초대륙을 형성했던 하강류가 상승류로 변할 것이라는 호프먼의 추측을 실험하고 증명해냈다. 초대륙이 유발한 맨틀 상승류는 로렌시아 거의 전역에 걸쳐 회장암이 풍부하게 분포하는 기이한 현상을 설명할 수 있다. 그리고 오직 초대륙의 형성만이 오늘날 지구 맨틀에서 관찰되는 대류의 양쪽 가열 현상을 설명할 수 있다.

★ ★ ★

호프먼은 논문 마지막 부분에, 한 발 더 나아간 또 다른 추측을 슬쩍 끼워 넣었다. 논란이 될 만한 아이디어를 질문 형태로 제시하면 회의론자들이 관심을 가질 것이라는 생각으로, 호프먼은 논문 마지막 부분 제목을 '지구 최초의 초대륙?'이라며 의문스럽게 달아놓았다. 그가 이렇게 추측할 만한 충분한 이유가 있었다. 컬럼비아보다 젊은 초대륙인 로디니아와 판게아가 존재했지만, 둘 중 어느 곳에도, 특히 판게아에는 이렇다 할 정도로 회장암이 많지 않았다. 판게아는 그 아래에서 맨틀 상승류를 일으켰다는 확실한 증거가 있었다(그림 13). 실제로 이처럼 불과 2억 년 전의 열적 유산이 현재까지 하부 맨틀에 남아 있는 덕분에, 판게아 아래의 맨틀 상승류는 초대륙이 맨틀 대류에 영향을 끼친다는 가장 강력한 증거가 될 수 있었다. 하지만 이렇게 과열된 맨틀을 아래에 두고도 판게아는 지각의 기저에서 올라오는 회장암질 용융물의 관입이 거의 없었다. 호프먼은 이 점에서 더 오래된 초대륙들 아래의 맨틀 상승류가 특별했던 이유를 무엇이라고 생각했을까?

답은 질문 속에 있었다. 그들이 더 오래됐기 때문이다. 지구는 불 속에서 태어났고, 그 이후로 계속 식어가고 있다. 지질학에서 기본적인 질문이 지구가 얼마나 빨리 식어왔는가다.

잔열(지구 형성에서 남은 열)이든 방사성 열(우라늄과 칼륨 같은 방사성 원소의 붕괴로 계속해서 생성되는 열)이든, 시간이 흐르면서 지구에 끼치는 영향은 놀랍도록 비슷하다. 둘 다 지구가 과거에 훨씬 뜨거웠음을 의미한다. 잔열의 손실은 바로 이해가 된다. 잔열의 열 손실률이 시간이 흐르면서 일정했다고 해도, 이는 지구가 더 뜨거웠음을 의미했다. 그러나 방사성 열이 손실되는 속도는 일정하지 않다. 각 방사성 원소는 반감기를 지니는데, 이는 해당 원소의 방사능이 절반으로 줄어드는 고정된 시간이다. 지구 역사 초기에는 우라늄, 칼륨, 토륨과 같은 원소가 기하급수적으로 붕괴했기 때문에 방사성 열이 맨틀에 가한 열 효과는 상당히 컸지만, 시간이 지나면서 점점 줄어들었다. 이러한 두 가지 효과, 즉 줄어드는 잔열과 줄어드는 방사성 열을 종합하면 지구는 과거에 오늘날보다 훨씬 뜨거웠음을 의미한다.

호프먼은 이러한 장기간에 걸친 변화로 컬럼비아와 로디니아 같은 오래된 초대륙에서 특별한 맨틀 상승류가 일어나고 그로 인해 회장암을 형성하게 된 이유를 설명할 수 있다는 것을 깨달았다. 종과 장이 증명한 것처럼 초대륙은 자신을 형성한 맨틀 하강류를 상승류로 전환하면서 아래에 있는 맨틀을 가열하려는 성향이 있다. 아주 먼 과거에 맨틀의 평균 온도가 더 높았다고 한다면, 로디니아나 특히 컬럼비아처럼 더 오래된 초대륙 아래에 형성된 맨틀 상승류는 판게아 아래에 형성된 상승류보다 더 뜨거웠을 것이다. 호프먼은 지구 역사에서 회장암이 광범위하게 형성된 최초의 시기가 특별할 수밖에 없는 이유가 분명히 있으리라 판단했다. 초대륙으로 유발된 맨틀 상승류에서 오는 열 외에도, 평균적으로 더 뜨거웠던 고대 맨틀이 지각 아래에 열 흐름을 추가로 제공하면서 회장암을 형성하는 특이한 용융물을 생성한 것이다. 이런 논리에 따라, 호프먼은 컬럼비아가 지구 최초의 초대륙일 것으로 추측했다.[24]

다음 장에서는 이보다도 더 과거로 돌아가서 이 주장에 최대한 맞서볼 것이다. 그렇지만 컬럼비아의 통합이 초대륙 순환의 탄생이자 그 자체가 최초의 초대륙이었을 것이라는 타당한 이유도 접하게 될 것이다.

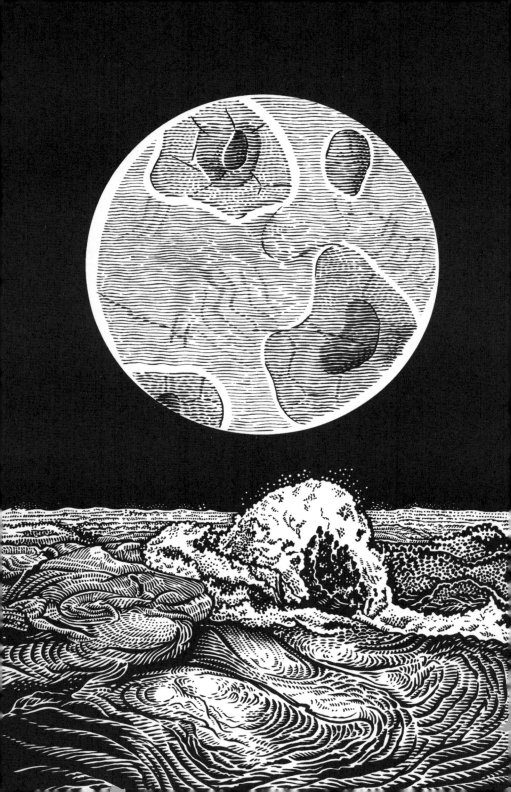

미지의 시생누대

현재, 우리 지식은 (…) 실망스럽고도 흥미진진하다.

우리가 아는 것이 별로 없다는 사실에 실망스럽지만,

그래도 무언가를 알고 있다는 사실에 흥미진진하다.

(…) 무지의 동반자는 기회다.

— 앤드루 H. 놀Andrew H. Knoll, 《젊은 행성의 생명체Life on a Young Planet》

지구는 늘 초대륙을 만들어왔을까? 아니면 시간을 계속 거슬러 올라가다 보면, 더는 오래된 초대륙에 대한 확실한 증거를 찾을 수 없는 지점이 있을까? 만약 그렇다면, 젊은 지구가 초대륙을 만들지 않았을 설득력 있는 이유가 있을까? 앞으로 남은 두 장에서는 미래로 나아갈 테니, 시간을 거슬러 올라가는 여행의 마지막은 신비로운 시대인 시생누대Archean로 떠나보자.

시생누대 시기의 지구는 본질적으로 완전히 다른 행성이었다. 지질시대에서 가장 긴 시간 구분은 마치 연극의 막과 같은 개념인 '누대'다(그림 27). 판게아 시기의 누대는 현생누대Phanerozoic라고 불리는데, 그리스어에서 '뚜렷한, 눈에 띄는'이라는 뜻의 'phaneros'와 '동물'을 뜻하는 'zoion'에서 유래했다. 이는 당시 화석 기록에서 동물이 눈에 보일 만큼 커졌다는 사실에 영감을 받아 붙여진 이름이다. 현생누대는 5억 4,100만 년 전에 시작해 현재까지 이어지고 있다. 이보다 오래된 누대는 원생누대Proterozoic로, 25억 년 전에 시작됐다. 초대륙 로디니아와 컬럼비아 형성이 모두 이 시기에 속한다. 그리스어에서 '이전'을 뜻하는 'proteros'와 '생명'을 뜻하는 'zoe'에서 유래했다. 원생누대는 현미경으로만 볼 수 있는 작은 화석의 형태이기는 해도 다세포 동물이 최초로 출현한 시기다. 세 번째로 오래된 누대인 시생누대는 40억 년 전에 시작됐다. 이번에는 어원이 하나로, '고대'를 뜻하는 그리스어 'arkhaios'에서 따왔다. 이 이름에는 초기 생물 형태에 대한 언급이 없다. 그저 매우 오래된 시기라는 의미만 담겨 있다. 이보다 더 오래된 유일한 누대인 명왕누대Hadean는, 그리스 신화에서 지하 세계를 다스리는 신의 이름을 따서 지어졌다. 이처럼 불길한 이름이 붙은 이유는 이 시기에 보존된 암석이 하나도 없기 때문이다. 긍정적으로 보자면 시생누대는 매우 오래된 시기이기는 하지만, 적어도 암석이 존재했기에 지도를 그리고 샘플을 채취함으로써 우리의 초기 역사에 대한 증거를 수집할 수 있다.

그런데 시생누대의 암석은 달랐다. 대륙 지각이 시생누대에 형성되기는 했지만, 시생누대 지질학자들은 대륙이 형성됐다고 이야기하지 않는다. 대신 그들은 시생누대 시기의 대륙 지각 조각들을 '대륙괴craton'라고 일컫는데, 이는 그리스어로 '힘'을 뜻하는 'kratos'에서 유래했다. 대륙괴는 젊은 대륙의 고대 핵으로 볼 수 있다. 현재 지구상의 모든 대륙은 소수의 시생누대 대륙괴를 포함하고 있다. 평균적으로 각 원생누대 대륙에는 네 개 정도의 시생누대 대륙괴가 있다(그림 31). 대륙괴는 크기는 작지만, 그 이름처럼 강력한 존재다. 지구

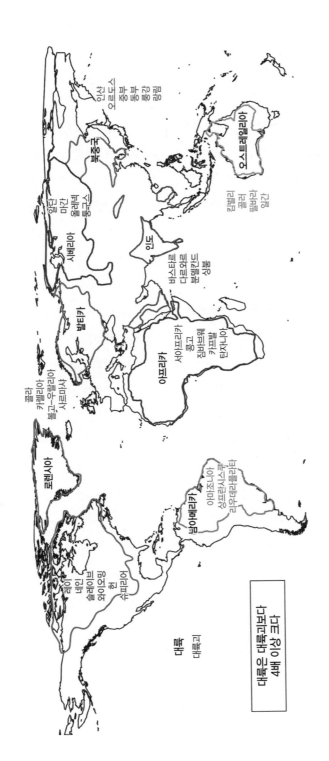

그림 31. 각 원생누대 대륙(두꺼운 윤곽선) 안에 속한 시생누대 대륙괴의 이름과 개수. 대륙 윤곽선 바깥쪽에 붙인 지역은 지난 수억 년 동안 추가된 비교적 젊은 지각을 나타낸다.

의 역동적 환경 속에서, 이들은 25억 년 이상을 살아남았다.

대륙괴의 가장 큰 특징은 고대부터 오랜 기간 존재해왔다는 것이다. 이는 어떤 이유에서인지 내구성이 좋다는 것을 의미한다. 왜 그럴까? 그리고 대륙 지각이 내구성이 있다는 것은 또 무슨 의미일까? 모든 대륙 지각이 영원히 지속되도록 만들어진 것은 아니다. 주로 저밀도 화강암으로 이루어진 대륙 지각은 부력이 있어서 웬만해서는 맨틀 안으로 다시 섭입되지 않는다. 하지만 대륙 지각도 시간이 흐르면서 침식될 수 있다. 대륙 지각은 바람과 날씨에 의해 침식될 수 있지만, 섭입에 의해서도 침식될 수 있다. 밀도가 높은 암석권이 섭입되면 가라앉는 닻처럼 작용하여, 아래로 내려가면서 달라붙는 것은 무엇이든 끌어당긴다. 따라서 섭입은 느리지만 꾸준히 점점 더 많은 지각을 맨틀로 되돌려 보낸다. 하지만 젊은 대륙 지각과 달리, 고대 시생누대 대륙괴는 영원히 남아 있다.

대륙괴가 오랜 기간 살아남고 내구성이 좋은 이유는 강하기 때문이다. 그리고 이들이 강한 이유는 두껍기 때문이다. 단순히 지각만 두꺼운 것이 아니라 그 아래에 있는 암석권도 두껍다. 지질학자들은 화학적 조성이 다르다는 관점에서 맨틀과 지각을 분리하지만, 이리저리 움직이는 판은 지각뿐만 아니라 그 밑에 있는 맨틀의 상당 부분과 함께 구성된다. 각 판의 지각 아래에 놓인 맨틀 부분은 '암석권 맨틀'이라고 불리고, 이 딱딱한 층은 판의 단단한 기반을 형성하면서 그 아래에 놓인 '연약권'이라는 연한 성질의 층 위를 미끄러지듯 움직인다. 연약권은 흐름에 대한 저항성이 낮아서 암석권이라는 판이 수평으로 움직일 수 있게 해주는데, 연약권과 암석권의 차이는 주로 물리적 성질의 차이이지, 조성의 차이가 아니다.

모든 판은 그 아래에 꽤 상당한 양의 암석권 맨틀이 있지만, 대륙괴가 가장 많은 양을 가지고 있다. 실제로 시생누대 대륙괴 아래에 있는 암석권 맨틀은 수백 킬로미터에 달할 정도로 두꺼워서, 대륙괴의 지각은 대체로 배처럼 용골이 있다고 비유된다.[1] 선체 아랫부분을 받치고 있는 용골처럼 대륙괴의 용골도 판이 대류하는 유동성 맨틀 위에 '떠 있는' 동안 안정성을 제공한다. 일반적으로 대륙괴의 용골이 두꺼울수록 더 안정적이며, 다음 초대륙 순환에서 살아남을 가능성이 더 크다. 해양판은 아랫부분에 두꺼운 암석권 맨틀이 있기는 하지만 대륙판보다는 얇고, 밀도가 높아서 판이 수렴할 때 우선으로 섭입된다. 얇은 대륙판 역시 지구상에서 오래 버티지 못한다. 미국 남서부에서 지각이 얇아진 곳을 떠올려보자. 그곳은 지각 활동이 활발하고 단층이 많으며 악명 높은 샌앤드레이어스 단층이 있는 곳이다.

하지만 대륙괴에는 그런 단층이 없고, 본질적으로 결함이 없다고 봐도 무방하다. 대륙괴는 매우 강력해서 수십억 년 동안 살아남았고, 이들 대부분은 사라질 기미도 보이지 않는다. 지구에는 30여 개의 대륙괴가 존재하는데, 그중 소수만이 약점을 보였다. 와이오밍 대륙괴와 북중국 대륙괴 아래에 있는 암석권 맨틀의 두꺼운 용골은 약 25억 년 동안 안정적으로 유지됐으나, 태평양 불의 고리를 따라 놓여 있는 탓에 밑에 있는 태평양판이 지난 수억 년간 섭입되면서 끝내 위협을 받고 있다. 섭입 과정에서 하강하는 판은 위에 놓인 판을 지나며 파편들을 함께 끌어당기기 때문에 상판을 서서히 침식시킨다. 따라서 여전히 두꺼운 용골을 유지하고 있는 대부분의 대륙괴와 달리, 와이오밍과 북중국 대륙괴의 용골은 상당히 얇아졌다. 그런데도 두 대륙괴의 고대 지각은 안전하게 남아 있다. 이들 대륙괴가 가지고 있던 맨틀 용골이 워낙 두꺼웠던 터라 예전보다 많이 얇아지긴 했어도, 남아 있는 부분이 여전히 두꺼워서 위에 놓인 지각을 보호할 수 있다. 무엇보다 이런 예외적인 사례가 드물어서 대륙괴는 일반적으로 안정적이고 수십억 년 동안의 지질학적 힘에도 변형되지 않는다는 원칙을 증명한다.

* * *

대륙괴는 두께만 두꺼운 것이 아니라, 광물자원도 풍부하다. 시생누대는 대륙괴 형성의 황금기였을 뿐만 아니라, 말 그대로 황금의 시대였다. 전 세계에서 이름난 금광상의 절반 이상이 시생누대 대륙괴에서 유래했다.[2] 대륙괴가 금을 만들어낸 비결은 무엇일까? 내가 그 비밀을 알았다면, 아마 이 책을 안 쓰지 않았을까? 하지만 시생누대 암석에서 금을 농축하는 데 중요한 역할을 한 요소와 이러한 광상이 젊은 암석에서는 비교적 드문 이유를 설명할 좋은 생각이 있다.

시생누대 대륙괴는 '화강암-녹암granite-greenstone' 지대로 알려져 있다. 지금까지 우리는 화강암에 대해 다뤘다. 녹암은 현무암질 암석(현무암이 맨틀에서 직접 유래한 원시 암석임을 기억하자)을 가리키는 것으로, 해양 지각과 매우 유사하거나 어쩌면 같을 수도 있다. 현무암은 퇴적암층 사이에서 용암류의 형태로 나타나기도 한다. 하지만 대

그림 32. 뉴질랜드 수중에서 분출된 '베개' 용암으로, 크기를 가늠하기 위해 지질학자가 함께 서 있다. Photo from https://www.geotrips.org.nz/trip.html?id=73. Courtesy of Julian Thomson, Out There Learning Ltd, NZ.

부분은 해양 지각의 상층부와 유사하게 용암류로만 이루어진 대규모 구역을 이룬다. 둥글납작한 형태로 인해 '베개 용암'으로 알려진 용암류의 유형(그림 32)은 현대 해양 지각의 베개 용암처럼 실제로 수중에서 분출된 용암임을 나타낸다. 시생누대 화강암이 주목을 많이 받는 이유는 그 인상적인 크기와 조성적 부력으로 대륙괴를 점점 커지게 했고, 어떤 경우에는 수십억 년 전에 해수면 위로 드러날 만큼 (마치 현대의 대륙처럼) 높이 솟아오르게 했기 때문이다. 하지만 시생누대 시대에 금을 풍요롭게 안겨준 것은 바로 녹암이다.

녹암은 주변의 화강암과 달리 금속을 풍부하게 함유하고 있다. 그중에는 금도 있지만, 니켈과 구리처럼 경제적으로 중요한 광물도 포함되어 있다. 따라서 녹암은 시생누대 금의 '원천층source bed'으로 여겨질 수 있다.[3] 하지만 어떻게 금이 그렇게나 농축되고, 또 채굴이 쉬워질 만큼 수월하게 추출될 수 있을까? 여기에서 시생누대 시기 지구의 또 다른 기이한 특징이 작용했을 가능성이 있다. 바로 코마티아이트komatiite다. 남아프리카의 코마티강에서 이름을 딴 코마티아이트는 외관이 독특한 화산암이다. 긴 날 모양의 감람석 결정이 교차되어 있는 코마티아이트는, 호주 오지에서 볼 수 있는 가시 돋친 덤불에서 이름을 딴 '스피니펙스spinifex'라고 불리는 조직으로 되어 있어 질감이 무척 놀랍다.

하지만 코마티아이트에서 가장 중요한 사실은 이 암석들에 마그네슘 함량이 매우 높다는 것이다. 이는 이들이 지구상에서 생성된 가장 뜨거운 용암(대략 1,600도에 이름)을 나타낸다는 뜻이다.[4] 지금까지 알려진 코마티아이트는 거의 모두 26억 년 이상 된 것으로, 대부분 시생누대 시기에 만들어졌다.[5] 지금은 예전만큼 형성되지 않는다. 시생누대 말엽이 되자 지구가 너무 많이 냉각되어 고온의 코마티아이트 용융물을 더는 만들지 않았다.

따라서 아직 입증되지 않았지만, 한 가지 이론은 초고온 코마티아이트 용융물이 녹암이 모은 금을 농축하는 데 결정적 역할을 했다는 것이다.[6] 젊고 온도가 낮은 용융물과 달리, 코마티아이트 용융물은 지표로 올라오는 동안 황과 함께 금을 용해하는 능력이 뛰어났을 것으로 보인다. 코마티아이트가 상부 맨틀만큼이나 아주 깊은 곳에서 형성됐다는 점도 중요하게 작용했을 것이다. 그러므로 코마티아이트 용융물은 상부 맨틀에서 지각 전체를 통과하며 상승하는 과정에서 점점 더 많은 금을 유리시켜 농축할 수 있었을 것이다. 이렇게 코마티아이트가 시생누대 시기로 한정되면서 시생누대의 황금기가 설명된다.

★ ★ ★

시생누대의 대륙괴는 금보다 많은 부를 가져다주었다. 현재 우리가 대기 중에서 들이마시는 산소의 절반 이상이 대륙괴 형성 직후에 생겨났다고 할 수 있다. 오늘날 지구의 대기 중 산소 농도는 약 22퍼센트 이하로 20억 년 전보다 확실히 높지만, 산소가 가장 큰 폭으로 증가한 것은 시생누대가 끝난 직후 발생한 그 유명한 '대산화 사건Great oxidation event', 즉 '산소 대폭발 사건Great oxygenation event' 때였다.[7] 이 독특한 사건이 발생한 원인에 대해서는 여러 가지 이론이 있다. 나는 초대륙 연구자로서 대륙의 융기와 관련된 이론을 좋아한다.

대기 중 산소를 축적하는 가장 좋은 원천은 광합성이다. 유기체들이 이산화탄소, 물, 햇빛을 흡수해서 산소를 내뿜는 간단한 과정은 늘 기대를 저버리지 않는다. 그런데 광합성 박테리아 군집이 형성한 스트로마톨라이트가 30억 년, 혹은 37억 년이나 됐다면, 산소 대폭발 사건은 왜 그렇게 오랜 시간이 지난 후에야 발생했을까?[8] 왜 산소 대폭발 사건이 더 일찍 일어나지 않았을까? 광합성 과정에서 종종 간과되는 부분이 있는데, 그것은 바로 햇빛만이 아니라 영양분도 필요하다는 사실이다.[9] 현대 세계에서 식물이 영양분이 풍부한 땅에서 자라지 못해 필수적인 화학적 영양분을 공급받지 못한다면, 식물은 영양분을 흡수하지 못하고 광합성은 실패할 것이다. 이 같은 일이 시생누대 바다에 사는 광합성 박테리아에도 벌어졌을 것이다. 이들은 영양분이 필요했다. 여기서 암석이 중요해지기 시작한다.

인간의 시간 척도로 볼 때 바다에서 가장 중요한 영양소는 질소이지만, 지질학적으로 긴 시간 척도에서 가장 중요한 영양원은 원소인(P)이다.[10] 그 이유는 DNA의 필수 구성 요소인 인이 한정적 영양소이기 때문이다. 인의 공급원은 지각에 있고, 특히 인회석apatite이라는 광물에 농축되어 있다. 인회석은 주로 화성암에서 발견되며, '부수 광물accessory mineral'로 알려져 있다. 이는 쉽게 찾아볼 수 있는 대신 소량으로만 나타나는 광물을 일컫는다. 인회석의 결정 구조에서 인을 뽑아내는 것은 화성암의 풍화 작용이다. 따라서 인회석이 얼마나 안정적으로 공급되느냐에 따라 생명 확산의 속도가 결정된다고 볼 수 있다! 암석은 물속에서 풍화될 수 있지만, 날씨에 노출된 암석에서 발생하는 풍화만큼 효율적이지는 않다. 그래서 대륙이 해수면 위로 올라온 것이 인의 증가에 중요한 역할을 했고, 결국 산소의 증가에도 결정적으로 영향을 끼쳤다.[11] 마침내 효율적인 풍화에 노출된 대륙괴는 인회석 결정에 들어 있던 인을 방출하기 시작했다. 이렇게 중요한 영양소가 바다로 유입되기 시작했고, 광합성 박테리아는 처음으로 잠재력을 최대치로 발휘할 수 있게 됐다.

이제 우리는 광합성이 오랜 시간 진화했음에도 약 24억 년 전까지 잠재력을 발휘하지 못한 이유를 설명할 수 있다. 이전에는 영양분 공급이 제한되어 광합성이 억제됐다. 이러한 맥락에서, 생명, 바다, 대기의 이야기는 암석 기록의 공진화와 밀접하게 연결되어 있다. 하지만 판구조 운동과 관련된 진정한 의문은 대륙들의 이런 초기 융기가 훨씬 더 오래된 초대륙의 가능성에 어떤 의미를 갖느냐 하는 점이다.

* * *

시생누대에 초대륙이 존재했을 가능성에 의문을 제기하는 두 가지 기본 질문이 있다. 첫째, 당시에 큰 초대륙을 형성할 만큼 대륙 지각이 충분히 있었는가다. 둘째, 판구조 운동이 온전히 작동하여 거의 모든 대륙을 하나의 초대륙으로 통합할 수 있었는가다. 두 질문 모두 커다란 논쟁을 불러일으킨다. 지구에서 지각 성장과 관련한 첫 번째 질문은 수십 년 전부터 제기됐다. 판구조 운동의 역사에 대한 두 번째 논쟁은 의외로 최근에 시작됐는데, 약 10년 전에 뜨겁게 논쟁이 벌어지고 나서 여전히 계속되고 있다.

지구 지각은 시간이 지나면서 어떻게 성장했을까? 지구를 액면가, 말 그대로 표면만 고려하면, 대륙 지각의 양은 시간이 흐르면서 점차 증가했다. 즉, 지구 표면에 보존된 대륙 지각의 양을 그래프로 나타내면, 시간에 따라 점진적으로 증가한다.[12] 이렇게 지표면에 보존된 암석 수가 체계적으로 증가했다는 것은 지각이 성장했음을 시사하는 것처럼 보일 것이다. 하지만 단순히 지구 표면에 남아 있는 증거만으로 설명하기에는 문제가 복잡하다. 지구 표면에 생성된 지각의 상당 부분이 섭입을 통해 맨틀로 다시 이용되는, 지각의 재활용이 일어났을 가능성이 있다. 여러 지구화학적 과정은 지구 초기에 지각 재활용이 매우 흔했고, 오늘날보다 빈번했다는 점을 시사한다.[13] 따라서 고대 지각이 많이 남아 있지 않은 이유는 그저 현대보다 고대에 지각 재활용이 더 활발했던 결과일 수 있다.

지각 재활용 외에도 고려해야 할 또 다른 문제가 있다. 바로 '지각 재가공'이다. 이는 지각 재활용과 어떻게 다를까? 지구의 지각 대부분은 맨틀이 녹아서 형성된다. 맨틀을 녹이면 가장 먼저 생성되는 것이 현무암질 지각이고, 그 현무암을 녹이면 화학적으로 부력이 있는 화강암 기반의 대륙 지각이 만들어진다. 하지만 일단 지구에 대륙 지각이 생기면, 녹일 수 있는 것은 맨틀뿐만이 아니다. 지각도 충분히 뜨거워지거나 습하면 녹을 수 있다. 지각을 녹이면 그냥 더 많은 지각을 얻는다. 이것은 지각의 순 증가가 아니라, 단지 지각의 재가공에 불과하다. 그러므로 지구 표면에 보존된 일부 지각은 지각 성장의 순 합계에 포함해서는 안 된다.[14] 지구의 현재 대륙 지각 중 일부는 더 오래된 대륙 지각이 녹아서 형성된 것으로, 말하자면 대륙의 동종 포식이라고 할 수 있다. 지각 재활용과 지각 재가공의 영향을 합하면, 표면 연령 분포가 시간에 따른 지각 성장을 보여준다는 단순한 이야기는 설득력이 떨어진다. 지구 표면에 보존된 것을 액면가 그대로 받아들인다면, 시간이 지나면서 지구가 형성한 지각의 양은 (지각 재활용으로 인해) 과소평가될 테고, (지각 재가공으로 인해) 최근 시기로 치우칠 것이다.

보존된 표면 암석이 지구의 지각 성장의 역사를 편향된 그림으로 보여준다고 하더라도, 이러한 암석들은 특정 시점에 초대륙을 형성할 수 있을 만큼 오래가는 대륙 지각이 얼마나 존재했는지 알려준다. 게다가 대륙들이 충돌하여 그 사이에 산맥이 형성되면, 대륙 지각은 두꺼워지며 이후에 섭입될 가능성이 줄어든다. 대륙 암석권은 마치 바다에 떠 있는 빙산처럼 대류하는 맨틀 위에 떠 있다. 만약 해수면 위로 빙산이 커 보인다면 그 아래에는 훨씬 깊은 뿌리가 숨어 있는 것이다. '빙산의 일각'이라는 말이 여기서 나온 것이다! 이것이 '지각 평형isostasy'의 원리(아르키메데스가 부피의 변위를 발견하며 '유레카'라고 외친 순간)로, 높은 산맥은 훨씬 더 깊은 뿌리를 가지고 있다는 것을 뜻한다. 그러므로 대륙들을 지구 최초의 초대륙으로 봉합한 두껍고 깊은 조산대의 뿌리는 오늘날에도 여전히 보존되고 있다.

지구에서 보존된 지각의 비율은 30억 년 전까지는 거의 0에 가까웠고, 20억 년 전에는 현재 수준의 겨우 20퍼센트에 도달했다. 따라서 초대륙 컬럼비아가 형성되기 시작할 때쯤, 지구는 지각 성장에 속도를 높이기 시작했고, 지각 성장이라는 관점에서 초대륙 형성이 가능해졌다(그림 33). 컬럼비아 이전에는 지구가 충분한 대륙 물질을 만들어내지 못했거나, 적어도 충분히 보존하지 못해서 커다란 초대륙을 만들지 못했을 것이다.[15] 시생누대 시기에는 지구 표면에 대륙 지각이 적었기 때문에 대륙괴들은 오늘날의 대륙에 비해 물에 더 많이 잠겨 있었을 것이다.[16] 지구는 분명히 시생누대에 대륙괴를 만들 수 있었지만, 대륙괴는 대륙에 비해 규모가 훨씬 작았다. 오늘날 각 대륙에 평균적으로 네 개의 대륙괴가 포함되어 있음을 떠올려보자(그림 31). 어떤 이유로 대륙괴가 대륙보다 작은 조각으로 분리됐다

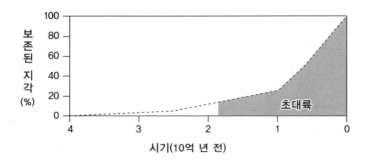

그림 33. 지각 성장과 초대륙. 회색 영역은 초대륙이 형성된 시기(컬럼비아를 가장 오래된 초
대륙으로 가정)와 지구 표면에 존재하는 지각의 양을 나타낸다. 과학자들은 약 20억 년 전까
지는 지구에 초대륙을 형성할 만큼 지각이 충분하지 않았다고 보고 있다. Adapted from
A. M. Goodwin, Principles of Precambrian Geology(London: Elsevier, 1996).

고 주장할 수 있겠다. 하지만 그 이유도 시생누대에 초대륙이 형성
되지 않았을 또 다른 이유와 관련이 있을 것 같다.

지각 성장만으로 시생누대 초대륙의 가능성을 의심하는 것은 아
니다. 근본적인 질문은 판구조 운동이 당시 온전히 작동했는가다. 지
구가 오늘날 전 세계적으로 판구조 네트워크를 형성하고 있다고 해
서 과거에도 늘 그랬다는 것을 의미하지는 않는다. 화성이나 금성을
보자. 일부 과학자들은 이 두 행성도 먼 과거 언젠가 판구조 운동이
있었을지 모른다고 추측해왔다.[17] 하지만 이들 행성은 분명히 이제
더 이상 판구조 운동을 하지 않는다. 판구조 운동은 지구에서도 당
연하게 여겨질 수 없고, 지구의 먼 과거에는 특히 그렇다. 우리는 판
구조론이 지구의 최근 또는 현재의 판 경계를 설명하기 위해 개발됐
다는 사실을 종종 잊는다. 이 이론이 지구의 모든 시대에 적용되는

지는 여전히 논쟁이 진행 중이다.

오늘날의 지질학자들은 고대 판구조 운동의 가능성에 대해 두 가지 철학적 접근법 중 하나를 지지한다. 먼저 동일과정설 지지자들이 있다. 지질학의 선구자 찰스 라이엘의 유명한 격언인 '현재는 과거를 푸는 열쇠'를 떠올려보자. 다른 하나는 찰스 다윈이라는 또 다른 과학계의 거장을 지지하는 사람들이다. 이들은 진화론을 지질학에 적용해, 과거의 과정이 오늘날의 과정으로 진화했다고 말한다.

동일과정설을 주장하는 사람들은 오늘날 판구조 운동이 존재한다면, 가장 간단한 해석은 먼 과거에도 판구조 운동이 있었다는 것이라고 주장한다. 이들은 암석 기록에서 오늘날의 판구조 운동과 유사한 증거를 찾을 수 있는지 선캄브리아 시대 지질학자들에게 묻는다.[18] 반면에 진화론자들은 가장 오래된 암석을 형성하는 데 반드시 판구조 운동이 필요한 것은 아니라고 주장한다.[19]

* * *

그러면 지구에서 가장 오래된 암석은 무엇이고, 이들에게서 무엇을 알 수 있을까? 획기적인 발견이 이루어진 장소는 캐나다 북부의 외딴 호수와 툰드라 지역이었다. 그리고 당연히 폴 호프먼도 약간이나마 연관되어 있다. 당시 캔자스대학교 박사 과정 학생이었던 샘 보우링Sam Bowring은 미래를 내다보는 안목으로 호프먼과 함께 캐나다 노스웨스트 준주에 있는 그레이트베어 호수에서 연구했다. 보우링은 오늘날 역사상 가장 중요한 지질연대학자 중 한 명으로 이름을 알리게 됐는데, 이는 아서 홈즈Arthur Holmes가 설립하고, 지구의 나이를 45억 4,300만 년이라고 최초로 측정한 클레어 패터슨Clair Patterson이 속한 분야에서 확실히 의미 있는 일이다. 보우링이 매사추세츠공과대학교MIT에서 경력을 마칠 무렵에는, 세계적으로 유명한 그의 지질연대학 연구소가 이 대학의 지구, 대기 및 행성과학부 건물에서 한 층 전체를 차지하게 됐다. 교수들이 하나같이 유명 인사인 MIT에서 이것 역시 대단한 일이다.

보우링이 처음 연구를 시작했을 때에는 수백만 년 단위 연대에 수백만 년의 오차가 있었지만, 그의 경력 말기에는 수백만 년 단위 연대에 오차가 수천 년까지 줄어들었다. 보우링은 지질연대학에서 전문성을 연마하면서도 다방면에 능한 지질학자였다. 그는 '연대를 모르면 속도를 알 수 없다no dates, no rates'라는 말을 한 것으로 유명했는데, 단순히 암석의 연대date를 측정하는 것을 넘어서 암석을 이용해 캄브리아기 대폭발 시기의 생물 진화 '속도rate'와 페름기-트라이아스기 대멸종 동안의 멸종 '속도'를 비교하고자 했다.

하지만 우리가 이야기하는 시기의 보우링은 그저 신참이었다. 안타깝게도 보우링은 호프먼에게서 다소 유행이 지난 기술인 '지질도 제작'을 배웠다. 지질학의 모든 질문은 지질도를 보는 것에서 시작되기 때문에, 학생들이 지질도 제작법을 배운다면 도움이 된다(그림 34). 이 과정은 지질학자가 지도의 지역을 내려다볼 수 있는 적절한 관찰 지점에 올라가 관련 노두를 식별하는 것에서 시작한다. 노두는 지하 암석의 구조를 들여다볼 수 있는 창문과 같은 역할을 하며, 보통 흙이나 숲으로 덮여 있다. 각 노두에서 지질학자가 암석(화성암,

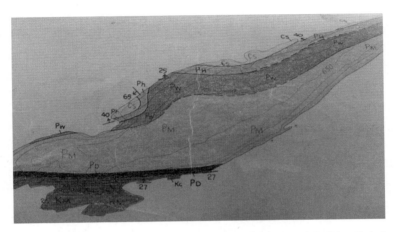

그림 34. 폴 호프먼이 제작한 캐나다 노스웨스트 준주 슬레이브 대륙괴의 지질도. 각기 다른 암석층을 구분하기 위해 색연필을 사용했다. 가장 오래된 층은 섬의 남쪽에서 발견됐고, 북쪽으로 갈수록 점점 더 젊은 층이 나타난다. Photo credit: Ross Mitchell.

퇴적암, 변성암 중 어느 것인지, 그리고 구체적으로 어떤 유형인지)을 식별하면, 각 암석 유형은 지도 위에 고유한 색으로 표시된다. 이렇게 제작된 다채로운 지질도는 멋있는 벽면 예술처럼 보이기도 한다. 서로 다른 색 사이의 경계도 중요하다. 이는 서로 다른 암석 유형 간의 경계를 나타내며, 어떤 암석이 더 젊고, 어떤 암석이 더 오래됐는지, 단층 같은 지각 운동이 연관되어 있는지 보여준다. 따라서 지질연대학을 통해 암석의 연대를 정확하게 측정하기 전에, 현장 지역에서 암석들의 '상대적' 연대를 먼저 추론할 수 있다.

그리고 젊은 보우링과 캐나다 지질조사국의 구성원들이 캐나다 북부 툰드라에서 한 일이 바로 이것, 지질도 제작이었다. 보우링이 작업한 지역인 슬레이브 대륙괴는 호프먼의 박사 과정 연구의 본거

지였으며, 북아메리카에서 가장 오래된 암석이 존재하는 곳으로 알려져 있다. 게다가 보우링이 제작하던 슬레이브 대륙괴의 모서리에는 이 대륙괴에서 가장 오래된 암석이 있었다. 보우링은 잘 훈련된 학생이었고, 지질도 작성 절차를 충실히 따랐다. 그는 실험실에서 연대 측정을 시작하기도 전에 이미 그 지역에서 가장 오래된 암석을 식별했다. 그리고 대륙과 지역적 맥락을 고려할 때 그는 왠지 모르게 헬리콥터에 실은 샘플 가방 안에 정말로 고대의 비밀이 담겨 있을 것 같다는 느낌을 받았다.

보우링은 자신이 의심했던 고대 암석의 연대를 측정했고, 실제로 지구에서 가장 오래된 암석을 발견했음을 알아차렸다. 1989년 보우링이 연대 측정한 아카스타 편마암Acasta Gneiss은 지금까지도 지구에서 가장 오래된 암석으로 남아 있다. 그 나이는 40억 3,000만 년으로 지구 나이보다 고작 5억 1,300만 년 젊다![20] 지질 연대표(그림 27)에서 두 번째로 오래된 누대로 분류되는 시생누대는 약 40억 년 전을 기준으로 하며, 이는 아카스타 편마암을 비롯해 지구의 암석 기록이 시작된 시점을 나타낸다.

* * *

이상하게 들릴 수 있지만, 지질 기록은 실제로 지구에서 가장 오래된 암석으로 시작되지 않는다. 우리에게는 그보다 훨씬 오래된 것이 있다. 1980년대 호주 서부의 건조한 오지에서 지질학자들은 지구에서 가장 오래된 육상 물질을 함유한 고대 사암을 발견했다. 주로 석영으로 구성된 모래 알갱이 사이에 지르콘으로 된 고대 모래 알갱이가 있었다. 이 사암은 약 30억 년 전에 퇴적됐다. 하지만 그 알갱이들은 그보다 훨씬 오래된 암석이 침식되어 유래된 것이었다. 이 지르콘이라는 타임캡슐이 화학적으로 얼마나 내구성이 있는지 떠올려보자. 이후 수십 년 동안 일간 대륙괴의 잭힐스 지역에서는 더 오래된 지르콘 알갱이들이 발견됐다.[21] 연대 측정으로 확인된 가장 오래된 잭힐스 지르콘의 나이는 44억 400만 년이었는데, 이는 지구 탄생이후 고작 1억 3,900만 년밖에 지나지 않은 것이다. 이 지르콘 알갱이들은 44억 400만 년 전에 형성된 더 오래된 지각 암석의 일부였을 것이다. 잭힐스 지르콘 중 상당 부분은 아카스타 편마암보다 오래됐다. 그렇다면 시생누대보다 더 오래된 시대, 즉 지구에서 가장 오래된 누대인 명왕누대에 속한다는 뜻이다.

다른 명왕누대 지르콘이 남아프리카 바버튼 녹암 지대 같은 곳에서 발견됐지만, 잭힐스 지르콘은 지금까지 알려진 모든 명왕누대 지르콘의 약 95퍼센트를 차지하며, 호주 오지 중에서 이 지역은 초기 지구를 이해하는 데 매우 중요한 지역으로 평가받는다.[22] 30억 년 전, 이 고대 화성암은 지구 표면에 노출되어 풍화 과정을 겪으며 지르콘을 흘려보냈고, 그것이 사암으로 퇴적됐다. 이런 이유로 잭힐스 지르콘은 쇄설성 지르콘으로 불리는데, 이는 이 지르콘들이 원래 유래한 화성암에서 발견되지 않고, 나중에 형성된 퇴적암 속에서 쇄설물로 발견되기 때문이다. 그렇다고 이들의 중요성이 줄어드는 것은 절대 아니다. 다만 이토록 귀한 잭힐스 지르콘의 근원 암석을 두고 계속해서 논쟁이 벌어지고 있다는 뜻이다.

잭힐스 지르콘이 발견되고 나서 30년간, 거의 모든 종류의 화성암이 근원으로 제시됐다. 논쟁은 누그러질 기미가 안 보이지만, 그렇다고 아무런 진전이 없었던 것도 아니다. 이런 논쟁이 중요한 이유는 이 고대 알갱이의 근원 암석을 밝혀내면, 더 이상 존재하지 않는 지구 최초의 암석이 어떤 유형인지 정의할 수 있기 때문이다. 그리고 이로써 초기 지구의 지질학과 생명의 기원을 촉진할 수 있는 잠재적 조건들을 헤아려볼 수 있다. 순수하게 이론적 관점에서 보자면, 즉 증거를 고려하기 전에 이런 연구 과제에서 동기를 생각하면, 잭힐스 지르콘은 화강암에서 기원했을 가능성이 있다. 지르콘은 화강암에서 풍부하게 발견되지만, 현무암에는 매우 드물거나 거의 존재하지 않기 때문이다. 이는 분별 결정fractional crystallization 과정이 원인으로, 한때 현무암을 생성하던 마그마방이 진화해 결국에는 화강암을 자연적으로 형성하는 이유를 설명하는 과정이다. 지르콘은 지르코늄 원소와 산소가 결합한 광물이고, 지르코늄은 '비호환 원소incompatible element'라고 알려져 있다. 이 말은 양전하를 띤 이온, 즉 양이온인 지르코늄이 일반적인 결정 구조에 들어맞지 않는 크기 혹은 전하라는 뜻이다. 그래서 마그네슘이나 니켈처럼 더 적합하거나 호환되는 원소들이 먼저 결합하여 광물을 형성한다. 그러다가 시간이 지나 마그마가 결정화하면서 우선으로 선택할 호환 원소가 점점 줄어들고, 결국 지르코늄 같은 원소가 선택되며 진화된(분별된) 마그마방에서 지르콘이 결정화하기 시작한다. 통계적으로 볼 때, 잭힐스 지르콘은 분별이 덜 된 원시적인 현무암(지르콘이 부족함)보다는 화강암(지르콘이 풍부함)에서 유래했다고 가정하는 것이 합리적이다.[23]

화강암 기원설은 일단 논리적으로 보이기는 하는데, 증거가 뒷받침된다면 그 의미는 꽤 심오해진다. 칼 세이건Carl Sagan의 명언처럼 '비범한 발상은 비범한 증거에서 나온다.' 명왕누대만큼 이른 시기에 화강암이 형성됐다는 주장은 꽤 비범하다. 앞서 '물 더하기' 비법을 언급한 것처럼 화강암은 물과 판구조적 섭입 시스템의 산물로, 섭입을 통해 하강하는 판에서 탈수를 일으켜 마그마에 물을 주입하는 것이 화강암을 가장 효율적으로 형성하는 방식이다. 그런 점에서 잭힐스 지르콘이 화강암에서 기원했다고 한다면, 초기 지구는 우리가 현재 알고 있는 지구와 거의 같았다고 주장하는 셈이다. 이런 해석은 지구에 물이 풍부했고, 판구조 운동이 작용하고 있었다는 뜻이 된다.[24] 현대 생명체가 지표수와 판구조 운동(비료로 쓰인 인을 떠올려보자)에 의한 영양소 순환에 얼마나 의존하는지 생각해보면, 이런 현대와 유사한 조건들은 초기 지구의 환경이 생명이 살아가기에 꽤 적합했을 것이라는 긍정적인 면을 암시한다. 하지만 화강암을 형성하는 두 조건이 모두 가능하다고 하더라도 지구 역사 초기에 생명체 거주 가능성과 관련해 함축하는 바가 너무 중대해서, 회의적인 과학자들은 이러한 명왕누대 시기에 대한 견해에 당연히 의문을 제기할 수밖에 없다. 지구에서 가장 오래된 지질 기록인 불가사의한 잭힐스 지르콘의 진정한 의미에 대해서는 아직 명확하게 결론 나지 않았다.

* * *

설령 지구가 시생누대나 심지어 명왕누대처럼 아주 이른 시기에 판구조 운동이라는 전제 조건을 충족했다 하더라도 우리의 주된 관심사, 즉 시생누대 대륙괴들이 훨씬 오래된 초대륙으로 연결되어 있었는지는 완전히 해결되지 않는다. 초대륙을 형성하는 데 판구조 운동은 필수이지만 이것만으로는 충분하지 않다. 이미 다루었던 것처럼, 대륙 지각도 충분히 형성됐어야 했다. 이 조건 때문에 시생누대 초대륙의 존재는 이미 의심스러웠다. 초대륙을 형성하려면 판구조 운동이 단순히 국지적으로 작동하는 것을 넘어서 지구 전체에 작동해야 했다. 고대에 섭입이 국지적으로 발생할 수 있었겠지만, 그런 한정적인 지각 변동 현상은 목성의 위성인 유로파의 얼음 표면에서도 발생한다. 유로파에서 국지적으로 섭입이 일어나는 것을 보고 판구조 운동이 존재한다고 주장하는 사람은 없을 것이다.

현재 지구에서 정의하는 판구조 운동은 상호 연결된 판 경계의 전 지구적 네트워크다. 국지적인 판구조 운동이 지구 전체의 네트워크로 연결되기까지 걸린 시간은 지구가 최초로 초대륙을 형성할 수 있었던 시기와 밀접하게 연관된다. 나는 베이징에 있는 중국과학원 동료인 보 완Bo Wan과 함께, 여러 다른 대륙괴에서 발견되는 섭입 구조들이 약 20억 년 전 초대륙 컬럼비아가 형성되기 전에 서로 연결됐다는 사실을 증명했다. 현재로서는 이것이 지구 규모의 판 네트워크에 대한 가장 오래된 증거이고, 이는 컬럼비아가 지구 최초의 초대륙이라는 호프먼의 추측을 뒷받침한다.[25] 하지만 다른 연구자들이 우리의 연구를 이어받아 더 오래된 지구적 판 네크워크의 증거를 찾아낸다면 더 오래된 초대륙이 형성됐을 가능성을 제시할 수도 있을 것이다. 시생누대 초대륙에 대한 증거는 부족해 보이지만, 그렇다고 이 가설을 완전히 배제하기도 어렵다.

시생누대 초대륙에 대한 대안 가설은 무엇일까? 폴 호프먼이 초대륙 연구에서 눈덩이 지구로 연구 초점을 옮기기 전, 시생누대 대륙괴의 화강암-녹암 구조가 각 대륙괴 주변부에서 끊어져 있었다는 점을 주목했다. 화강암-녹암 지대가 더 넓은 지역에 걸쳐 이어졌어야 하는데, 젊은 원생누대의 열곡 가장자리에서 잘린 것처럼 보인 것이다. 호프먼은 이렇게 오래된 시생누대 대륙괴와 젊은 원생누대의 열곡 가장자리가 나란히 있다는 사실에서, 전 세계 대륙괴 대부분이 어떤 고대 땅덩이 혹은 땅덩이들의 일부에서 유래했을 가능성을 떠올렸다. 그는 이후 캐나다 지질조사국을 떠나 하버드대학교로 자리를 옮겼지만, 가장 오래된 고대의 땅을 확인하려는 열망은 캐나다 오타와에서 계속됐고, 네덜란드 출신인 바우터 블레이커Wouter Bleeker가 그 역할을 이어받았다. 블레이커는 내가 북쪽에서 현장 조사를 하는 동안 비공식적 지도 교수였기 때문에 내게는 개인적으로 특별한 인물이다. 데이비드 에반스는 예일대학교와 실험실에서 날 훌륭히 지도해주었고, 내가 슬레이브 대륙괴라는 먼 툰드라에 가 있는 동안에는 자신이 신뢰하는 블레이커에게 나를 맡기고 내가 현장 지질학자로서 성장할 수 있도록 지도를 부탁했다. 블레이커는 나를 만나기 전, 시생누대 시기의 고지리학적 가능성에 대한 새로운 관점을 제시하는 중요한 논문을 썼다.

시생누대 대륙괴를 오랜 기간 관찰하면서 발견한 사실은 이들의 형성 연대가 매우 다양하다는 점이었다. 서호주의 필바라 같은 대륙괴는 28억 년 전에 형성됐지만, 지금 내가 이 글을 쓰느라 앉아 있는 북중국 대륙괴처럼 다른 대륙괴들의 나이는 25억 년으로 젊다. 심지어 더 젊은 대륙괴들도 있다. 물론 거대 대륙인 곤드와나가 형성된 뒤 더 큰 초대륙 판게아가 최종 결합할 때까지 약 2억 년이 걸렸다. 하지만 이것은 모든 대륙괴가 형성되기까지 걸린 시간인 대략 10억 년에 비하면 아무것도 아니다. 대륙괴의 정의를 가장 보수적으로 따른다고 해도, 그 형성 연령은 약 5억 년 이상이다. 따라서 대륙괴 사이의 공간적 관계를 떠나 시간적 차이만 고려해도, 블레이커는 시생누대 초대륙이 실현 가능성이 없을 수도 있다는 것을 깨달았다. 예를 들어 호주의 필바라나 남아프리카의 카프발과 같은 고대 대륙괴에는 마그마성 암맥군이 관입해 있다. 암맥군은 전형적으로 대륙 분열의 지질학적 징후인 화산의 배관 시스템을 나타내는데, 이러한 암맥군이 북중국처럼 젊은 대륙괴가 막 형성될 무렵에 이미 호주와 남아프리카에 관입해 있었던 것이다. 초대륙이 완전히 형성되기도 전에 분열하기 시작했다면, 어떻게 이 대륙괴들 전부 혹은 대부분이 같은 초대륙의 일부라고 말할 수 있을까?

블레이커는 다른 생각이 있었다. 그는 초기에 형성된 대륙괴들끼리 일반적으로 유사한 지질학적 역사를 공유했고, 후기에 형성된 대륙괴들끼리도 역시나 비슷한 지질학적 역사를 공유했다는 것을 알아차렸다. 그런데 이러한 둘 혹은 그 이상의 집단을 전체적으로 보면 매우 큰 차이가 있었다. 블레이커는 형성 시기별로 분류한 집단을 지리적으로 가까운 것끼리 모아 무리로 엮었다. 그는 이러한 대륙괴들의 집합체를 '초대륙괴supercraton'라고 불렀다.[26] 그가 이 용어를 선택한 이유는 대륙들이 초대륙에서 분리되어 나온 조각인 것처럼, 대륙괴들도 초대륙괴에서 분리된 조각들이라는 의미였다. 만약 블레이커가 가정한 대로 대륙괴의 집합체들이 젊은 초대륙처럼 함께 결합했지만 하나의 초대륙으로 모인 것이 아니라 다수의 집합체, 즉 다수의 초대륙괴로 존재했고, 이들이 지리적으로 서로 멀리 떨어져 따로 이동했다면 어떨까? 이 다수 초대륙괴 가설은 일부 시생누대 대륙괴가 일찍 형성되거나 늦게 형성되는 이유를 설명할 수 있다. 이는 시생누대 초대륙 가설의 유력한 대안으로 자리잡았고, 무엇보다 실험으로 검증할 수 있었다.

★ ★ ★

블레이커는 나만 북쪽에 데려간 것이 아니었다. 블레이커의 초대륙괴 가설은 지구를 둘러싼 하나의 초대륙이라는 가능성과 경쟁하고 있었지만, 지구 전체를 범위로 다루는 것은 마찬가지였다. 지난 세 장에서 다뤘던 초대륙 검증과 유사하게, 시생누대 초대륙괴를 검증하려면 전 세계적으로 분포하는 여러 대륙괴에서 데이터를 수집해야 했다. 캐나다 오타와에 있는 캐나다 지질조사국은 슈피리어 Superior 대륙괴(이 대륙괴의 북쪽 주변부를 이루는 슈피리어 호수에서 이름을 따옴)의 지역 지질학에 대한 연구를 이미 많이 진행한 상태였다. 하지만 쉴 줄 모르는 블레이커는 다른 조사 연구 과학자들이 거의 가지 않는 노스웨스트 준주의 툰드라 지역으로 나아갔고, 이곳에서 몇 년 전의 호프먼과 보우링처럼, 현장 지질학적 터전을 세우고, 세계에서 열 번째로 크고 북아메리카에서 가장 깊은 호수인 그레이트슬레이브호에서 이름을 딴 슬레이브Slave 대륙괴를 연구했다. (웅장한 장소에 어울리지 않는 '노예'라는 뜻의 '슬레이브'는 프랑스 모피 상인들이 크리족에게 들은 표현에서 유래한 것으로, 크리족은 자신들의 적인 데네족의 고향을 가리킨 것이었다.) 슬레이브 대륙괴는 외딴곳이라는 매력적인 특징 외에도 슈피리어 대륙괴와 멋지게 대조를 이뤘다. 블레이커는 두 대륙괴의 지질학적 내력에 크게 차이가 난다는 점에서 이들을 자신의 초대륙괴 가설을 검증할 출발점으로 삼았다. 만약 블레이커가 옳았다면, 슈피리어 대륙괴는 그가 '슈페리아Superia'라고 부르는 가상의 초대륙괴에 속해 있었고, 슬레이브 대륙괴는 그가 '스클라비아Sclavia'(그리스어로 '노예'를 뜻하는 'sclavos'에서 유래)라고 부르는 다른 초대륙괴의 일부였다(그림 35).

블레이커는 슬레이브 대륙괴에 또 다른 젊은 과학자인 중국 출신 펑 펑Peng Peng도 데려갔다. 만약 블레이커가 자신의 가설을 지구 규모의 접근법으로 검증하고자 한다면, 캐나다에 시생누대 대륙괴가 아무리 풍부하다고 해도, 그 경계를 넘어야 했다. 캐나다가 가설 검증을 시작하기에 좋은 장소이기는 했지만, 블레이커는 그 너머인 미국 와이오밍 대륙괴, 북중국 대륙괴, 인도 다르와르 대륙괴를 염두에 두고 있었다. 블레이커는 젊은 펑을 지도하면서 이 원대한 계획에서 중요한 인맥을 만들어가고 있었다. 동시에 블레이커는 펑을 돕기도 했다. 중국에서 촉망받는 젊은 지질학자인 펑은 명문 베이징대학교를 졸업했고, 실제로 맨틀 대류 모델링을 하는 난 장과 동문이었다. 펑이 영어 실력을 늘리고, 이 시대 최고의 시생누대 지질학자인 블레이커에게 지도받으러 캐나다에 왔을 때, 그는 베이징에 있는

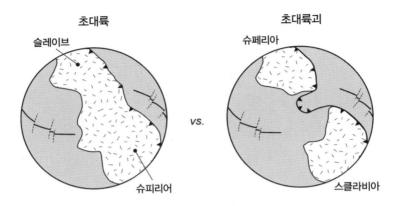

그림 35. 시생누대 시기의 두 경쟁 가설. 초대륙 가설에서, 모든 대륙괴는 지구 전체를 둘러싼 시생누대 초대륙으로 연결되어 있다. 반면, 초대륙괴 가설에서, 대륙괴들은 초대륙괴라는 집합체로 연결되어 있지만, 이 집합체들은 서로 분리되어 있고 지체구조적으로 서로 독립적으로 움직인다. Adapted from W. Bleeker, "The late Archean record: A puzzle in ca. 35 pieces," Lithos 71, no. 2–4(2003): 99–134.

중국과학원 지질 및 지구물리학 연구소의 부교수였다. 2009년에 펑을 만난 것이 인연이 되어, 지금 나는 중국에 있는 그 연구소에서 운 좋게 연구원으로서 경력을 쌓고 있다. 하지만 당시 지금보다 젊었던 펑과 나는 미숙한 점이 한두 개가 아니어서 북쪽 먼 곳에서 현장 조사를 하는 데 배울 점이 많았다.

블레이커는 펑과 나를 따로 훈련한 다음, 우리끼리 알아서 문제를 해결해나가도록 했다. 안타깝게도 우리는 시작부터 난항을 겪었다(내 잘못이다). 내가 북쪽으로 보낸 암석 드릴에서 중요한 부품이 하나 빠져 있었는데, 그것은 옐로나이프'시'에서는 구할 수 없는 것이었다. 우리는 지구 끝단에 있었고, 그야말로 문명과 야생의 경계에 있었다. 실제로 우리가 옐로나이프 동쪽으로 가는 '고속도로'는 한 호수에서 갑자기 끝이 난다. 이곳이 바로 '빙판길의 트럭 운전사들ice road truckers'이 얼어붙은 계절에 야생에 흩어져 있는 광산 캠프로 겨울 항해를 시작하는 지점이다. 다행히 지질학자에게는 지구 끝에서도 언제나 제 몫을 다하는 믿음직한 도구가 하나 있다. 바로 암석 망치(그림 36)다. 암석 망치는 일반 망치와 비슷하지만, 조금 더 무겁고 때로는 손잡이가 더 길어서 암석을 쪼갤 때 무게를 더 실을 수 있다. 나는 드릴을 못 쓰게 만들며 연구를 망치려고 작정했지만, 다행히 펑이 암석 망치 하나로 멋지게 문제를 해결했다. 덕분에 여행과 연구를 무사히 마칠 수 있었다.

미국 미네소타가 '1만 개 호수의 땅'으로 알려져 있을지 모르지만, 캐나다 북부에는 호수가 그보다 훨씬 많다. 그래서 캐나다 노스웨스트 준주에서 지질학을 연구하려면 수시로 물을 건너 암석 노두에 접근해야 한다. 블레이커는 보트를 타본 경험이 전혀 없는 내가 고무보트를 전문가처럼 다룰 수 있도록 훈련했다. 우리는 야외 작업용 차량 트렁크에 고무보트를 싣고 그날 건너야 할 호수까지 이동한 다음, 고무보트에 바람을 채워 넣고, 선외기를 장착한 뒤, 빠르게 호수를 가로질렀다. 그때까지 펑과 내가 채취한 샘플 대부분은 옐로나이프 동쪽과 서쪽의 고속도로를 따라 쉽게 접근할 수 있는 노두에서 나온 것들이었다. 우리는 드디어 이 지역의 크고 많은 호수를 건너, 더 외진 곳에 있는 노두를 목표로 삼기 시작했다.

우리는 그레이트슬레이브호의 울베이Wool Bay에서 샘플을 채취하며 정말 생산적인 하루를 보냈다. 목표는 26억 년 된 울베이 섬록암

그림 36. (왼쪽) 캐나다 노스웨스트 준주의 슬레이브 대륙괴에서 사용된 만능 암석 망치. 왼쪽에서 오른쪽으로, 저자와 펑 펑. Photo credit: Wouter Bleeker. (오른쪽) 바우터 블레이커가 왼손에 암석 망치를 들고 얇은 암맥을 조사하고 있다. Photo credit: Ross Mitchell.

으로, 화강암과 비슷하지만 분별 결정화가 덜 진행된 아름다운 반점이 있는 암석이었다. 이 암석은 블레이커의 초대륙괴 가설을 검증할 수 있는 이상적인 암석 유형이었다. 첫째, 이 암석은 시생누대 시기에 만들어졌다. 그리고 이미 지르콘 결정에 기반한 우라늄-납 지질연대 결정법으로 정확하게 연대가 측정됐다. 둘째, 섬록암은 화강암과 현무암의 중간 조성을 가진 암석으로, 고지자기 연구에서 화강암보다 적합했다. 그리고 울베이 섬록암은 화강암보다 철이 풍부하며, 중요한 자성 광물인 자철석을 현무암만큼이나 많이 함유하고 있었다. 샘플링 작업을 앞두고 모든 조건이 완벽하게 갖춰졌고, 그때까지만 해도 작업이 문제 없이 진행되고 있었다. 하지만 모든 지질 현장 조사에서 한 가지 확실한 것은 계획대로 되는 일은 절대 없다는 것이다.

펑과 나는 그날 섬록암 샘플을 한 묶음이나 모았고, 해가 지는 호수를 가로지르며 의기양양하게 집으로 돌아가던 길이었다. 옐로나이프가 북극권 바로 아래에 자리한 만큼, 늦여름 이맘때의 일몰은 아마 밤 9시경이었을 것이었다. 우리는 길어진 해를 최대한 활용해서 온종일(밤까지!) 알차게 시간을 보냈다. 모든 게 계획대로 순조롭게 흘러가는 듯했다. 그때 보트가 덜컹거리기 시작했고, 마음의 준비를 할 새도 없이 엔진이 멈췄다. 그러자 동력을 잃은 보트도 곧 멈췄다. 호숫가에 가까웠지만, 비상용으로 준비해 간 카누 노를 써서 암석 샘플이 가득 찬 대형 고무보트를 저어갈 만큼 가까운 거리는 아니었다. 우리는 곤경에 빠졌다.

당시 학생이었던 나는 학생들이 하는 일을 했다. 절차대로 하나씩 시도해보았다. 하지만 모터는 움직일 기미가 보이지 않았다. 엔진이 침수될까 두려운 마음에 몇 번 시도하지도 않았지만, 매번 아무 일도 일어나지 않았다. 절차는 소용이 없었다. 이제 비판적 사고를 할 시간이었다. 학생들은 학교에서 필수로 배우지만, 인생을 살면서 자연스럽게 발생하는 문제를 처리해나가는 경험을 통해 익히기도 한다.

펑은 한 번도 보트를 운전해본 적이 없었다. 절차도 몰랐다. 하지만 그는 내가 하지 못한 일을 할 수 있었다. 바로 침착함을 유지하는 것이었다. 선외기를 다루어본 적은 없었지만, 훌륭한 지질학자로서 관찰하는 법을 알았다. 나는 모터에 문제가 있다고 생각했다. 그래서 공기 흡입 조절 장치, 날개깃, 심지어 엔진 덮개 아래까지 확인하고 또 확인했다. 하지만 문제점을 찾을 수 없었다.

내가 점점 좌절하면서 화가 나기 시작할 때, 펑은 차분하게 가스통이 찌그러진 것 같다고 했다. 통을 보니 마치 산소가 충분히 공급되지 않은 것처럼 쪼그라들어 있었다. 나는 절차에서 중요한 초기 단계를 놓쳤다. 점검 목록을 살필 때 공기 흐름을 다시 확인하는 것을 잊었다. 가스통 위쪽 밸브가 살짝 열려 있어야 공기가 흘러들어 가는데, 밸브가 닫혀 있었다. 외부 공기의 양압이 없으니, 가스가 모터로 내려가지 않았던 것이다. 펑이 밸브를 열어 공기를 흐르게 하자 한동안 멈춰 있던 모터는 다시 작동했고, 우리는 길을 마저 갈 수 있었다. 그날 밤 먹었던 맥주와 치킨윙(밤늦게 문을 연 피자집에서 중국 음식에 가장 가까운 메뉴)은 유난히 맛있었다.

★ ★ ★

펑과 내가 힘들게 모은 섬록암 샘플은 블레이커의 초대륙괴 가설을 검증하는 데 필요한 정보를 분명히 알려줄 것이다. 하지만 우리가 수집한 샘플의 비밀을 밝히려면, 예일대학교 실험실로 돌아가 자력계로 신중하게 측정해야 했다.

우선, 초대륙괴 슈페리아의 일부로 추정되는 슈피리어와 주변 대륙괴 무리에서 얻은 기존 고지자기 데이터는 이 시기(약 26억 년 전)에 고高위도 결과를 나타냈다. 그리고 초대륙괴 슈페리아로 추정되는 대륙괴들의 고지자기 극 역시 모두 이들 대륙괴 위에 위치했다. 다시 말해, 고지자기 극을 사용해 슈페리어를 이루는 대륙괴들의 고대 위도, 즉 고^{古}위도를 재구성하려면, 극을 북극으로 회전시키고 그에 따라 대륙괴들도 함께 회전시켜야 한다. 슈페리아의 극이 재구성을 적용하기 전에 각 대륙괴 위에 위치하는 경향이 있었기 때문에, 극이 북극으로 회전하면, 대륙괴들도 함께 이동하며, 추운 극지방에 정확히 놓이게 됐다.

슬레이브 대륙괴에서 얻은 새로운 데이터는 이와 극명하게 차이가 났다. 처음으로 측정 결과가 나왔을 때를 지금도 기억한다. 나는 숨을 죽였다. 펭과 내가 채취한 섬록암 중 첫 샘플을 측정한 결과는 극 근처가 아니었다. 심지어 높은 위도 가까이에 있지도 않았다. 그 순간 팔과 목 뒤로 소름이 돋았다. 하지만 거의 동시에 측정값이 신뢰할 만한지, 아니면 그저 이례적인 값이 나온 건 아닌지 의심이 들기 시작했다. 다른 샘플도 비슷한 결과가 나올까? 아니나 다를까, 이후로 샘플이 잇따라 같은 결과를 보여주기 시작했다. 슬레이브 대륙괴가 약 26억 년 전에 적도에서 멀지 않은 따뜻한 열대 위도에서 햇볕을 쬐고 있었다는 것이다. 이 놀라운 결과에서 가장 중요한 점은, 슬레이브 대륙괴가 슈피리어 대륙괴를 비롯한 고^{高}위도 대륙괴 무리 근처에 없었음을 시사한다는 것이었다.[27]

실제로 우리 데이터는 슬레이브 대륙괴와 슈피리어 대륙괴가 서로 최대한 멀리 떨어져 있었음을 보여주었다. 채취한 암석의 연령이 너무 오래됐기 때문에, 우리는 고지자기를 측정할 때 자기의 방향이 북극을 가리키는지 남극을 가리키는지 확신할 수 없었다. 자기장

극성에 모호함이 있어서, 항상 두 가지 가능성을 모두 고려해야 했다. 만약 슬레이브와 슈피리어에서 측정된 극이 180도 차이가 난다면, 이는 실제로 구의 표면에서 두 지점이 가질 수 있는 가장 큰 지리적 분리인 셈이다. 하지만 자기 극성의 모호함 때문에, 두 극 중 하나를 반전시키면 실제로 두 위치는 같아진다. 그러므로 슈피리어 대륙괴와 연관된 대륙괴들의 고위도 극과 슬레이브 대륙괴의 저위도 극 사이의 약 90도 분리(그림 37)는 사실상 시생누대 시기의 고지자기 불확실성을 고려했을 때 대륙괴들이 서로 떨어져 있을 수 있는 최대 거리다.

슬레이브 대륙괴와 슈피리어 대륙괴 사이의 이러한 큰 지리적 간격은 시생누대에 초대륙이 존재했을 가능성을 뒷받침한다고 볼 수 없었다. 실제로 이 시기에 초대륙이 존재했다면, 우리가 아직 연구하지 않은 다른 모든 대륙괴는 이 두 대륙괴 집합체(그림 37) 사이의 틈을 적절히 메워야 했을 것이다. 박사 과정을 마친 뒤, 다른 대륙괴들이 연구에 추가됐지만, 이들 역시 슬레이브나 슈피리어 대륙괴의 주변에 무리를 이루고 있는 듯 보였을 뿐, 그 어떤 대륙괴도 간격을 채우지 않았다.[28] 물론 그런 역할을 한 대륙괴들이 있었을 수도 있지만, 만약 그런 지각 조각이 존재했다면, 이들은 어떤 이유에서든 맨틀로 다시 재활용되어 영원히 사라졌을 것이다. 따라서 시생누대 초대륙의 가능성을 완전히 배제하기는 여전히 어렵지만, 새로운 데이터가 추가될수록 그 가능성은 커지는 대신 점점 줄어드는 것 같다.

한편, 서로 떨어져 있는 슬레이브 대륙괴 무리와 슈피리어 대륙

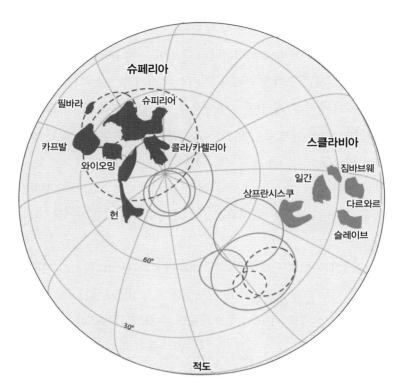

그림 37. 현재 재구성된 시생누대 초대륙괴들. 두 가지 다른 시기에 고지자기 극을 서로 겹치면, 대륙괴들은 두 집합체, 즉 두 초대륙괴를 형성한다. 슈페리아 초대륙괴의 고지자기 극은 점선으로, 스클라비아 초대륙괴의 고지자기 극은 실선으로 표시되어 있다. 소수의 고대 초대륙괴에서 갈라져 나온 조각인 대륙괴는 개별적으로 표시된다. Adapted from Y. Liu, R. N. Mitchell, Z. X. Li, U. Kirscher, S. A. Pisarevsky, and C. Wang, "Archean geodynamics: Ephemeral supercontinents or long-lived supercratons," Geology 49, no. 7(2021): 794–98.

괴 무리는 블레이커의 초대륙괴 가설을 전적으로 뒷받침한다. 게다가 이러한 지도는 고지자기 연구만으로 뒷받침되는 것이 아니다. 슈피리어 주변에 모여 있는 대륙괴들은 모두 정확히 같은 연대의 암맥

(지각 깊숙한 곳에서 얇은 판 모양으로 상승하며 화산 폭발을 일으키는 마그마 줄기)을 가지고 있었다. 게다가 이 암맥군의 방사형 패턴은 모두 같은 장소, 즉 항상 슈피리어 대륙괴의 가장자리를 향했다.[29] 이러한 암맥군이 형성된 이유는 고대 지괴가 성숙해가면서 초대륙처럼 지각 아래 맨틀 하강류가 맨틀 상승류로 진화했기 때문이다. 얼마 안 가, 이러한 깊은 맨틀 상승류에서 발생한 맨틀 플룸이 지각을 뚫고 표면을 찢고 나와 암맥이 공급하는 엄청난 양의 용암을 분출했다. 결국 이 고대 육괴가 분리될 때 이러한 플룸으로부터 마그마가 집중됐던 지점에서 분열이 일어났다.

그런데 하나로 통합된 초대륙과 달리, 초대륙괴는 여러 개였고 분리되어 있었다. 슬레이브와 그 주변 대륙괴들의 암맥군은 슈피리어와 그 주변 대륙괴들의 암맥 연대와 일치하지 않았다. 이 두 집합체는 지리학적으로나 지질학적으로 뚜렷하게 구별됐다. 이렇게 뒷받침하는 증거가 있는데도, 초대륙괴 가설은 아직 초기 단계에 머물러 있다. 과학에서는 가능한 한 모든 검증을 거치기 전까지는 어떤 가설도 받아들여지지 않는다. 하지만 저울이 초대륙괴 가설에 유리한 쪽으로 기울어지고 있는 것 같다. 만약 시생누대 초대륙이 형성되지 않았다면, 그 이유는 무엇일까?

* * *

지구의 맨틀이 오늘날과 같은 거대한 규모로 대류를 일으키는 한, 초대륙이 형성되는 것은 기본적으로 피할 수 없다. 지배적인 2도 맨틀 구조(두 반구의 정반대 위치에서 동등한 크기로 발생하는 상승류 두 곳과 그 사이 얇은 고리 형태의 맨틀 하강류 하나)에서 대륙들은 불의 고리를 따라 분산되어, 결국 충돌하게 될 것이다. 오늘날에도 대륙들이 불의 고리를 따라 흩어진 상태에서, 유라시아라는 거대 대륙은 이미 확장되고 있고, 멈출 조짐이 보이지 않는다. 오스트레일리아는 충돌 경로에 있어 약 3,000만 년 이내에 유라시아와 충돌하며 이 거대 대륙을 '곧' 더 거대하게 만들 것이다. 그런데 과거에 지구가 1도 맨틀 구조였을 때에는 모든 대륙을 한곳으로 모으는 일이 더욱 불가피했을 것이다. 전 지구적 맨틀 대류라는 거대한 규모에서 초대륙 형성은 자연스러운 현상이 된다. 이것이 지난 20억 년 동안 세 개의 초대륙이 존재했던 이유일 것이다(그림 38). 그리고 네 번째 초대륙이 다가오는 지금, 초대륙 순환은 멈출 기미를 보이지 않는다. 따라서 시생누대에 초기 초대륙 형성을 잠재적으로 방해한 당시 맨틀 대류 구조가 어떤 모습이었는지 궁금해진다.

맨틀 대류의 컴퓨터 모델이 1도 맨틀 흐름, 즉 한쪽 반구에서는 상승류, 다른 반구에서는 하강류가 발생하는 것으로 귀결됐던 것을 생각해보자. 처음에 무작위로 다수의 작은 맨틀 상승류와 하강류를 놓고 보잘것없이 시작했지만, 시간이 지나면서 하강류는 하강류끼리, 상승류는 상승류끼리 결합해가다가 결국 하나의 상승류와 하강류만 남게 된다. 이러한 진화 시뮬레이션이 시생누대 초대륙괴들과 지구 최초의 초대륙인 컬럼비아 사이의 시기에 일어났을 것이다.[30] 만약 시생누대의 맨틀 구조가 1도 구조에 도달하지 않았다면, 초대륙은 형성될 수 없었을 것이다. 지리적으로 멀리 떨어져 있던 여러

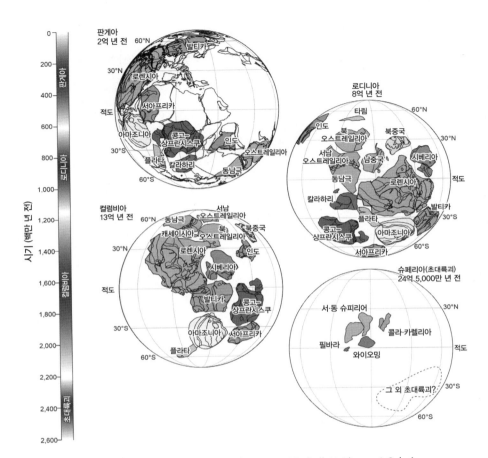

그림 38. 시간에 따른 초대륙들. Adapted from R. N. Mitchell, N. Zhang, J. Salminen, et al., "The supercontinent cycle," Nature Reviews Earth & Environment 2, no. 5 (2021): 358–74, published by Springer Nature.

맨틀 하강류는 시생누대 초대륙괴들이 모이는 중심지였을 수 있다. 하지만 그 사이에 수많은 맨틀 상승류가 존재했기 때문에, 초대륙괴는 서로에게서 격리됐고, 하나의 거대한 초대륙으로 통합되지 못했을 것이다. 따라서 지구 최초의 초대륙은 맨틀 대류를 기다려야 했다. 1도 흐름으로 진화할 때까지 기다려야 했을 텐데, 시간이 꽤 걸렸다. 약 20억 년 전 형성된 컬럼비아를 지구 최초의 초대륙이라고 한다면, 45억 4,300만 년 된 지구가 기다린 시간은 대략 25억 년이다.

다가올 초대륙

새로운 생각을 떠올리는 게 어려운 게 아니라,

낡은 생각에서 벗어나는 게 어렵다.

— 존 메이너드 케인스John Maynard Keynes

데이미언 낸스는 판게아 난제를 제기하기 전, 수재로 인정받는 동료인 토머스 워슬리Thomas Worsley와 함께 오하이오에서 현대 초대륙 연구를 이끌고 있었다. 이들은 먼저 시간에 따라 여러 초대륙이 발생하는 것을 보고, 과거와 미래의 '판게아들Pangeas'이라며 복수로 표현했다.[1] 그러다가 워슬리가 연구를 주도하면서 이들은 대략 5억 년 주기의 '판구조 거대 순환plate tectonic megacycle'과 '초대륙 통합-분열 모델supercontinent assembly-fragmentation model'이라고 다시 언급했다.[2] 그리고 마침내 1986년, 처음으로 '초대륙 순환supercontinent cycle'이라는 용어를 도입했다.[3] (논문이 학술지에 접수된 시점이 1985년 12월임을 고려하면, 저자들이 '초대륙 순환'이라는 표현을 탄생시킨 시기와 그해 초 3월 중순인 내 생일은 묘하게 가까워진다.)

몇 년 뒤, 이제 낸스가 연구를 주도하면서 초대륙 순환이 과학 잡지 《사이언티픽 아메리칸Scientific American》의 핵심 지면에 소개됐다.[4] 워슬리가 이끌던 이전 논문들은 영향력이 크고, 기술적으로 뛰어났으며, 당시로서는 혁신적이었다. 한편 《사이언티픽 아메리칸》에 실린 기사는 초대륙 순환이라는 초기 개념을 대중에게 널리 알리는 역할을 했다. 이 대중 잡지는 연구의 인지도를 높이는 데 탁월하며, 다른 과학자들이 자신의 가설을 검증하도록 유도하는 데 효과적이기도 하다. 몇 년 후, 폴 호프먼도 눈덩이 지구 가설을 발표할 때 같은 접근법을 취했다. 그는 먼저 《사이언스》에 기술 논문을 발표하고 《사이언티픽 아메리칸》에 더 접근하기 쉬운 기사를 발표했다. 과학적 가설 검증에서 인지도와 경쟁심은 중요한 요소다. 낸스 팀은 모델을 계속 개선해나갔지만, 이제 이들은 더 이상 혼자서 연구를 진행하지 않았다. 실제로 얼마 안 가 다른 연구자들이 초대륙 형성에 근본적으로 반대되는 견해를 제시했다.

* * *

오하이오 팀은 초대륙 순환의 첫 모델에서 다음과 같은 시나리오를 제시했다. (1) 판게아가 분열하기 시작했고, (2) 대서양이 열렸고, (3) 해저 확장으로 대서양이 더 넓고 오래된 바다가 됐다. 이제 미래를 예측해보면 (4) 나이 들고 밀도가 높아진 대서양 해양 지각의 한쪽, 또는 양쪽에서 섭입이 시작될 테고, (5) 결국 대서양이 소멸될 것이며, (6) 대륙들이 충돌하며 다음 초대륙을 형성할 것이다. 그리고 이 순환은 반복될 것이다. 오하이오 모델에서 초대륙이 분열하는 동안 열린 해양은 다음 초대륙이 통합되는 동안에 닫히는 해양이기도 하다. 따라서 기본적으로 대서양은 시간이 지나면서 열리고 닫히게 된다.

이러한 아코디언식 모델에 따르면 다음에 발생하는 초대륙은 이전 초대륙과 어느 정도 닮은 모습일 것이다. 정확히 말하면 판게아 분열 중에는 인도양도 열렸다. 앞서 언급한 것처럼 인도양과 대서양의 중앙 해령은 하나의 연속된 능선을 형성한다. 비록 낸스 팀은 논문에서 '대서양 유형'의 해양을 강조했을지 모르지만, 이들의 아코디언 모델의 개략도에는 분열 중에 열린 '내부' 해양의 범주에 인도양도 속해 있었을 것이다(우리도 이런 시나리오에서는 간단히 '대서양 모델'을 참고할 것이다). 이러한 내부 해양들이 닫히면 일부 대륙이 어느 쪽으로든 약간 회전하는 것 외에 미래 초대륙은 판게아와 대체로 닮은 형태로 같은 위치에 형성될 것이다.

오하이오 팀은 '아이는 부모를 닮는다'라는 말에 따라, 이들의 초기 모델에 과거와 미래의 여러 판게아를 언급했을 것이다. 이러한 대서양 중심 모델을 지지하는 또 다른 인물은 크리스토퍼 스코티스Christopher Scotese로, 그가 운영하는 고지도 프로젝트Paleomap Project는 연구자들에게 모델 실행 결과를 보여준다. 스코티스를 비롯해 내부 해양 폐쇄 모델을 지지하는 사람들은 이러한 미래 초대륙에 판게아 프록시마Pangea Proxima, 네오판게아Neopangea, 판게아 ⅡPangea Ⅱ 등 다양한 명칭을 제안했다(그림 39).[5] 스코티스는 다음 초대륙이 지구의 마지막 초대륙이 되리라는 생각에 판게아 울티마Pangea Ultima라는 이름을 제안하기도 했다. 하지만 이에 대한 논거는 불분명하다.

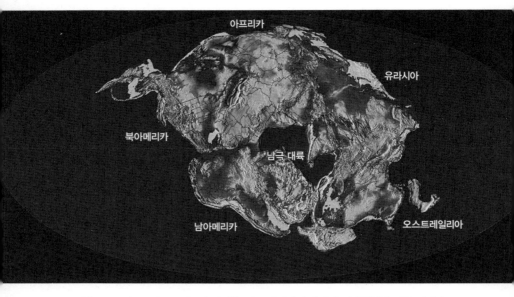

그림 39. 크리스토퍼 스코티스가 제시한, 내부 대서양이 폐쇄되는 '내향형'에 따른 판게아 프록시마. Image credit: Pangea Proxima by C. R. Scotese, PALEOMAP Project.

오하이오 과학자들은 연구 결과를 논문으로 계속 발표해가면서 자신들의 대서양 주장에 논리를 제시했다. 이들은 이전에 언급된 월슨 주기를 따랐는데, 이는 해저 분지가 열리고 닫히는 생활 주기를 설명한다(그림 10). 해저 분지는 수명이 짧고, 생애 단계가 대략 예측이 가능하다는 것을 떠올려보자. 월슨 주기와 같은 시나리오에서 처음 세 단계는 단순한 역사적 사실이며, 우리가 알고 있는 내용은 이미 판게아 분열 이후 벌어졌다. 그래서 연구자들은 대서양이 줄어드는 상황, 즉 섭입 단계에 대해서만 추측하기 시작한 것이다. 섭입 개시는 여러 잠재적 메커니즘이 작용해서 크게 논란이 되는 주제다.[6]

1980년대 말, 낸스와 동료들은 섭입의 핵심이 대륙 주변부에 있는 해양 지각의 노령화라고 판단했다. 이미 논의한 바와 같이 오래된 해양 지각은 중앙 해령에서 상승하는 뜨거운 맨틀로부터 멀어질수록 냉각되고, 시간이 지나면서 현무암질 공극 속으로 바닷물이 스며들어 점점 수분을 머금게 되기 때문에 밀도가 높아진다. 역시 앞서 다루었던 것처럼 밀도가 높아진 해양 지각은 부력이 줄어들어 섭입을 위한 최적의 상태가 된다. 이런 의미에서 당시 대서양에서 실제로 섭입이 일어났다는 증거는 거의 없었지만, 낸스의 추측은 그다지 비합리적으로 보이지 않았다.

오늘날 이 모델을 지지하는 사람들은 작은 섭입대가 존재하는 두 장소를 지목하며, 심지어 세 번째 섭입대가 막 열리려 한다고 주장하기도 한다. 실제로 대서양에는 작기는 해도 제대로 된 섭입대가 두 곳 존재한다. 하나는 소앤틸리스 제도 근처(소앤틸리스호, Lesser Antilles arc)이고, 또 하나는 사우스조지아 사우스샌드위치 제도 근처(스코티아호, Scotia arc, 동명의 스코티아해는 남극 반도 근처의 섬을 탐험한 노르웨이 선박에서 이름을 따왔다)다. 섭입되는 해양 지각이 탈수되면서 용융된 마그마를 생성하고, 이 마그마가 상승하여 섭입대 위의 화산섬이 화산호를 이룬다는 것을 기억하자. 지구상에서 섭입은 대부분 태평양을 둘러싼 불의 고리를 따라 발생한다. 이 두 장소는 사실 지체구조적으로 고요했을 서부 대서양을 태평양 섭입이 침범한 곳이다(그림 40). 그런데 이런 식으로 태평양 섭입이 침범하는 것은 대륙 사이의 위도 간격에서만 해당한다. 예를 들면 카리브해 섭입대는 북아메리카와 남아메리카 사이를, 스코티아 섭입대는 남아메리카와 남극 대륙 사이를 침범했다. 하지만 대서양을 폐쇄하려면 대서양의 넓은 지역에 걸쳐 경도상으로 섭입이 일어나야 하며, 대륙들을 원래 위치였던 아프리카로 어느 정도 다시 데려와야 했다. 이를 위해 대륙 사이의 틈새에서뿐만 아니라 대서양의 대륙 주변부 중 최소한 한 곳에서 섭입이 발생해야 한다. 현재로서는 대서양의 대륙 주변부를 따라 섭입이 발생하고 있다는 증거는 없다(그림 40).

그런데도 대서양 모델 지지자들은 적어도 이를 시사하는 증거가 있다고 주장한다. 스페인과 모로코 사이에서 얕기로 소문난 지브롤터 해협 아래, 대서양 영역에 해당하는 또 다른 잠재적 섭입대가 있다는 것이다. 소앤틸리스호나 스코티아호와 달리, 지브롤터호는 대서양 동부에 있다. 그런데 지브롤터호 바로 서쪽, 대서양 자체에서 단층들이 형성되고 있다. 판이 수렴하면서 서로를 압축하는 섭입대처럼, 대서양 동부의 이러한 단층들은 '충상衝上, thrust' 단층으로, 압축력이 한 지괴를 다른 지괴 위로 밀어 올리는 구조다. 일부 연구자들은 지브롤터호 동쪽의 이러한 충상 단층을 대서양 동부에서 섭입이 시작될 조짐으로 보기도 한다.[7] 정확히 말하면 실제로 대서양 동부에는 충상 단층들이 존재하지만, 아직 섭입대는 형성되지 않았다. 하지만 제대로 논의하기 위해 언젠가 지브롤터호가 이러한 충상 단층을 향해 서쪽으로 이동하면서 대서양 동부에서 섭입이 개시된다고 가정해보자.

대서양 이론 지지자들은 이 시나리오에 따라 섭입이 대서양을 침입하고 있는 장소는 모두 세 군데라고 주장한다.[8] '섭입 침입 subduction invasion'은 재미있는(그리고 나름 라임도 맞는) 비유이지만, 이

소앤틸리스호

지브롤터호

스코티아호

그림 40. 대서양의 폐쇄를 예측하는 내향형 모델. 세 개의 호 체제가 섭입의 전조로 여겨진다는 이론에 기초한다. 이렇게 섭입이 대서양의 수동형 대륙 주변부를 따라 광범위하게 시작된다면, 언젠가 대서양이 소멸할 것이다. 하지만 현재 이런 섭입이 발생하고 있다는 증거는 없다. Adapted from J. C. Duarte, W. P. Schellart, and F. M. Rosas, "The future of Earth's oceans: Consequences of subduction initiation in the Atlantic and implications for supercontinent formation," Geological Magazine 155, no.1(2018): 45 – 58.

러한 작은 기습조 세 곳이 어떻게 대서양 전체를 정복할지 과학적 메커니즘을 고려해야 한다. 소앤틸리스호와 스코티아호가 각각 대륙 사이에서 발생하는 것처럼, 지브롤터호도 아프리카와 유라시아 대륙 사이에 있다. 그러므로 현재 상황에서 보면 대서양 대륙들 **사이**에서 섭입이 발생하고 있지만, 대륙 주변부를 **따라** 발생하는 것은 아니다. 이 차이는 작아 보이지만, 잠재적으로는 시사하는 바가 크다.

섭입 침입 모델은 이러한 섭입대들이 결국 대서양의 실제 대륙 주변부를 따라 확장되어야 한다. 그러나 현재로서는, 이 세 기습조 중 어느 곳도 그런 원대한 목표를 품고 있다는 증거가 없다. 다시 말해, 이 세 섭입대 중 어느 곳도 주요 대륙 사이에 있는 작은 해양 지각을 넘어 진출한 적이 없다. 어느 조도 대서양을 폐쇄하려면 반드시 넘어야 할 실제 방어선인 대륙 주변부를 **따라** 확장될 조짐이 아직 보이지 않았다. 이 가설을 뒷받침할 증거가 없다고 해도, 우리는 이론적 근거에 따라 그 타당성을 평가할 수 있다.

이렇게 침입하는 섭입대가 대서양을 섭입하려면 극복해야 할 힘은 무엇이고, 성공할 가능성은 얼마나 될까? 낸스 팀이 대서양 대륙 주변부에서 섭입이 시작되리라고 예측한 주된 이유가 이곳이 대서양에서 가장 오래되어서 결과적으로 가장 밀도가 높은 해저이기 때문이라는 사실을 떠올려보자. 이 말이 사실이라도 고려해야 할 다른 사항들이 있다. 대서양처럼 거대한 바다가 열리려면 수억 년이 걸리는데, 대서양은 조금 있으면 2억 번째 생일을 맞이하게 된다. 중앙 해령에서 해저 확장 중에 형성되는 해양 지각의 두께는 맨틀 온도에 정확히 비례한다. 맨틀이 더 뜨거우면 더 많은 용융물이 생성되어 더 두꺼운 해양 지각이 만들어진다. 그리고 맨틀이 차가울수록 용융물이 적게 생성되어 얇은 해양 지각이 만들어진다.

실제로 데이터가 이를 정확히 보여주고 있으며, 이는 대서양뿐만이 아니라 모든 해저 분지에서 공통으로 나타난다.[9] 대서양, 인도양, 태평양에서 가장 오래된 지각이 가장 두껍고, 연령이 젊어질수록 얇아진다. 그러나 실제로 이 두께의 효과는 외부 해양인 태평양보다 내부 해양인 대서양과 인도양에서 훨씬 뚜렷하게 나타난다. 사소해 보여도 의미심장한 이런 차이는 초대륙 판게아 밑에 있는 과열된 맨틀이 소산되어야 할 맨틀 열을 추가로 제공했다는 사실로 설명되는데, 이와 같은 현상은 태평양이라는 외부 영역에서는 존재하지 않았다. 따라서 내부 해양(대서양과 인도양)의 가장 오래된 지각은 지구상에서 가장 두꺼운 해양 지각이다. 이 흥미롭고 극단적인 특징은 내부 해양들의 이러한 가장 오래된 대륙 주변부에서 섭입을 시작하는 데에 매우 불리하게 작용하는 것으로 밝혀졌다.

이러한 대륙 주변부는 '수동형 주변부'라고 불리는데, 그 이유는 지각 활동이 없기 때문이다. 대륙 지각과 해양 지각의 경계임에도 불구하고, 이들은 판 경계가 아니다. 초대륙 형성의 아코디언 모델은 바로 이러한 수동형 주변부에서 갑자기 섭입이 나타나기를 바라는 것이다. 하지만 이 수동형 주변부가 갑자기 활성화할 가능성이 있을까? 그렇지는 않을 것이다. 지각은 두꺼울수록 단단하다. 단단한 지각은 구부러지거나 부서질 확률이 낮다. 하지만 섭입이 시작되려면 구부러지고 부서져야 한다. 수동형 주변부의 오래되고 두꺼운 지각도 매우 단단하다.[10] 낸스와 동료들이 원래 예상했던 것처럼 지각의 밀도 때문에 섭입이 일어날 수도 있지만, 수동형 주변부에서는 섭입대가 먼저 형성되어야 한다. 하지만 수동형 주변부가 섭입을 시작하기에 이상적인 장소가 아니라는 또 다른 이유가 있다.

수동형 주변부는 기본적으로 형성된 지 오래됐고, 한쪽에는 대륙이 있다. 이 두 가지 특징 때문에 수동형 주변부는 위에 매우 두꺼운 퇴적물 더미가 쌓여 있다. 이 퇴적물은 근처 대륙에서 흘러나와 대륙 주변부를 따라 쌓인다. 대륙 주변부에서 멀어질수록 퇴적물은 줄어든다. 따라서 해양이 처음 열렸을 때 형성됐고, 늘 퇴적물을 흘리는 대륙에 가까이 있는 가장 오래된 해양 지각은 두꺼운 퇴적물 층으로 덮여 있다. 이 대륙붕의 퇴적물은 무거워서 아래에 놓인 해양 지각에 응력應力을 가하게 되는데, 이 응력은 섭입을 시작하게 할 만한 유형이 아니다. 오래된 해양 지각에 퇴적물을 더 쌓아 올리면 확장성 응력이 가해지지만, 이는 섭입이 발생하는 데 필요한 압축성 응력이 아니다.[11] 수동형 주변부가 받는 응력은 주변부를 확장하는 힘이어서, 섭입을 촉진하게 할 만한 유형과는 상반된다.

대서양이 폐쇄될 가능성은 완전히 배제하기는 어렵지만, 그렇다고 진지하게 논할 정도도 아닌 것 같다. 대서양에서 가장 오래된 해양 지각이 특정 '나이'에 도달하면 갑자기 밀도가 충분히 높아져 자발적으로 섭입을 시작한다는 개념은 이론으로 뒷받침되지 않을뿐더러, 대서양 동부 혹은 서부 대륙 주변부 어디에도 이런 현상이 발생하고 있다는 증거가 없다. 그리고 대서양 가장자리에 있는 대륙 사이의 해양 지각에서 발생하는 세 개(혹은 두 개)의 섭입대를 앞으로 더 많은 섭입이 발생할 조짐이라는 뜻에서 '침입'으로 해석하는 것은 주목할 만하지만, 그저 암시적일 뿐이다.

'침입'이라는 표현 전에 사용된 비유는 '감염'이었다. 자연 상태 그대로였던 해저 분지에 섭입대가 도입되는 것은 비유적으로 말하면 '감염된' 해저 분지가 비감염 분지와 접촉해 감염시키는 과정으로 볼 수 있다. 하지만 비유가 적절하다고 해서 모델들이 오래 지속되는 것은 아니다. 이 비유를 떠올린 저자들도 대서양 수동형 대륙 주변부의 대쪽 같은 면을 마주하고 나서는 그저 오래된 해양 지각이 무거워진다는 이유만으로 이런 장소에서 섭입이 시작될 수는 없다고 결론 내릴 수밖에 없었다.[12] 곧 확인하겠지만, 침입하는 섭입대가 대서양 전체를 대대적으로 침략하려는 의도가 아니라고 해석하는 다른 방법들이 있다.

과학에서는 한 가설이 제안되면 자연스럽게 그에 따른 여러 대안 가설이 잇따라 등장하기 마련이다. 이는 낸스와 동료들이 윌슨 주기와 유사한 방식으로 대서양이 닫힐 것이라는 가설을 제안했을 때에도 마찬가지였다. 대서양은 실제로 닫힐 수 있지만, 누구도 수정 구슬로 미래를 확인할 수는 없기에 우리는 대안들도 함께 고려해야 한다.

★ ★ ★

이 시점에서 폴 호프먼이 마지막으로 한 번 더 등장한다고 해도 그리 놀랍지 않을 것이다. 정말 놀라운 것은 그의 판지 모형도 역시 마지막으로 한 번 더 등장한다는 점이다. 물론 호프먼이 1991년《사이언스》에 발표한 논문은 몇 년 후 정상 리와 그의 팀이 GIS 기반으로 지질학적 데이터 집합을 조작한 것에 비하면 실행 면에서 조잡해 보일 수 있다. 그럼에도 호프먼의 개념적 사고 측면에서 그가 판지로 달성해낸 것은 바로 초대륙 형성의 차기 개념적 모델이었다. 하지만 호프먼은 혼자서 이 일을 해내지 않았다.

초대륙 로디니아에서 중앙에 있던 로렌시아의 주변 대륙들이 거대 대륙 곤드와나로 합쳐지는 과정을 호프먼이 부채 모양으로 표현했던 것을 기억할 것이다(그림 17). 그때 이후로 로디니아에서 로렌시아 주변 대륙들의 배치는 확실히 조정됐다(특히 로렌시아의 수수께끼 같은 서부 대륙부는 지금도 계속 조정이 이루어지고 있다).[13] 그런데도 기본 전제는 변하지 않았다. 바로 로디니아 시기에 로렌시아 양쪽에 있던 대륙들이 언젠가 곤드와나에서 하나로 통합될 것이라는 점이다. 역시 호프먼다웠다. 그는 로디니아 분열에서 곤드와나 통합으로 넘어가는 전환 운동학을 기존 이론에 얽매이지 않고 설명해보려고 했다. 하지만 그 과정에서 널리 알려진 윌슨 주기 개념에 조심스레 의문을 제기했다. 해양은 열리자마자 바로 닫힐까? 일부 해양은 주기를 따르기 전에 한동안 뜸을 들이기도 할까? 남아프리카 지질학자 크리스 하트나디Chris Hartnady는 호프먼이 의도하는 바를 완전히 이해했다.

1980년대 후반까지 상식으로 여겨졌던 윌슨 주기에는 풀리지 않는 문제가 있었다. 그것은 바로 네 번째 단계인 섭입 개시로, 우리가 이미 논한 적이 있는 골칫거리였다. 이 문제는 실제로도 하트나디를 괴롭혔다. 하트나디는 수동형 대륙 주변부를 섭입대로 전환하는 데 필요한 응력을 계산해 윌슨 주기의 실현 가능성에 의문을 제기하기도 했지만, 선캄브리아 시대의 판게아 전신을 재구성하려는 초기 연구에도 참여했었다. 2장에서 언급한 호프먼, 달지엘 외 여러 과학자가 노력한 덕분에 리 팀이 업적을 내고 로디니아의 현대적 개념이 발달할 수 있는 길이 열렸다. 그리고 이러한 초기 재구성 과정에서 하트나디가 확인한 모든 내용은 아코디언식 윌슨 주기와 상충되는 것처럼 보였다.

호프먼이 고안한 방식, 즉 훗날 곤드와나를 이룬 대륙들을 로디니아에서 '뒤집어' 곤드와나로 만든 것을 보고 하트나디는 단순한 아코디언 모델에 의심을 품었다. 곤드와나 동부를 이룰 대륙들은 로렌시아의 동쪽 주변부에서 왔고, 곤드와나 서부를 이룰 대륙들은 로렌시아의 서쪽 주변부에서 왔다. 그런데 로디니아 시기에 로렌시아 양쪽에 있던 원시 곤드와나 중 어느 곳도 로렌시아에서 떨어져 나간 뒤 다시 돌아와 로렌시아와 충돌하지 않았다. 윌슨의 아코디언 모델이 예측한 바에 따르면 그랬어야 했지만, 어느 쪽도 돌아오지 않았다. 오히려 각 원시 곤드와나 대륙이 로렌시아에서 분리됐을 때 열린 해양들은 폐쇄되는 대신 로디니아에서 이들 외부에 있던 해양을 소모해가며 점점 넓어졌다. 즉, 내부 해양들이 넓게 열렸다가 다시 닫히는 아코디언 같은 대서양식 모델(윌슨 모델)과 달리, 내부 해양들은 계속해서 확장하고 외부 해양이 닫힌 것이다.

하트나디가 본질적으로 깨달은 것은, 판구조 운동이 구체에서 발생한다는 점을 고려했을 때, 윌슨 주기라는 2차원 세계에서는 보이지 않던 또 다른 가능성이 있었다는 것이다. 바로 태평양의 소멸이다. 그는 이 대안 모델을 '~을 넘어선' 또는 '~밖의'를 의미하는 접두사를 택해 초대륙 형성의 '외부형extraversion' 모델이라고 불렀다.[14] 이는 곤드와나 대륙들이 '뒤집어졌다'라는 호프먼의 주장을 더 잘 설명하기도 했지만, 이 대안 모델에는 이론적으로 바로 와닿는 한

방이 있었다. 외부형 모델은 윌슨 주기에서 가장 약한 고리인 대서양 유형 해저 분지의 섭입 개시라는 문제를 해결했다. 다시 말해 태평양이 대신 닫힐 수 있다면 대서양을 되돌릴 필요가 없었다.

하트나디의 모델은 여전히 2차원으로 묘사됐지만, 구체인 지구의 단면을 고려한 2차원 표현이었다(그림 41). 이 모델은 대륙들이 본래 위치로 다시 돌아가 충돌하는 대신, 뒤집어지며 새롭게 초대륙이 형성될 수 있다는 과정을 보여주었다. 하트나디는 이전 초대륙의 분열로 대륙 주변부가 변화하지 않고도 새로운 초대륙을 형성하는 간결함을 경험했다. 이는 윌슨 주기처럼 어떻게든 분열하는 주변부를 섭입대로 전환할 필요가 없었다. 즉, 외부형 모델은 판게아의 분열로 열린 대서양이 계속해서 확장되도록 하는 동시에, 초대륙 판게아를 둘러싸고 있던 기존 섭입대들은 계속해서 외부, 즉 태평양의 해양 지각을 소모하도록 했다. 외부형 모델은 현대 태평양이 한때 판게아를 둘러싼 더 큰 해양인 판탈라사Panthalassa에 비해 크기가 줄어든 이유를 설명할 수 있었다. 그런데 단지 태평양이 지난 몇 억 년 동안 줄어들었을 수도 있다고 해서 그것이 앞으로 태평양이 완전히 사라진다고 증명할 수 있을까?

하트나디의 선구적인 업적 이후로, 새로운 세대의 외부형 지지자들이 '태평양에게 소멸을'이라는 슬로건을 외치며 등장했다. 이러한 추가적 사항들은 내가 개인적으로 동의하든 안 하든 확실히 살펴볼 가치가 있다.

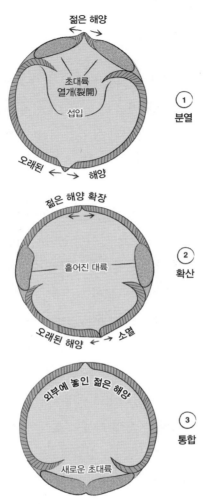

그림 41. 하트나디의 '외부형(extraversion)' 모델은 훗날 '외향형(extroversion)'으로 불리게 되며 '태평양이 소멸'하게 되는 상황을 예측한다. 2차원인 윌슨 주기와 달리, 하트나디는 지구의 2차원 단면도를 사용해 초대륙 순환 사이에서 번갈아 나타나는 내부 및 외부 해양을 구분했다. 외향형(외부 해양이 닫힘)에 의해 초대륙이 형성되는 동안 젊은 내부 해양이 어떻게 외부 해양으로 바뀌는지 주목하자. Adapted from C. J. H. Hartnady, "On Supercontinents and Geotectonic Megacycles," Precambrian Research Unit, Department of Geology, University of Cape Town, 1991.

★ ★ ★

판게아 난제를 제기한 낸스와 머피 역시, 우리 이야기에서 마지막으로 한 번 더 등장한다. 이번에는 그들이 현재 우리가 논의한 두 가지 초대륙 형성 가설을 찬찬히 살펴볼 차례다. 그들은 여기서 또 한 번 중요하지만 단순한 성과를 이루어냈는데, 바로 두 경쟁하는 가설에 기억하기 쉬운 이름을 붙인 것이다. 새로운 용어가 새로운 과학을 대체하지는 않지만, 이 경우는 블레이커가 만든 '초대륙괴'처럼 학자들 사이에서 환영받았다. 이미 논의 중이던 초대륙 형성의 양극단에 있는 가설에 단순한 이름을 붙였기 때문이다. 머피와 낸스는 대서양 유형의 내부 해양이 닫히는 것을 '내향형introversion'으로, 태평양 외부 해양이 닫히는 것을 '외향형extroversion'으로 언급했다.[15] 이것은 하트나디의 '외부형extraversion' 모델을 아주 약간 수정한 것이지만, 사람들에게 잘 알려진 성격 유형에서 표현을 빌려와 개념을 의인화했을 뿐만 아니라 경쟁 가설에 대칭성을 부여했다.

'태평양에 소멸을', 즉 외향형 모델이 설득력 있는 주된 이유는 태평양 거의 전체가 불의 고리라는 섭입대로 둘러싸여 있기 때문이다. 그러면 액면 그대로 봤을 때, 태평양이 사방에서 소모되고 있으니 언젠가 때가 되어 소멸하게 된다면 막을 방법은 무엇일까?[16] 나는 몇 가지 이유에서 이런 해석이 너무 단순하다고 생각한다. 우선 첫째로, 동태평양 해령East Pacific Rise(대서양 중앙 해령과 유사하지만, 태평양에 있는 중앙 해령)은 지구상에서 해저 확장이 가장 빠른 곳이다. 따라서 태평양 해저가 불의 고리를 따라 섭입으로 소모되는 동안에도 생산적인 동태평양 해령이 해저를 생성하여 보충하고 있다.

하지만 외향형 모델 지지자들은 동태평양 해령이 언젠가 '곧' (앞으로 1,000만~2,000만 년 후?) 섭입될 것이라고 지적하며, 수명이 정해져 있다고 주장할 것이다. 실제로 동태평양 해령의 북부 연장선은 이미 섭입됐고, 그 상호작용으로 현대의 샌앤드레이어스 단층을 비롯해 캘리포니아 해안선을 따라 운반된 작은 지각 블록이 뒤죽박죽 섞이며 복잡한 지형을 형성했다.[17] 게다가 남아메리카는 지난 1억 2,000만 년 동안 서쪽을 향해 계속해서 움직이고 있다.[18] 서쪽으로 이동하는 남아메리카 대륙 아래로 태평양 해저가 동쪽으로 섭입하면서 안데스산맥에서 거대한 화산호를 형성했다. 그러므로 외향형 모델은 동태평양 해령도 언젠가 안데스산맥 아래로 섭입될 것이라고 주장한다. 동태평양 해령을 잃는다는 것은 매우 끔찍한 일일 테지만, 이것으로 태평양의 운명이 이들의 예언대로 실현되는 것일까?

외향형 모델 지지자들은 외부 해양이 사라진다는 주장을 뒷받침하기 위해 서태평양에서 일어나는 독특한 섭입 현상을 자주 언급한다. 서태평양의 섭입대들은 해양-대륙 간 섭입대, 즉 안데스산맥의 대륙 호와는 현저히 다르다. 서태평양에서는 바닷속에서 섭입이 발생한다. 해양은 해양을 소모하고, 대륙은 이 과정에서 멀찌감치 떨어져 있다. 이러한 해양 간 섭입대들은 필리핀과 같은 열도를 형성하고, 해양 호(안데스산맥의 대륙 호와 반대)라고 불린다. 이러한 서태평양 해양 호가 태평양 해저를 서쪽으로 활발하게 섭입하고 있지만, 섭입대 해구의 위치는 동쪽으로 '후퇴roll back'하고 있다. 어떻게 이런 일이 가능할까? 작은 해양들, 즉 소규모 바다들이 존재하는데, 이들이 열리면서 섭입대 해구가 후퇴하기 위한 공간이 생긴다. 한국의 동해나 태즈먼해를 생각해보자. 이러한 좁은 해로들이 '배호분지back arc basin'라고 불리는 이유는, 이들이 섭입대 위로 생성된 방대한 화강암으로 이루어진 화산호 뒤편에 있기 때문이다. 그래서 동쪽에서 서쪽으로 이동하면, 먼저 연안 깊은 곳의 섭입대 해구를 만나고, 그 뒤로 일본 섬(화산호), 동해(배호분지), 마지막으로 중국 본토에 이른다. 동해는 해구가 동쪽으로 후퇴하면서 점점 더 넓어지지만, 태평양은 여전히 일본 아래에서 서쪽으로 섭입되고 있다.

따라서 이것은 외향형 지지자들이 태평양이 지금 한창 소멸하는 중이라고 판단하는 또 다른 이유다. 대서양이 계속해서 확장하면서 북미와 남미의 대륙 호들을 더 먼 서쪽으로 밀어내 태평양이 동쪽에서 소모되고 있을 뿐 아니라, 서태평양의 해양 호들이 후퇴하면서 서쪽에서도 소모되고 있다. 결국 불의 고리가 스스로 무너질 것이라고 본 것이다.[19] 케임브리지대학교의 로이 리버모어Roy Livermore 는 외부 태평양이 닫히며 형성될 초대륙을 '노보판게아Novopangea'라고 명명했다(그림 42). 이러한 외향형 지지자들은 태평양이 여러 이유로 양쪽에서 점점 작아지면서 무너지고 있지만, 사실상 같은 결과, 즉 '태평양에게 소멸을' 효과적으로 달성하고 있다고 주장한다. 그러나 외향형 지지자들이 반드시 설명해야 할 몇 가지 잠재적인 문제점들이 있고, 그중에는 태평양이 살아남을 방법도 포함된다.

대서양이 활발하게 확장하고 있고, 남대서양의 확장 속도가 북대서양보다 빨라서 남아메리카가 북아메리카를 따라잡고 있다는 사실은 누구도 반박할 수 없다. 현재 동서로 어긋나 있는 두 아메리카 대

그림 42. 로이 리버모어가 예측한 외향형 모델로 생성된 노보판게아. Adapted from Wikipedia with courtesy of the Creative Commons license CC BY–SA 4.0: https://commons.wikimedia.org/wiki/File:Image_200.00my_(Novopangea).jpg.

류 사이에 경도 차이가 너무 크다 보니, 북아메리카의 동부 해안(미국 뉴욕)이 남아메리카의 서부 해안(페루 리마)과 표준시간대가 같다. 경도 면에서 볼 때, 남대서양은 북대서양보다 4,000만 년 늦게 열렸기 때문에, 남아메리카는 그만큼 따라잡을 분량이 있었다. 하지만 그렇다고 해서 아메리카 대륙들이 태평양을 소모하기 위해 서쪽으로 무기한 진출할 것이라는 뜻은 아니다. 만약 남아메리카가 단순히 북아메리카를 따라잡고자 했던 것이고, 목적지에 도달해서 경도상 전진을 멈춘다면 어떻게 될까? 이번 장의 후반부에서 살펴보겠지만, 남아메리카는 현재 위치에서 이미 안정됐고, 아메리카 대륙들이 서쪽으로 전진하던 과거에서 벗어나 이제 서로를 향해 회전하는 미래로 넘어갈 가능성도 있다. 이 시나리오에서는 동태평양 해령이 반드시 소멸할 필요는 없을 것이다. 하지만 제대로 논의해보자는 의미에서 그렇다고 가정해보자.

　동태평양 해령을 소모하는 것이 태평양에 좋지 않은 영향을 미칠 수 있다는 점은 인정하겠다. 하지만 그렇다고 그것이 반드시 태평양의 종말을 의미하는 것은 아니다. 서태평양의 배호분지를 떠올려보자. 배호분지와 중앙 해령 간의 차이는 너비 외에는 논하기 어렵다. 만약 서태평양의 수많은 배호분지가 결합해 하나로 연결된 구조를 이룬다면, 서태평양을 따라 생겨나는 해저 확장의 융기선은 새로 형성된 중앙 해령과 매우 유사할 것이다. 즉, 동태평양 해령이 불가피하게 사라지더라도, 운명의 날이 오면 후계자가 등장해 태평양 해저를 보충하려고 준비할 것이다. 이러한 초기 서태평양 해령은 운이 다해 소멸할 위기에 놓인 태평양을 구원할지도 모른다.

　지금까지가 내향형과 외향형 모델에 대한 찬반 의견이다. 나는 현재 관련 분야에서 제안되고 지지받는 전통적 모델을, 해저 분지의 운명을 다룬 판구조론 모델로서 가능한 한 최선을 다해 평가했다.

＊ ＊ ＊

　1980년대 말 개념(내향형)과 1990년대 초 개념(외향형)이 등장한 이후로, 각 모델의 지지자들은 앞서 다룬 것처럼, 각 모델이 지각적으로 **어떻게** 실현될 수 있는지 설명하는 구조적 메커니즘을 언급했다. 하지만 이전까지 순수하게 운동학적이었던 두 모델에 여전히 남아 있는 문제는 '왜'다. 이 모델들은 무엇이 어디로 가는지는 알려주지만, 그 이유는 알려주지 않는다. 이후 몇 년에 걸쳐 추가된 지각 메커니즘(내향형 모델: 수동형 대륙 주변부의 지층 역전과 섭입 침입, 외향형 모델: 판의 전진과 후퇴의 조합)을 제시했지만, 이러한 모델들은 여전히 순수한 운동학적 모델일 뿐이다. '왜'라는 물음에 이런 모델들이 암시하는 이유는 그저 내부에 있든 외부에 있든 해양 하나는 본질적으로 폐쇄되어야 하기 때문이라는 것이다. 일부 연구자들은 내향형과 외향형이 **모두** 가능하다거나, 초대륙이 주기마다 메커니즘을 번갈아가며 발생할 수 있다고까지 주장하기도 했다.[20] 만약 두 모델이 서로 정반대임에도 둘 다 사실일 수 있다면, 수수께끼는 더 미궁 속으로 빠진다.

내향형과 외향형은 지구역학적 모델이 아니다. 다시 말해, 지각적 설명이 추가되더라도 이 모델들은 초대륙 순환의 역학에서 주된 요인인 맨틀 대류와 연결 고리가 없다. 이 책을 여기까지 읽은 독자라면, 오늘날 대륙의 배치가 결코 무작위가 아니었음을 이미 알고 있을 것이다. 아프리카가 판게아의 핵심으로, 대륙들이 아프리카 대륙을 중심으로 통합됐다가 흩어졌다는 사실을 떠올려보자.

현재 (아프리카를 제외한) **모든** 대륙은 평균적으로 아프리카에서 87도 떨어져 있다(그림 43). 이는 90도에 매우 근접한 것으로, 다시 말하면 아프리카에서 반구의 절반만큼 이상적으로 흩어져 있다. 우리에게 이미 친숙한 이 각의 관계를 묘사하는 법이 또 있는데, 바로 대륙들이 태평양 불의 고리를 따라 분산되어 있다는 것이다. 즉, 대륙들은 정확하게 아프리카판과 태평양판 사이에서 체계적으로 자리 잡고 있다. 우리는 일반적으로 영국 그리니치를 중심으로 임의로 경계선을 그어 동반구와 서반구로 나누어놓은 것을 경도라고 생각한

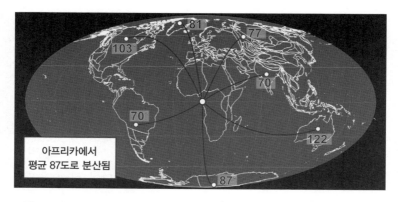

그림 43. 오늘날 대륙들의 직각 분포. 거리는 아프리카 대륙 아래의 지구 중심축(최소 관성 모멘트)부터 각 대륙에서 산출된 '중심점'까지의 길이로 측정됐다. 모든 대륙은 평균적으로 아프리카에서 87도 떨어져 있다. 아프리카는 마지막 초대륙이었던 판게아의 중심으로, 오늘날 대륙들은 이곳에서 흩어져 나왔다. 대륙들은 아프리카에서 가능한 한 멀리 벗어났지만, 그와 동시에 태평양 쪽으로 많이 가까워지지도 않게 체계적으로 분산됐다. 대륙들은 아프리카판과 태평양판 사이 중간 지점쯤에 분포되어 있음을 보여준다.

다. 하지만 지구는 사실상 반구들 사이에 자연적인 경도 구분이 있다. 바로 아프리카 반구와 태평양 반구로 아프리카 대륙을 제외한 대륙 전부가 그 사이에 끼어 있다.

오늘날의 대륙들이 체계적으로 배열되어 있다는 사실을 명확히 보여주는, 독특하면서도 유용한 도법이 있다. 아프리카와 태평양 아래의 두 맨틀 상승류 사이에 있는 맨틀 하강류 및 섭입의 띠가 중심이 되는 지구의 횡축 메르카토르Mercator 도법이다(그림 44). 이 관점에서 보면 모든 대륙(아프리카 제외)이 아프리카와 태평양판을 양분하는 일직선 안에 놓여 있다는 것을 쉽게 확인할 수 있다. 즉, 대륙들이 아프리카에서 가능한 한 멀리 이동하면서도 태평양에 너무 가까

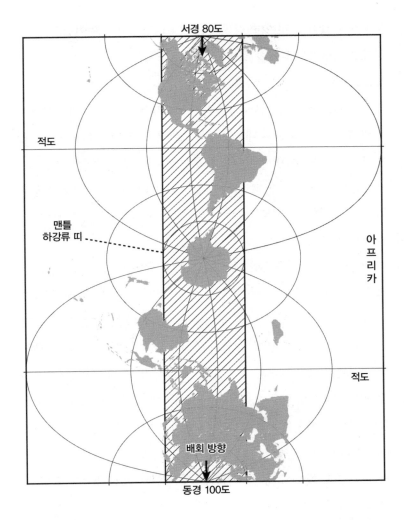

서경 80도

적도

맨틀
하강류 띠

아
프
리
카

적도

배회 방향

동경 100도

그림 44. 2도 맨틀 하강류 띠를 따라 일직선으로 놓인 대륙들. 아프리카는 마지막 초대륙 판게아의 중심으로, 다른 모든 대륙이 아프리카와 직교하여(약 90도 떨어져) 분포되어 있음을 강조하기 위해 지도에서 생략됐다. 직교형 가설에서는 대륙들이 이 영역대를 따라 서로 충돌할 예정이어서 정렬되어 있다고 예측한다. 이 지도는 배회 방향에 따른 경도를 중심으로 한 횡적 메르카토르 도법이다. 이 도법에서 가장자리는 아프리카와 태평양판으로, 배회의 두 반대 회전축이 발생하는 지점이다.

워지지 않았다는 것이다. 출발지인 아프리카에서는 멀어졌지만, 그렇다고 태평양을 엄습할 조짐을 보일 정도로 멀리는 아닌, 절충안을 찾은 것이다.

대륙들은 왜 이토록 체계적으로 분포해 있는 걸까? 아프리카에서 90도 떨어져 분포된 대륙들은 '직교直交' 상태에 있다고 할 수 있는데, 이는 아프리카와 직각을 이루는 위치에 있다는 뜻이다. 이런 기하학적 구조는 내가 제안하는 다음 초대륙 모델의 명칭에 영감을 주었다. 내향형, 외향형과 다르게 나는 이를 '직교형orthoversion'이라고 명명했다.

초대륙 순환 이론에서 각 모델은 서로 다른 해저 분지가 닫힌다고 예측한다. 내향형 모델은 다음 초대륙의 중심이 판게아와 비슷하다고 보고, 아프리카로 다시 모인다고 예측한다. 외향형 모델은 다음 초대륙이 이전 초대륙에서 180도 반대쪽, 즉 태평양 한가운데에서 형성될 것으로 예측한다. 직교형 모델은 이 두 기존 모델 사이 정중앙에 해당하며, 다음 초대륙은 아프리카에서 약 90도 떨어진 곳에 놓일 것으로 예측한다.[21] 이 영역대가 아프리카에서 분리된 뒤 현재 모든 대륙이 놓인 위치(그림 45)이므로, 오늘날 대륙들의 직각 분포는 직교형 가설을 크게 뒷받침하는 것으로 보인다. 내가 직교형 가설을 떠올리게 된 계기는 어릴 때부터 숱하게 봐 온 세계 지도에 이토록 대놓고 숨어 있던 명백한 증거 때문이 아니었다. 과학은 신비로운 방식으로 작동한다. 분명한 사실을 지루하게 설명하는 대신, 내가 실제로 이 가설을 어떻게 발전시키게 됐는지 함께 알아보는 편이 낫겠다.

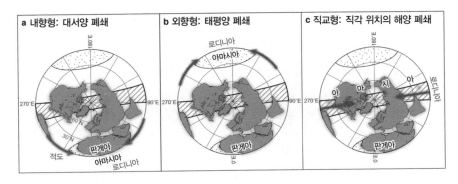

그림 45. 초대륙 순환 가설들. 미래 초대륙 아마시아의 위치를 세 가지 모델 (a) 내향형, (b) 외향형, (c) 직교형으로 예측했다. 판게아와 로디니아의 이름이 표기된 중심이 각 초대륙의 중심이라고 상정된 위치다. 적도 부근의 두 원(반점 표시)은 초대륙 형성으로 발생한 맨틀 상승류를 나타내고, 직교의 커다란 원형 띠 영역(사선 표시)은 판게아의 하강류/섭입 띠를 나타낸다. 모델 (c)에서는 아마시아가 판게아의 섭입 띠를 따라 어디서든 중심을 둘 수 있다고 예측한다. 화살표는 각 모델에 따라 해저 분지가 닫히는 위치를 보여준다. 대륙들은 현재의 좌표로 표시됐다. Adapted from R. N. Mitchell, T. M. Kilian, and D. A. D. Evans, "Supercontinent cycles and the calculation of absolute palaeolongitude in deep time," Nature 482, no. 7384(2012): 208–11.

＊ ＊ ＊

'직교형'이라는 용어를 만들고, 이 가설을 제안부터 검증까지 온전히 이끈 논문의 제1저자는 나이지만, 이 아이디어는 원래 내 것이 아니었다. 이 기본 개념은 내 박사 과정 지도 교수인 예일대학교의 데이비드 에반스가 논문에 몇 줄로 적은 예언적 문장에서 이미 제시된 바 있다.

"오래된 초대륙에서 분리된 조각들은 섭입-하강류 띠로 표류해 들어갈 수는 있지만, 그 이상으로 나아가지 않는다. 대신, 이 조각들은 하강류 지역에 갇힌다. (…) 다음 초대륙은 하강류 띠 내부에서 이러한 대륙 지괴들이 충돌하면서 형성된다. (…) 약 5억 년마다 맨틀 상승류와 하강류의 기본 대류 구조에서 약 90도 전환이 일어난다. 우리는 초대륙 형성으로 발생했지만 사라진 지 오래된 맨틀 상승류 지점들의 지질 기록을 과연 찾을 수 있을까?"[22]

난 실제로 찾을 수 있을 것 같았다. 지도 교수가 쓴 논문에서 가슴 설레는 새 연구 방향을 발견하자 마치 행군 명령이 내려진 듯한 기분이었다. 그래서 나는 그 명령에 따랐다.

에반스는 초대륙 순환과 관련해 또 다른 그림을 그렸고, 그의 비전은 낸스나 하트나디의 이전 버전을 뛰어넘었다. 낸스와 동료들이 윌슨 주기를 따르며, 2차원으로 초대륙 순환을 묘사했던 것을 기억하자. 그 뒤로 하트나디가 지구는 구체임을 고려하는 것이 중요하다는 것을 깨닫고, 초대륙 순환을 같은 2차원이지만 지구의 횡단면으로 표현하며 내향형(대서양 유형)과 외향형(태평양 유형) 해양을 구분할 수 있게 했다(그림 41). 에반스는 최초로 지구를 있는 그대로인 3차원으로 묘사했고, 이후로 모든 것이 바뀌었다. 하트나디처럼 2차원 단면도로 기본 개념을 전달할 수도 있겠지만, 3차원을 덧붙이면 내가 언젠가 '직교형'이라고 부르게 될 모델을 강력하게 설명할 수 있었다.

에반스의 3차원 초대륙 순환 모델(그림 46)의 핵심은 2도 대류의 우세로, 지구의 맨틀이 열원이 하나가 아니라 서로 반대편에 있는 두 개의 열원으로 이루어진 오븐과 같다는 개념이다. 이 구조는 오늘날 하부 맨틀에서 지배적인 형태로, 가장 잘 알려진 초대륙 판게

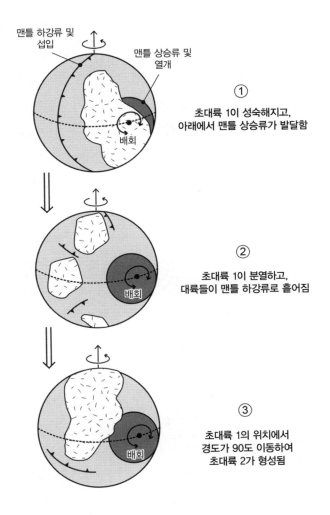

맨틀 하강류 및 섭입

맨틀 상승류 및 열개

배회

① 초대륙 1이 성숙해지고, 아래에서 맨틀 상승류가 발달함

배회

② 초대륙 1이 분열하고, 대륙들이 맨틀 하강류로 흩어짐

배회

③ 초대륙 1의 위치에서 경도가 90도 이동하여 초대륙 2가 형성됨

그림 46. 데이비드 에반스가 2도 맨틀 대류에 따라 예측한 3차원 초대륙 순환 모델. 초대륙의 중심에 경도상 90도 변화를 주어 다음 초대륙의 중심을 예측한 것으로, 나는 지도 교수인 에반스와 함께 초대륙 순환의 직교형 모델을 발전시킬 기반을 마련했다. 검은 선에 톱니 모양이 있는 것은 섭입대를, 검은 점은 진극배회(true polar wander)의 회전축을, 그리고 상단의 화살표는 지구의 자전축을 나타낸다. Adapted from D. A. D. Evans, "True polar wander and supercontinents," Tectonophysics 362, no. 1–4 (2003): 303–20.

아와 매우 밀접하게 연관되어 있다는 점을 떠올리자. 이제 에반스의 그림을 떠올리며 그가 논문에 표현한 예언자다운 발언을 하나하나 되짚어보자. "오래된 초대륙에서 분리된 조각들은 섭입-하강류 띠로 표류해 들어갈 수는 있지만, 그 이상으로 나아가지 않는다. 대신, 이 조각들은 하강류 지역에 갇힌다." 우리는 장과 종의 모델링에 따라 초대륙이 이미 형성되고 그 아래에 맨틀 상승류가 발달한 상태에서 시작했다. 대륙들은 분리되어 초대륙 하부의 상승류에서 멀리 벗어나기는 하지만, 두 상승류 사이에 있는 하강류의 고리까지밖에 가지 못하고, 에반스의 표현을 빌리면, 가더라도 "그 이상으로 나아가지 않는다." 이렇게 갈라진 대륙들은 두 뜨거운 상승류 사이에 '갇힌 채', "다음 초대륙은 하강류 띠 내부에서 이러한 대륙 지괴들이 충돌하면서 형성된다." 이렇게 에반스는 다음 초대륙이 이전 초대륙의 중심에서 90도 떨어진 곳에 형성되리라 예측했다. 이 순환은 지속되며, 경도만 90도씩 이동했다.

과학자들은 항상 가정해야 하고, 에반스도 양면을 지닌 2도 맨틀 대류의 우세성을 가정했다. 그는 다음 초대륙이 판게아의 중심이었던 아프리카에서 90도 떨어진 곳에 형성될 것으로 생각했다. 판게아의 대륙들이 모두 한 번은 올라앉았던 맨틀 상승류가 여전히 아프리카 아래에 자리 잡고 있기 때문이다. 따라서 2도 대류로 아프리카가 중심에 위치하게 되는 이유, 그리고 지난 2억 년간 판구조 운동이 거의 없었던 이유가 설명된다. 하지만 다른 대륙까지 이 이론이 적용될 수 있을까? 에반스의 모델은 매력적인 개념이기는 하지만, 현재 우리가 살고 있고 그래서 잘 알고 있는 지구를 저 아래 하부 맨틀까지 설명할 수 있을까?

오늘날 대륙들이 아프리카와 직각을 이루며 체계적으로 배열된 이유가 이제 밝혀졌다. 대륙의 배열은 그 아래에 놓인 2도 맨틀 대류가 좌우한다. 즉, 아프리카판과 태평양판 아래에 있는 맨틀이 양쪽에서 각각 열원으로 쓰이며 오븐처럼 작용해 대륙들을 그 사이 차가운 맨틀 위로 정착시키는 역할을 했다. 한때 판게아의 중심에 있던 아프리카는 여전히 판게아 아래에서 발달했던 뜨거운 맨틀 상승류 위에 놓여 있다. 상승류 위에 오른 아프리카는 어떤 방향에서도 그다지 장력을 받지 않는다. 실제로 아프리카는 해저를 확장하는 해령에 거의 완벽히 둘러싸여 있고, 다수가 예상하는 것처럼 동아프리카 열곡대가 언젠가 중앙 해령으로 발달하면 더 완벽히 둘러싸이게 된다. 다른 대륙들은 모두 두 내부 해양, 즉 대서양과 인도양을 열면서 아프리카에서 벗어났다. 지난 1억 8,000만 년 동안 이런 내부 해양들은 대륙이 오늘날 위치에 도달할 때까지 꾸준히 넓어졌다. 모든 대륙이 단체로 아프리카에서 (거의 90도에 가까운) 87도 떨어져 분산되어 있다는 사실은 우연일까? 아니면 어떤 원대한 계획의 예상된 결과일까? 나와 에반스처럼 직교형 모델을 지지하는 사람들은 후자일 것으로 주장한다. 즉, 아프리카 주위로 대륙들이 90도 '직교' 상태로 놓여 있는 것은 모든 대륙에서 내부적으로 일치하기도 하지만, 2도 맨틀 대류 구조의 예측 결과이기도 하다.

대륙들은 아프리카에서 멀어지면서, 하부에 있는 맨틀 흐름에 따라 정해진 안무 속에서 움직인다. 그렇다면 아프리카에서 90도 각도로 멀어진 것이 특별한 이유는 무엇일까? 아프리카와 태평양판 아래라는 정반대 위치에서 거의 유사한 상승류를 지닌 2도 맨틀 흐름에 따르면, 이 두 상승류 사이에는 이들을 양분하는 하강류의 띠와 지구에서 섭입이 가장 많이 발생하는 불의 고리가 있다. 대륙들은 이렇게 과열되고 융기된 맨틀 상승류들 사이에 만들어진 고리 안에 놓여 있다. 그럼에도 누군가는 아프리카에서 거의 90도 떨어져 있는 오늘날 대륙의 배치가 그저 단순한 우연이 아닌지 우리가 어떻게 아냐고, 대륙들이 계속해서 분산을 이어가 90도를 넘어가지 않을지 우리가 어떻게 알 수 있냐고 물을지도 모르겠다. 외향형 지지자들은 이 같은 의문을 제기할 수 있을 테고, 실제로 나는 동료 평가 과정에서 이런 질문을 받았다. 다행히 역사적 데이터를 통해 오늘날의 대륙 배치가 우연이 아니고, 시간이 지나면서 대륙별로 나타난 현상이라는 점이 더욱 명확해졌다.

어쩌면 이 논의에 가장 적절한 반론은 남극에서 찾을 수 있을 것이다. 바로 남극 대륙이다. 남극 대륙은 남극점에 거의 정확히 놓여 있다. 두 방향에서 맨틀 열원이 존재하는 2도 맨틀 흐름이 우세한 세상에서, 이렇게 극지에 자리 잡은 남극 대륙도 적도 지대의 뜨겁고, 융기된 아프리카와 태평양의 두 상승류 사이에 완벽하게 갇혀 있다. 하지만 앞서 언급했듯이, 남극 대륙이 아프리카와 직교하는 위치에 있는 것이 딱히 특별하지 않다. 다른 대륙들도 마찬가지이기 때문이다. 다만 남극 대륙이 특별한 이유는 그 위치보다는 도달한 시점에 있다. 남아메리카와 같은 다른 대륙들은 이제 간신히 2도 하강류 띠에 도착했지만, 남극 대륙은 거의 1억 년 전에 먼저 도착해 있었기 때문이다. 하지만 에반스가 예측했듯이, 그때 이후로 더 멀리 나아가지는 않았다. 태평양을 침범하지도 않았고, 아프리카로 돌아가지도 않았다. 남극 대륙은 그 자리에서 그저 얼음 자세를 취해버렸다. 따라서 오늘날 대륙들의 직교형 분포는 미래를 예고한다고 볼 수 있다.

* * *

하지만 지난 수억 년 동안의 시간을 관찰하는 데 이용하고 있는 증거는 오직 판게아의 초대륙 순환과 현재의 초대륙 순환(후자는 아직 미완료 상태)뿐이다. 과거에 지구는 적어도 세 차례나 완벽한 초대륙 순환을 겪었다. 이러한 완성된 순환으로 초대륙 형성 방식을 여러 방면에서 검증할 수 없을까? 에반스가 대학원생 시절 쓴 예언적 논문을 읽으면서, 나는 초대륙 사이의 90도 재설정을 어떻게 검증할 수 있을지 고민하다가 아이디어를 하나 떠올렸다.

우리가 다소 장황하게 논의했던 진극배회, 줄여서 '배회'는 액체 상태의 외핵 주위를 단단한 지각과 맨틀이 회전하는 현상으로, 2장 끝부분에서 다루었다. 이는 그저 내가 손가락을 잃은 과정을 설명하기 위함이 아니었다. 우리가 극 배회를 열린 마음으로 대하는 데서 얻을 수 있는 풍요로움을 위한 것이기도 했다. 배회는 전체적인 맨틀 대류의 결과로 초대륙이 어떻게 형성되는지 이해하는 데 중요한 역할을 한다. 이 움직임이 모든 대륙에서 공유되므로, 실제로 대륙의 지각 구성을 파악하는 데에도 도움이 된다. 배회는 당시 대륙 이동설만큼이나 오늘날에 논란을 일으키는 주제이지만, 초대륙 순환의 세 가지 경쟁 모델을 검증하는 결정적인 방법을 제공한다.

배회는 단단한 지구(맨틀과 지각) 전체를 적도의 축을 중심으로 회전시키는 현상을 말하지만, 아무 축에서나 일어나는 것은 아니다. 여기서 중요한 물리적 개념은 '관성'으로, 이는 물체가 기존의 운동 상태를 유지하려는 질량의 물리적 나태함을 의미한다. 배회는 회전 운동과 관련이 있어서 '관성 모멘트moment of inertia'라는 용어를 사용하는데, 이는 회전하는 물체의 한 지점에서 더 빠르게 혹은 더 느리게 회전하는 것에 저항하는 성질을 일컫는다. 정의에 따르면 배회는 관성 모멘트가 최소인 축을 중심으로 발생하는 회전이다. 그렇다면 지구상에서 이 최소 관성 모멘트는 어디에 있으며, 그 이유는 무엇일까?

지구를 생각하기 전에 먼저 회전하는 물체의 최소 관성 모멘트를 이해하기 위해 연필을 예로 들어보자. 연필을 돌리는 가장 쉬운 방법은 무엇일까? 이처럼 차이가 극적으로 드러나는 물체를 사용하면 두 가지 선택지만 존재하는데, 이 두 선택지는 연필의 관성 모멘트라는 관점에서 볼 때 확실히 구분된다. 한 방법은 쉽고, 다른 방법은 그렇지 않다. 연필을 긴 축을 기준으로 회전시키기는 쉽다. 연필 끝을 잡고 팽이처럼 돌리면 된다. 이 단순하고 간결한 나선형 회전과, 짧은 축을 기준으로 연필을 회전시키려는 시도를 비교해보자. 일반적으로 물체는 긴 축, 즉 장축을 중심으로 회전할 때 최소 관성 모멘트가 발생한다. 그렇다면 지구에서 장축은 무엇일까?

다시 맨틀 대류의 중요성, 특히 2도 구조(지구 양쪽에서 발생하는 맨틀 열)로 돌아가자. 지구에서 가장 큰 덩어리는 하부 맨틀에 거울

상처럼 존재하는 두 LLSVP다(1장에서 무식하게 축약했던 단어를 기억하는가? 원래 이름은 대형 저속 전단파 지역Large low shearwave velocity province이다). 이 두 덩어리를 비롯해 이들과 연결된 대류성 맨틀 상승류가 지구의 장축에 해당한다. 오늘날 우리는 배회를 위성으로 매우 정밀하게 측정하는데, 배회가 발생하는 적도축은 지구 한쪽에서는 아프리카를, 반대쪽에서는 태평양을 정확히 관통한다. 섭입대에서 하강하는 섭입판과 상승하는 맨틀 플룸으로 인해 작은 질량 변화가 생기면, 지구는 안정적으로 회전하기 위해 새로운 축을 찾아 배회를 일으킨다. 그리고 배회가 지구를 다시 정렬하는 축은 서로 반대편에 있는 적도 위 두 LLSVP가 제어하는 최소 관성 모멘트 축이다.

하지만 여기서 중요한 것은 배회 축이 지난 초대륙인 아프리카의 중심을 관통한다는 점이다. 이제 우리는 에반스가 마지막으로 던진 수수께끼 같지만 흥미로운 마지막 질문, "우리는 초대륙 형성으로 발생했지만 사라진 지 오래된 맨틀 상승류 지점들의 지질 기록을 과연 찾을 수 있을까?"라는 질문으로 돌아가보자.[23] 초대륙 형성으로 발생했지만 사라진 지 오래된 상승류들, 즉 고대 LLSVP들은 우리에게 지난 초대륙들이 어디에 있었는지 알려줄 것이다. 초대륙 순환의 세 가지 경쟁 모델이 연속적인 초대륙의 경도를 서로 다르게 예측(그림 45)하기 때문에 고대 초대륙의 중심을 찾아 그 사이의 각도를 측정하면 이 세 가설들을 검증할 수 있을 것이다.

따라서 초대륙의 중심을 식별하는 방법을 찾는 것이 중요했다. 최근 판게아 초대륙 순환을 이용해 이제는 사라진 초대륙의 중심을 추정할 방법이 몇 가지 생겼다. 하나는 하부 맨틀에 있는 아프리카

LLSVP다. 판게아가 분리되기 직전의 시점을 재구성하면 초대륙은 아프리카 LLSVP의 위에 정확히 위치한다. LLSVP, 즉 초대륙에 관련된 맨틀 상승류는 현재 사라진 초대륙의 중심이 어디에 있었는지 알려주는 고대의 중요한 지표다. 하지만 안타깝게도 이 맨틀 구조는 지진학으로 얻은 현재의 순간 포착 사진일 뿐이다. 더 오래된 초대륙에 대해서는 지진학적으로 유추할 만한 맨틀 구조 이미지를 결코 얻을 수 없다. 그래서 판게아 이전 초대륙의 중심 위치를 찾으려면 다른 방법을 찾아야만 한다.

여기서 배회가 구원투수로 등장한다. 우리는 선캄브리아 시대 대부분에 걸친 고지자기 데이터를 보유하고 있다. 안 그랬다면 초대륙 로디니아와 컬럼비아, 그리고 시생누대의 초대륙괴들을 재구성할 수 있는 정량적 방법이 없었을 것이다. 고지자기 데이터는 판구조 운동으로 인한 대륙의 상대적 움직임뿐만 아니라, 배회에 따른 모든 대륙의 전반적인 움직임도 측정한다. 우리에겐 다행스럽게도 초대륙이 생성한 2도 맨틀 흐름 패턴이 지구를 독특한 형태로 만들어서 회전에 불안정성을 주었고, 그로 인해 배회가 발생했다.

지구는 회전하기 때문에 완벽한 구체가 아니라, 적도를 중심으로 부풀어 있다. 여기에 LLSVP와 이들과 연관된 대류성 맨틀 상승류까지 더해지면, 지구는 적도의 이 두 부분을 따라 더욱 부풀어 오르게 된다. 따라서 2도 맨틀 흐름에서는 배회가 최소 관성 모멘트를 지닌 장축을 중심으로 지구를 회전시키기 때문에 지구는 미식축구공이나 럭비공과 닮은 형태가 된다(그림 47). 지구 어느 곳에서든 약간의 질량을 더하거나 빼면 럭비공 같은 모양 탓에 세상은 장축을 중심으로

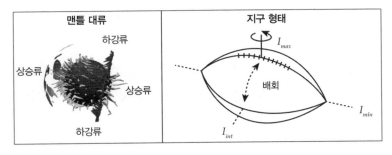

맨틀 대류	지구 형태

그림 47. 배회와 지구 형태. (왼쪽) 양면 가열인 2도 맨틀 대류. 지구의 핵은 구체의 중심이며, 그 위에는 두 맨틀 상승류(연회색)와 이를 양분하는 고리 형태의 맨틀 하강류(진회색)가 있다. Adapted from R. N. Mitchell, N. Zhang, J. Salminen, et al., "The supercontinent cycle," Nature Reviews Earth & Environment 2, no. 5 (2021): 358–74. (오른쪽) 2도 맨틀 흐름으로 미식축구공 형태를 띤 지구. 배회는 최소 관성 모멘트 (I_{min}), 즉 지구의 장축을 중심으로 발생한다. 나머지 두 축(최대 관성 모멘트 I_{max}와 중간 관성 모멘트 I_{int})은 거의 차이가 없어서, 지구가 초대륙 형성으로 이 같은 형태를 취할 때 질량이 조금이라도 더해지거나 빠지면 배회를 쉽게 유발할 수 있다. Adapted from D. A. Evans, "True polar wander, a supercontinental legacy," Earth and Planetary Science Letters 157, no.1–2(1998): 1–8, and P. F. Hoffman, "The break–up of Rodinia, birth of Gondwana, true polar wander and the Snowball Earth," Journal of African Earth Sciences 28, no.1(1999): 17–33.

나선형으로 회전할 것이다. 그래서 고지자기 데이터를 통해 감지한 배회 회전은 고지자기 극들이 만드는 선을 따라 궤적이 표시된다. 그 데이터를 선으로 맞추기만 하면, 그 선과 직각을 이루는 축이 바로 최소 관성 모멘트를 나타낸다. 이 최소 관성 모멘트로 각 초대륙의 중심을 꽤 정확하게 추정할 수 있다. 검증 준비는 모두 끝났다. 연속적인 초대륙 판게아와 로디니아의 배회 흔적을 사용해, 이들 각각의 최소 관성 모멘트 축을 찾고, 그 사이의 거리를 측정하는 것이다.

내가 직감적으로 떠올린 마지막 방법을 에반스 교수는 생각하지 못했던 것 같다. 우리는 배회를 사용해 초대륙 사이에서 90도 재설정이 이루어진다는 그의 가설을 검증할 수 있었다. 그뿐만 아니라 직교형 모델을 포함해 초대륙 순환의 세 가지 모델을 전부 검증할 수 있었다. 데이터가 직교형 모델을 뒷받침한다면, 이전 초대륙의 배회 축에서 다음 초대륙의 배회 축으로 90도 이동이 있었을 것이다. 하늘이 도왔는지 내가 박사 과정을 시작하기 몇 년 전, 급격히 요동치는 회전 현상을 진극배회로 해석한 결정적인 고지자기 논문들이 출간됐다. 나는 지구상에서 과소평가된 현상으로 진극배회에 흥미를 느끼고 있었는데, 이런 논문들이 등장하며 더욱 자신감이 생겼고, 내 감을 믿고 끝까지 해보겠다고 다짐했다.

* * *

데이터를 도식화한 뒤 예일대학교 에반스 교수의 고급스러운 사무실을 처음으로 찾아간 날이 잊히지 않는다. 에반스는 가죽 소파에 차분히 앉아 있었는데, 그곳에는 책과 논문, 지질도들이 가득해서 한 사람이 앉을 만한 공간밖에 남아 있지 않았다. 그리고 거기에 바로 그가 있었다. 나는 선 채로 노트북을 들고서 그의 가설을 검증한 결과를 보여주었다. 결과는 그의 예측과 거의 정확히 일치했다. 판게아의 배회 축과 그 전신인 로디니아의 배회 축의 차이는 87도였다 (그림 48). 불확실성을 고려할 때, 이는 90도(직교형)와 사실상 차이가 없었으며, 우리는 0도(내향형)와 180도(외향형) 가설을 확실히 기각할 수 있었다. 극도로 의심이 많은 과학자인 에반스는 자신의 가

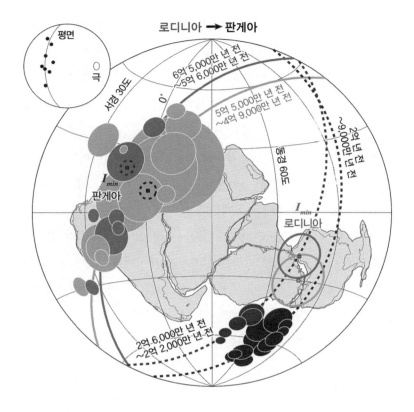

로디니아 ➜ 판게아

평면

극

서경 30도

0°

6억 5,000만 년 전
~5억 6,000만 년 전

5억 5,000만 년 전
~4억 9,000만 년 전

동경 60도

2억 년 전
~9,000만 년 전

I_{min}
판게아

I_{min}
로디니아

2억 6,000만 년 전
~2억 2,000만 년 전

그림 48. 로디니아에서 판게아로 바뀌는 전환을 설명한 직교형 모델의 검증 결과. 각 초대륙의 배회 흔적 데이터에 따른 고지자기 극은 로디니아의 경우 더 밝은색, 판게아의 경우 더 어두운색으로 표현됐다. 선은 각 배회 흔적에 맞춰졌다. (구체 위의 선은 두 지점 간의 최단 거리를 나타내는 '대권(great circle)'이고, 삽입된 작은 원 안의 그림은 최적 맞춤 대권인 평면으로 나타냈을 때 극이 약 90도 떨어져 있음을 보여준다.) 각 선형 맞춤에 따른 배회 축은 각 초대륙의 최소 관성 모멘트라는 뜻에서 'I_{min}'라고 표시되어 있다. 연속적인 두 초대륙의 I_{min} 축은 직교형 모델에서 예측한 대로 서로 거의 90도만큼 떨어져 있다. Adapted from R. N. Mitchell, T. M. Kilian, and D. A. D. Evans, "Supercontinent cycles and the calculation of absolute palaeolongitude in deep time," Nature 482, no.7384(2012): 208–11.

설이 걸려 있을 때조차—어쩌면 자신의 가설이 걸려 있어서 **특히** 더—신중했지만, 이번 데이터는 확실히 자신의 모델에 부합하는 것 같다고 인정했다. 그가 마음속으로 회의적이었는지, 그저 충격을 받았는지, 아니면 둘 다인지 알 수 없었다. 나는 이것이 결국 그의 아이디어였음을 다시 한번 알려주었다. 솔직하게 공로를 인정받아 기뻤던 에반스는—성공적인 첫 검증을 목격했지만—이 아이디어가 당시 이론적으로는 타당하다고 생각했을지언정 실제로 검증할 수 있으리라 생각하진 못했다고 고백했다.

나는 대륙 간의 90도 재설정이라는 에반스의 가설이 데이터로, 그것도 우리가 전문으로 다루는 고지자기 데이터로 검증될 수 있음을 당사자에게 확인시켰다. 에반스는 새로운 검증 가능성에 깊은 인상을 받았지만, 다시금 회의적인 태도를 보이면서 추가적인 검증이 필요한 또 다른 초대륙 전환이 있다는 사실을 알렸다. 정말이지 기뻐하기는 너무 일렀다. 할 일이 더 생겨버렸다. 나는 초대륙 컬럼비아와 로디니아 사이의 더 오래된 전환도 비슷한 패턴을 따르는지 확인하기 위해 검증을 해야 했다.

그래서 나는 에반스가 지시한 추가 검증을 수행하려 서둘렀던 것 같다. 적어도 내 마음은 내달리고 있었다. 데이터를 모으고 도식으로 나타내기 전에 결과를 미리 상상했다. 머릿속에 희미하게 떠오르는 결과는—적어도 내 상상으로는—우리의 90도 가설에 유리할 것 같았다. 나는 절로 흥분됐지만 그럼에도 차분하게 계산해야 했다. 더 오래된 초대륙 검증에 중요한 데이터는 아담 말루프가 노르웨이 스발바르 제도의 얼음 덮인 석회암 절벽에서 힘겹게 수집한 샘플에서 나왔다. 이 자료는 지질학계가 최근 몇 년 동안 진극배회를 진지하게 받아들이게 한 결정적 논문에서 얻었다.[24] 한때 암염을 황철석이라고 잘못 식별한 뒤로 오랜 세월이 지나, 호프먼의 지도 아래 단련된 말루프는 프린스턴대학교에서 종신 교수로서 훌륭한 업적을 이루어냈다. 그의 로디니아 시기 데이터를 활용해 우리는 최종적으로 직교형 모델을 검증할 수 있었다.

나는 말루프의 데이터를 조심스럽게 스프레드시트에 입력했다. 로디니아 시기의 배회 데이터를 수집하고 나서, 더 오래된 컬럼비아 시기의 배회 데이터를 모으기 시작했다. 당연히 말루프는 데이터를 보강하는 작업에서도 중요한 역할을 했다. 컬럼비아 시기의 고지자기 데이터는 대부분 로렌시아에서 나왔는데, 그중에서도 특히 '중앙대륙 열곡대Mid-Continent Rift'가 중요한 지역이었다. 제대로 들은 게 맞다. 약 11억 년 전, 북아메리카는 거의 반으로 분리됐고, 이 고대 열곡대의 흔적은 오늘날에도 오대호 중 슈피리어호의 형태와 깊이에서 확인할 수 있다. 비록 중앙대륙 열곡대가 완벽하게 발달한 열곡대는 아니었지만, 오늘날 동아프리카 열곡대와 흡사하게 대량의 맨틀을 녹이고 지표면에 철이 풍부한 현무암을 과잉될 정도로 생성해 고지자기 데이터를 얻는 데 이상적인 조건을 만들었다.

그런데 중앙대륙 열곡대의 초기 고지자기 연구에서 이상한 현상이 관찰됐다. 거의 같은 시기에 형성된 암석들이 놀랍게도 다른 고지자기 극을 보인 것이다. 이 현상을 다룬 초기 논문 중에는《네이처》에 실린 것도 있는데, 이들은 거의 같은 시기에 형성된 암석에서 수상할 정도로 방향 차이가 크게 나는 이유는 수상하게 움직이는 자기장의 탓이라고 언급했다.[25] 말루프와 당시 그의 박사 과정 학생, 바로 날 구해준 영웅, 스완슨-하이셀은 기발한 방법을 찾아냈다. 그는 실제로 자기장은 평소와 다름없이 작용했지만, 로렌시아가 당시 놀랍도록 빠르게 움직이며 고지자기 극을 이동하게 했다는 것을 증명해냈다.[26] 판구조 운동에서 속도 제한이 사라지면서, 중앙대륙 열곡대 데이터가 에반스와 내가 의심한 대로, 배회에 영향을 받았고 또 촉진됐다는 것이 증명됐다. 이렇게 말루프의 이번 데이터 집합도 직교형 버전의 결정적인 최종 검증에서 매우 중요한 역할을 했다.

스프레드시트를 완성했으니, 이제 겸허히 결과를 받아들이고 최종 계획을 세울 차례였다. 나는 배회의 두 시대, 로디니아와 관련된 배회 흔적(스발바르 데이터)과 컬럼비아와 관련된 배회 흔적(중앙대륙 열곡대 데이터)을 모두 그래프로 만들었다. 각 초대륙의 배회 흔적은 예상대로 적도에 있는 안정된 축을 기준으로 지구를 앞뒤로 흔들면서, 고지자기 극을 따라 선을 그렸다. 나는 이전처럼 숨을 죽이고 각 초대륙의 배회 데이터를 선택해 각각의 데이터에 선을 맞췄다. 선이 맞춰지면서 이들과 연관된 각각의 축이 모습을 드러냈다. 즉 두 초대륙의 최소 관성 모멘트 축이 나타났다. 내 눈에 두 축은 서로 약 90도 떨어진 상태로 직각을 이룬 듯이 보였다. 하지만 제대로 확인하기 위해 두 값을 측정했다. 컬럼비아와 로디니아의 배회 축 사이의 각도는 88도였다(그림 49). 에반스는 이제 확신했고, 드디어 과학 논문을 작성할 차례였다. 2012년 2월, 마침내 이 논문이 《네이처》에 발표됐고, 지금까지 내 경력을 대표하는 업적이 됐다.[27]

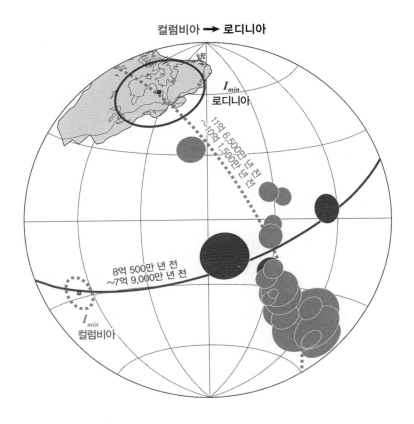

그림 49. 컬럼비아에서 로디니아로 바뀌는 전환을 설명한 직교형 모델의 검증 결과. 각 초 대륙의 배회 흔적 데이터에 따른 고지자기 극은 컬럼비아의 경우 더 밝은색, 로디니아의 경우 더 어두운색으로 표현됐다. 선(대권)은 각 배회 흔적에 맞춰졌다. 각 선형 맞춤에 따 른 배회 축들은 각 초대륙의 최소 관성 모멘트라는 뜻에서 'I_{min}'라고 표시되어 있다. 각 초 대륙에서 각자의 배회 흔적에 따른 대권과 I_{min} 축은 컬럼비아는 점선, 로디니아는 실선으 로 표시되어 있다. 연속적인 두 초대륙의 I_{min} 축은 직교형 모델에서 예측한 대로 서로 거의 90도만큼 떨어져 있다. Adapted from R. N. Mitchell, T. M. Kilian, and D. A. D. Evans, "Supercontinent cycles and the calculation of absolute palaeolongitude in deep time," Nature 482, no.7384(2012): 208–11.

***

　과거 두 번의 초대륙 전환에서 직교형 모델이 실제로 발생했다는 증거를 얻었으니, 이제 앞으로의 초대륙 형성이 시사하는 바를 유추해볼 수 있다. 역사는 반복된다. 직교형 모델로 형성되는 다음 초대륙은 판게아 프록시마(내향형 모델)나 노보판게아(외향형 모델)와 어떻게 다를까?

　차이점을 알아보기 전에, 모든 모델이 공유하는 딱 한 가지 공통점부터 살펴보자. 바로 오스트레일리아다. 오스트레일리아 대륙이 속한 판은 그야말로 예외다. 대륙이 포함되지 않은 순수한 해양판(예: 태평양판)은 빠르게 움직이고(1년에 5센티미터 초과), 대륙이 포함된 판은 느리게 움직인다(1년에 5센티미터 미만). 하지만 인도-오스트레일리아판은 이 원칙을 깬다. 이 판은 해양판만큼이나 빠르게 움직이는 유일한 대륙판이다. 이렇게 빠르게 움직일 수 있는 이유는 판의 북쪽 경계에서 북쪽을 향해 섭입이 많이 일어나기 때문이다. 현재 경로가 이미 북쪽을 향하고 있어서 이런 북향의 섭입은 추가로 견인력을 더하며 대륙판이 빠르게 움직인다. 하지만 오스트레일리아는 속도 면에서만 예외인 것이 아니다.

　위치, 위치, 바로 위치다. 오늘날 대륙들은 아프리카와 직각을 이루며 체계적으로 분산되어 2도 맨틀 하강류 띠를 따라 배열됐다는 점을 떠올려보자. 하지만 모든 대륙이 목적지에 도달하기까지 같은 거리를 이동해야 하는 것은 아니었다. 이제 막 하강류 띠 영역에 도착한 남아메리카는 아프리카에 딱 붙은 상태에서 시작해 목적지에 도달하려 약 60도나 되는 광활한 거리를 이동해야 했다. 반면 소소하게 논쟁이 있기는 하나 사실상 단일 판으로 취급되는 인도와 오스트레일리아는 하강류 띠에 도달하기까지 훨씬 짧은 거리를 이동했다. 판게아가 1억 8,000만 년 전 분열하기 시작할 때, 인도와 오스트레일리아는 모두 아프리카에서 71도 떨어져 이미 띠 영역에 가까웠다. 시간이 흐르면서 두 대륙은 띠 영역 안으로 더 많이 들어가긴 했지만(지금은 아프리카에서 96도 떨어져 있음), 출발 지점이 거의 목적지나 다름없었다.

펌프는 인도-오스트레일리아판의 빠른 움직임에 연료를 공급할 준비가 이미 되어 있었고, 실제로도 두 대륙은 연료를 공급받았다. 이미 띠 영역에 놓인 상태로, 두 대륙은 같은 경도의 띠를 **따라** 거의 위도만 변화시키며 빠르게 북상했다. 그래서 초대륙 순환에서 서로 반대되는 모델을 옹호하는 사람들 사이에서조차 오스트레일리아가 인도 대륙처럼 아시아와 충돌할 것이라는 데 의심의 여지가 없다. 장기적인 경로를 예측하면 오스트레일리아는 약 3,000만 년 ~4,000만 년 후에 일본과 인도 사이 어딘가에서 점차 성장하는 거대 대륙 유라시아와 합류하게 될 것이다.

하지만 가장 임박한 충돌에 대해 합의가 이루어졌다고 한들, 이것이 초대륙 형성의 경쟁 모델들과 어떤 관련이 있는 걸까? 오스트레일리아의 경로는 어느 모델과 가장 일치할까? 외향형 모델에 따른다면, 오스트레일리아가 유라시아에 합류하는 것은 기본적으로 태평양을 거의 침입하지 않아서 태평양 폐쇄의 확실한 증거는 분명 아니다. 오히려 오스트레일리아는 북상만 한 게 아니라 살짝 동쪽으로 이동해왔지만, 그게 전부였다. 오스트레일리아는 태평양 맨틀 상승류에 가까워지자 동쪽으로 향하던 움직임을 멈추고, 북상하는 데에만 온 노력을 기울였다. 맨틀 상승류를 오르고 싶어 하는 기색도 전혀 보이지 않았고, 그럴 필요도 없다. 마찬가지로 오스트레일리아의 북상은 대서양을 폐쇄하는 것과도 관계가 없다. 오스트레일리아의 의도는 외향형 모델과는 상반되고, 내향형 모델과는 무관하다. 반면, 다른 대륙들보다 먼저 2도 띠 영역에 와 있는 오스트레일리아가 이 띠를 따라 북상하는 움직임은, 직교형 모델과 완벽하게 일치한다.

★ ★ ★

그러면 움직임이 명확하지 않은 대륙들은 어떤 운명일까? 본래 외향형 모델 지지자인 하트나디는 남아메리카에 대해 꽤 의미 있는 의견을 제시했다. 그는 대서양에서 이른바 섭입 침입이 실제로 해양 전체의 폐쇄를 예고하는 것이 아니며, 전혀 다른 상황이 벌어질 수 있다고 주장했다.

현재 판구조 운동 속도를 기준으로 보면, 남아메리카가 약 2억 년 후에 미래 판게아에서 아프리카와 다시 합류할 것이라고 시사할 만한 근거는 전혀 없다. 오히려 남아메리카 대륙은 카리브판을 중심으로 북서쪽으로 계속 회전하다가 북아메리카판의 남서쪽 태평양 경계와 충돌할 가능성이 있다.[28]

하지만 하트나디는 단순히 내향형 모델에 반대하는 주장만 펼친 것이 아니었다. 그는 사실상 직교형 모델이 예측하는 방식과 유사하게 두 아메리카 대륙을 융합했다. 외향형과 직교형은 모두 남아메리카가 회전하여 북아메리카와 충돌한다고 예측한다. 하지만 직교형 모델은 두 가지 측면에서 하트나디의 설명과는 다르다.

주된 차이점은 직교형 모델이 맨틀 대류에 기반해 경도를 엄격하게 설정하는 반면, 하트나디는 대서양이 무기한으로, 아니면 적어도 매우 넓게 성장하여 지구 반대편에 있는 태평양을 닫을 때까지 확장될 것이라 가정한 것이다. 하지만 그의 이론에 따르면, 북미와 남미를 합친 아메리카 대륙이 현재 아프리카에서 89.9도 떨어져 있는 것은 전적으로 우연의 일치여야 했다. 판게아가 분열하기 시작했을 때, 아프리카에서 40도 떨어져 있던 남북아메리카는 대서양이 열리면서 현재의 위치에 이르렀다. 이들이 태평양을 가로지르며 신나게 여행을 이어가려 했다면 이 대륙들이 현재 90도, 즉 2도 맨틀 하강류 띠에 도달한 것은 우리가 관찰한 것과 무관하게 그저 우연일 수밖에 없다. 하지만 남극에 남극 대륙이 있는 것처럼 남북아메리카가 이 위치에 도달한 것은 오랜 시간 이루어진 수렴적 결과로 보는 것이 더 합리적이다.

중앙 대서양이 먼저 열려서 북아메리카는 띠 영역을 조금 지나쳤고, 남대서양이 그다음으로 열리면서 남아메리카는 띠 영역에 조금 못 미쳤을 것이다. 하지만 둘을 함께 대서양의 일부로 본다면 아메리카 대륙은 지난 1억 8,000만 년 동안 정확히 띠 영역 위로 자리를 잡았다. 그리고 띠에 도달하려고, 즉 지형적 저지대에 정착하려고, 그토록 멀리 오랫동안 이동한 이유는 이제 두 대륙이 계곡에 도착했으니 둘 중 어느 대륙도 이곳을 떠나지 않으리라 예상하는 이유와 같다. 단지 태평양 상승류에 오르겠다고 아프리카 맨틀 상승류라는 산비탈을 서둘러 내려간다고? 물론 어떤 일이든 가능하다. 하지만 미래를 예상할 때에는 있을 법한 일을 다루는 것이 최선이다.

하트나디는 남아메리카가 카리브해를 중심으로 회전해 언젠가 태평양 위에서 북아메리카와 충돌하리라고 예측했지만, 직교형 모델은 아메리카 대륙들이 카리브해를 폐쇄함으로써 융합할 것이라고 내다본다. 정확히 띠 위에 있는 카리브해는 직교형 모델에 따르면 이 세상에서 오래 살아남지 못할 것이다. 어쩌면 대륙들은 모든 대륙이 띠 영역에 도달하기를 기다렸다가 함께 띠 영역을 따라 움직일지도 모른다. 전체적으로 볼 때, 아프리카에서 흩어져 나온 모든 대륙이 현재 약 87도 떨어져 있다는 점을 기억하자. 이 정도면 가까우면서도 멀리 떨어져 있는 셈이다. 판게아가 분열한 이후로 지난 1억 8,000만 년의 동향으로 추정하자면, 현재 달아나고 있는 대륙들은 약 3,000만 년 후 미래에는 집단으로 띠 영역에 이를 것으로 예상된다. 이는 직교형 모델의 첫 단계로 대륙들이 전부 직각을 이루는 위치에 도달하는 것이며, 그 이후에야 다음 초대륙을 형성하는 단계로 넘어갈 수 있다. 모든 대륙이 띠 영역에 도달하고 나면, 띠 영역을 따라 추가로 이동이 시작될 것이다.

* * *

하지만 대륙들이 띠 영역에 도달한 후에 그 영역을 따라 움직일 의도가 있다는 것을 어떻게 알 수 있을까? 일부 대륙은 이미 행동을 개시했다. 훨씬 이른 시기에 띠 영역에 이미 가깝게 자리를 잡은 인도-오스트레일리아판을 떠올려보자. 인도는 불과 5,000만 년 전에 띠를 따라 북쪽으로 급격히 이동하며 유라시아와 충돌했고, 오스트레일리아는 현재 북상하며 나머지 대륙들이 띠 영역에 도달하는 약 3,000만 년 후에 유라시아와 충돌할 예정이다. 따라서 직교형 모델은 두 단계 과정으로 보인다. 바로 (1) 띠 영역에 도달하기, (2) 그 영역을 따라 이동하기다.[29]

그러면 직교형 모델의 두 번째 단계가 기다려야 할 낙오자 대륙은 누구일까? 대서양과 인도양은 이미 제 할 일을 끝마쳤다. 앞서 언급했듯이, 두 아메리카 대륙을 대서양 연합으로, 인도-오스트레일리아판을 인도양 연합으로 볼 때, 이 두 해양은 각각 자기 연합 소속의 대륙들을 띠 영역으로 이동시키기 위해 열렸다. 뒤처진 대륙은 그린란드와 유라시아다. 이 대륙들도 결국 띠 영역에 도달하게 될까? 그리고 이 대륙들도 언젠가 띠 영역에 도달할 운명이라면, 이들을 목적지까지 밀어주는 원동력은 무엇일까? 아프리카에서 대륙이 지속적으로 분산되고 있다고 했으니, 제일 좋은 단서는 아프리카에 있을 것 같다.

동아프리카 열곡대는 현재 지구상에서 대륙 열개가 활발하게 일어나고 있는 유일한 장소다. 이처럼 오늘날의 특이한 현상은 가까운 미래에 대한 중요한 단서를 제공한다. 그리고 윌슨 주기 1단계부터 3단계(그림 10)에 해당하는 부분은 상대적으로 논란의 여지가 거의 없다. 학자들은 대부분 동아프리카 열곡대가 계속 발달하여 새로운 해양이 열릴 것이라는 데 동의한다. 실제로 홍해와 아덴만이라는 두 초기 형태의 바다는 동아프리카 열곡대와 만나 '삼중합점triple junction'을 형성하며 새로운 해양 탄생의 조짐을 내비치고 있다. 아프리카가 지금처럼 하던 일을 유지한다고 가정하면, 즉 밑에 놓인 맨틀 상승류 꼭대기에 안정적으로 앉아 있을 것으로 가정하면, 삼중합점에서 동아프리카 열곡대를 따라 해저가 확장하며 아라비아판을 밀어낼 것이고, 차례로 유라시아 대륙을 밀며 아프리카에서 90도 떨어지기 위해 필요한 마지막 한 방을 주게 될 것이다.

그렇다면 나머지 낙오자 대륙인 그린란드는 어떨까? 그린란드는 유라시아보다 90도에 더 가깝지만, 목적지에 도달하는 데 걸리는 시간은 유라시아만큼 오래 걸릴 수 있다. 이는 마지막까지 누가 더 빠른지 겨루는 시합이 될 것이다. 그린란드가 이미 더 멀리 진행해왔음에도 띠 영역에 도달하는 것이 유라시아만큼 오래 걸릴 것 같은 이유는, 농담이 아니고 그린란드가 지구에서 가장 느리게 확장하는 중앙 해령인 가켈 해령에 의존하고 있기 때문이다.[30] 가켈 해령은 소련이 예측하고 소련이 발견한 해령으로, 대서양 중앙 해령의 북부 종점이라는 점을 기억할지 모르겠다. 북대서양은 대서양 중에서 가장 늦게 열린 곳으로, 느리지만 꾸준히 따라가고 있다. 시간은 어느 정도 걸리겠지만, 가켈 해령은 결국 그린란드를 띠 영역으로 정착하게 할 것이다. 그러면 직교형의 1단계는 전반적으로 달성될 것이고, 띠 영역을 따라 대륙 충돌이 발생하는 2단계가 순조롭게 진행되며 미래를 결정지을 것이다.

직교형 모델과 하트나디의 외향형 모델의 나머지 차이점은 아메리카 대륙들이 충돌하는 해안선이다. 하트나디는 남아메리카가 카리브해를 중심으로 회전함으로써 안데스산맥의 주변부와 북아메리카의 로키산맥 주변부가 태평양 어딘가에서 서로 충돌하게 될 것으로 생각했다. 그런데 안데스산맥과 로키산맥은 이름만 다를 뿐, 여전히 코르디예라, 즉 두 아메리카 대륙 서쪽을 따라 이어지는 산계의 일부라는 사실을 기억하자. 사실상 이렇게 오랜 시간 협력해온 같은 조산대의 일부가 미래에 서로에게 갑자기 등을 돌릴 이유가 분명하지 않다.

반면, 직교형 모델은 카리브판의 북부 경계와 남부 경계를 따라 이미 활성화된 단층을 이용하여 북아메리카와 남아메리카가 각각 동쪽과 서쪽 해안을 마주 보도록 회전하리라 예측한다. 즉, 미국 뉴욕과 페루의 리마가 만나게 된다. 직교형 모델에 따르면, 소앤틸리스호의 장기적 목표는 대서양(내향형 모델)을 침입하는 것이 아니라, 그저 아메리카 대륙들이 합병 전 충돌 코스에 돌입해서 띠 영역을 따라 움직일 준비가 될 때까지 현재 위치에서 머무는 것이다. 대륙들이 그 아래에 있는 맨틀 흐름과 결합하는 것이 세상의 원대한 계획에서 큰 지각적 결정을 내리는 것처럼 보였고, 해양은 그저 명령을 따르는 존재라는 생각이 들었다. 그래서 내 생각에는 두 아메리카 대륙이 카리브해를 중심으로 회전하는 게 아니라, 카리브해를 소모하면서 띠 영역을 따라 움직일 것이라고 표현하는 게 옳은 것 같다 (그림 50).

하트나디의 비전과 다른 차이점은 아메리카 대륙들이 봉합된 뒤 더 먼 미래에도 계속 등장한다. 하트나디는 대서양이 현대와 비슷한 속도로 계속 확장될 것이라고 보았다. 그러면 융합된 아메리카 대륙

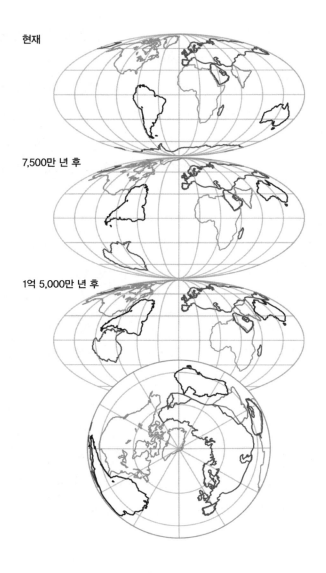

현재

7,500만 년 후

1억 5,000만 년 후

그림 50. 직교형 모델을 기반으로 1억 5,000만 년~2억 년 후 아마시아 형성을 예측한 미래 모습. 맨 아래는 북극에서 본 아마시아다. 대륙들의 회전 매개 변수는 데이비드 A. D. 에반스가 제공했다.

이 결국 아시아와 충돌하는 상황이 벌어질 텐데, 이때 대륙들이 태평양 한가운데에서 만나 태평양을 잠식하게 될 것이다. 원래 외향형 지지자인 호프먼은 태평양 반구에서 아메리카 대륙과 아시아 대륙이 만난다는 의미로 '아마시아Amasia'라는 이름을 지었다. 직교형 모델은 호프먼의 뛰어난 브랜딩 기술을 채택했고, 두 아메리카와 아시아가 실제로 만날 것이라는 데에는 동의하지만, 전혀 다른 방식과 이유로 만나게 되리라 예측한다. 다시 말하지만, 여기서 주요 차이점은 단순히 기하학이 아니라, 지구역학에 있다. (호프먼이 직교형 이론의 기초가 기하학이 아니라 지구역학에 있다는 점을 마음에 들어 하는 만큼, 다음 초대륙에 그가 명명한 '아마시아'를 차용한 점이 용납되기를 바란다.)

직교형 모델에 따르면, 두 아메리카 대륙은 북극에서 아시아와 충돌할 것이다. 이를 위해서는 북극해가 닫혀야 한다(그림 50). 과연 이게 이치에 맞나? 예전 미적분 기초 수업 시간에 퍼킨스 선생님은 말씀하셨다. "일관성은 존중되어야 한다." 어떤 이론에서 일관성은 그 이론이 검증 가능한 예측인지 보여주는 기본 요건이다. 북극해가 닫히리라 판단한 이유는 직교형 모델에서 카리브해의 운명이 결정된 이유와 같다. 두 바다는 모두 띠 영역을 따라 놓여 있기 때문이다. 일관성. 북극해의 한쪽에 있는 그린란드와 반대쪽에 있는 유라시아가 마침내 띠 영역에 도달해 직교형 모델 1단계를 완료하면, 섭입이 시작되면서 2단계가 개시될 것이고, 언젠가 북극해가 닫힐 것이다. 요약하자면, 아마시아는 그때까지 하강류 띠를 따라 놓인 해저를 닫는다는 원칙에 따라 형성될 것이다. 오스트레일리아는 인도가 걸었던 길을 따라가 유라시아와 합류하고, 카리브해가 닫히며 두 아메리카 대륙이 통합되고, 북극해가 닫히며 통합된 아메리카 대륙이 유라시아와 합쳐지는 것이다. 직교형 모델에 따르면 아마시아는 거의 완성됐다.

★ ★ ★

　마지막으로 남극 대륙이라는 까다로운 문제가 남았다. 우리가 논문을 발표할 당시, 나와 내 동료들은 남극 대륙의 운명에 확신이 없었다. 어쨌든 남극 대륙은 2도 하강류 띠 위에 있다. 남극 대륙이 어느 방향으로 가든, 직교형 가설에 별문제가 되지 않는다. 만약 남아메리카를 따라 서쪽을 거쳐 북쪽으로 이동한다면, 직교형 모델과 일치할 것이다. 오스트레일리아를 따라 동쪽을 거쳐 북쪽으로 간다고 해도, 역시 직교형 모델과 일치할 것이다. 어느 쪽이든, 남극 대륙이 아마시아에 합류할 수 있는 두 가지 합리적 경로가 있었다. 그래서 당시 우리는 결정을 서두를 이유가 없었다. 그리고 내가 데이비드 에반스에게 배운(그리고 여전히 배우려고 애쓰는) 한 가지 전략은, 까다로운 동료 평가자들에게 비판할 여지를 너무 많이 주지 않는 것이다. 나는 브렌던 머피에게만이 아니라 십자말풀이 비유를 일러준 마크 브랜던에게도 '한 논문당 하나의 아이디어'라는 가르침을 들었다. 그래서 우리는 당시 남극 대륙을 요령껏 논의에서 제외했다.

　하지만 장기적인 전략에서 봤을 때, 남극 대륙을 제외한 것은 부적절했다. 관련 내용을 잘(최소한 이 문제에 대해서는 내가 아는 한) 조사해놓은 웹사이트인 스페큘러티브 에볼루션 위키Speculative Evolution

Wiki(줄여서 SpecWiki, 이하 스펙위키)는 이 꼼수가 직교형 모델의 유일한 약점이라며 다음과 같이 비판했다.

"다른 초대륙과 비교했을 때, 아마시아는 가장 그럴듯한 후보다. 그러나 아마시아의 배치와 관련된 한 가지 문제점은 남극 대륙이 거의 움직이지 않는다는 점인데, 이는 시간이 충분히 주어지면, 판구조운동으로 인해 북쪽으로 이동할 수밖에 없을 것이다."[31]

우리가 남극 대륙을 불확실하다고 판단한 이유를 스펙위키 작가들이 잘 이해하고 있다는 점은 높이 살 만하다. 그들이 설명하길, "남극 대륙이 정적인 배치를 보이는 한 가지 이유는 미래에 어느 방향으로 이동할지 확실히 알려줄 만한 정보가 충분치 않기 때문이다. 하지만 아마시아가 더 이른 시기(지금으로부터 5,000만 년에서 1억 년 사이)에 형성된다면, 남극 대륙은 초대륙의 일부가 아닐 가능성이 있다."[32] 2012년에 《네이처》와 미국공영방송의 라디오 인터뷰에서 남극의 미스터리에 대해 질문을 받았을 때, 나는 그저 남극 대륙이 남극에 '고립'될 가능성이 크다고 말하는 것으로 마무리했다. 당시에는 그렇게 추측할 만한 과학 문헌이 실제로 있었다. 하지만 나는 더는 확신할 수 없다.

2012년, 한 지진학 연구에서 남극 대륙 아래의 상부 맨틀에 있는 맨틀 플룸을 형상화했다.[33] 이 상부 맨틀 플룸으로 남극 대륙이 왜 그렇게 완벽하게 남극 위에 놓여 있는지 설명할 수 있었다. 배회가 지구 전체를 이동시켜 남극 대륙을 남극에 가져다 놓았기 때문이다. 마치 토성의 위성인 엔셀라두스Enceladus의 남극에서 간헐천이 정확히 솟아오르는 것처럼, 얕은 플룸들은 행성이나 위성의 회전축에 가까이 있을 때 더 안정적으로 회전 상태를 유지한다.[34] 그래서 지구와 엔셀라두스는 모두 이러한 얇은 플룸을 극지방으로 가져오기 위해 배회를 통해 자신들의 위치를 재조정해왔다. 이어지는 지진학 연구에서 남극 대륙의 얇은 열적 이상 현상이 계속 존재함을 확인했고, 뜨거운 플룸으로 서남극 빙상의 용융이 얼마나 악화할지 그 정도도 조사했다.[35] 그러나 남극 대륙이 남극에서 (배회 덕분에) 안정적인 상태를 유지한다고 해서, 판구조 운동이 원대한 계획에서 당분간 남극 대륙을 배제하리라는 증거로 받아들여서는 안 된다. 남극 대륙은 남극에서는 안정적일 수 있지만, 그렇다고 영원히 판구조 운동에서 고립된다는 의미는 아니다.

지구물리학자인 케임브리지대학교의 로이 리버모어 역시 남극 대륙이 다음 초대륙에서 제외될 것이라는 데 의심을 품었다. 테드 닐드Ted Nield는 훌륭한 저서, 《초대륙Supercontinent》에서 리버모어를 인터뷰하며, 그가 "나는 남극 대륙이 극에 머물 것이라고 생각하지 않습니다"라고 털어놓도록 했다. 리버모어는 닐드에게 이렇게 설명했다. "나는 남극 대륙이 북쪽으로 이동하기를 바랍니다. 곤드와나를 구성했던 다른 조각들이 서서히 그래왔으니, 미래에는 남극 대륙도 그럴 겁니다. 하지만 그러려면 섭입대에 끌려 북쪽으로 가는 수밖에 없겠죠."[36] 리버모어의 지적은 매우 타당하다. 현재 지구의 거대 대륙인 유라시아는 사실상 이전 거대 대륙인 곤드와나의 일부로, 남반구에 있던 대륙 지괴들이 적도를 건너 현재 북반구에 있는 거대 대륙인 유라시아에 합류함으로써 지금의 크기로 성장한 것이다.[37] 즉, 거대 대륙에서 나온 일부가 다른 거대 대륙을 이룬 셈이다. 이 거대 대륙들은 분명히 훗날 형성될 더 큰 초대륙의 주된 초기 구성 요소이며, 우리가 이제 막 이해하기 시작한 초대륙 순환 역학에 주요 단서다.[38]

리버모어의 추측을 끝까지 이야기하자면, 현재 거대 대륙인 유라시아의 형성 방식은 지금 진행 중인 지구의 초대륙 순환에서 다음 단계를 예고할 수 있다. 앞서 언급했듯이, 유라시아 같은 거대 대륙은 과거 초대륙 순환마다 형성된 것으로 보이며, 보통 더 거대한 초대륙이 최종적으로 합쳐지기 약 2억 년 전에 만들어졌을 것이다. 유라시아는 이미 꽤 크지만, 아직 성장이 끝난 것 같지는 않다. 베이징 중국과학원의 지질 및 지구물리학 연구소에 있는 내 동료 보 완은 거대한 유라시아를 구성하는 여러 대륙 지괴에서 모든 봉합선을 상세히 연구했다. 그리고 그는 뚜렷한 패턴을 발견했다.

완은 이것을 '남쪽에 있는 파열된 곤드와나 대륙 조각들을 북쪽 종착역으로 순차적으로 옮기는' 섭입의 '편도 열차'라고 부른다.[39] 유라시아에 가장 최근에 추가된 것은 히말라야산맥을 치솟게 하며 충돌한 인도다. 대륙 충돌이 발생하려면 언제나 한 해양이 닫혀야 하는데, 기록적으로 빠른 인도의 판구조 움직임에서 볼 때 두 해양이 소모됐을 가능성이 있다.[40] 인도 이전에 유라시아와 합류한 다른 대륙 지괴들(남중국, 티베트의 라사 지괴, 인도네시아 등)도 마찬가지였을 것이다. 그때마다 한 해양이 닫혀야 했을 것이다. 이렇게 차례로 이어지는 해양 체계를 테티스해Tethys Ocean라고 하며, 시간이 흐름에 따라 세대를 나누어 원테티스Proto-Tethys, 고테티스Paleo-Tethys, 신테티스Neo-Tethys해로 부른다.

현재의 인도양은 테티스해의 현신이다. 그렇다면 인도양이 자기 조상들과 다르게 행동할 이유가 있을까? 리버모어와 완은 그렇지 않다고 생각한다. 역사는 되풀이된다. 그렇다면 인도양이 닫히고, 그 결과 남극 대륙이 오스트레일리아 다음으로 유라시아에 합류하게 될 것으로 예상된다. 이는 직교형 모델과 전적으로 일치한다고 볼 수 있다. 카리브해와 북극해처럼 인도양이 닫히면, 아프리카에서 90도 떨어진 남극에서 참을성 있게 차례를 기다리던 남극 대륙은 언젠가 띠 영역을 따라 이동함으로써 아마시아에 합류할 수 있을 것이다. 남극 대륙의 결말을 열어두는 유일한 이유는 남극 대륙과 남아메리카 사이에 있는 스코티아해 역시 띠 영역을 따라 놓여 있기 때문이다. 소앤틸리스호가 두 아메리카 대륙을 서로 마주 보도록 회전시킬 수 있는 것처럼, 스코티아해가 닫히면서 아메리카 대륙들과 남극 대륙 사이에서도 같은 일이 벌어질 수 있을 것이다. 빙상에 가려져 있는 지질학적 특징만큼이나, 남극 대륙의 지구역학 역시 수수께끼로 남아 있다.

완과 나는 아직 내 직교형 모델 이론과 그의 편도 기차 이론을 학술 문헌에서 연결하지 못했다. 내가 인도양 폐쇄라는 미발표 아이디어를 언급하면서, 스코티아해 폐쇄라는 불확실성을 경계해야 한다고 지적하는 이유는, 초대륙 순환에 대한 우리의 이해가 아직 진행 중이라는 점을 강조하기 위해서다. 우리는 확실히 베게너 이후로 크게 발전해왔고, 그런 면에서 그가 우리를 내려다보며 자랑스러워하리라고 확신한다. 하지만 여전히 갈 길이 멀다. 나는 이 책에서 제시한 틀, 즉 과거를 현재, 그리고 나아가 미래를 여는 열쇠로 삼는 방식처럼 지식 기반으로 미래를 추측하는 것이 터무니없다고 생각하지 않는다. 개인적(물론 편향된) 의견에서 어느 해양이 닫히고 그 이유가 무엇인지 대략적으로 볼 때, 아마시아가 우리의 미래일 가능성이 크다. 이 판단은 앞으로 연구가 계속되면서 언제든 조정될 것이다. 하지만 아마시아가 어떤 모습일지 창의성을 발휘해 추측할 만큼의 근거는 지금도 충분하다. 그리고 우리의 먼 후손들이 살아서 다가올 초대륙을 직접 보게 될지 궁금해서 못 견디겠다.

아마시아에서
살아남기

인생에서 두려워할 것은 없다. 그저 이해해야 할 뿐이다.
그리고 지금이 바로 두려움을 줄이기 위해 더 이해해야 할 때다.

— 마리 퀴리Marie Curie

지금까지 과학적 연구를 다루며 초대륙 순환에 대한 현재의 이해가 어디까지 진행됐는지 이야기했다면, 이제 두 가지 철학적 질문을 남김으로써 이 책을 마무리하고자 한다. 우리 후손들은 살아남아 아마시아를 볼 수 있을까? 그들은 정확히 무엇을 보게 될까?

우주생물학자인 로버트 헤이즌Robert Hazen은 저서 《지구 이야기 The Story of the Earth》에서 지구상에 있는 생명체의 시간이 제한될 수 있다는 도발적인 아이디어를 제시한다. 헤이즌은 지구가 태양계의 '생명체 거주 가능 구역habitable zone', 즉 물이 액체 상태로 존재할 수 있을 만큼 너무 춥지도 덥지도 않게 태양에서 적당히 떨어진 거리인 '골디락스 존Goldilocks zone'에서 벗어나게 될 날이 50억 년밖에 남지 않았다고 주장한다.[1]

안타깝게도 나는 50억 년 후 생명체 거주 가능 구역을 걱정하는 것이 지나치게 낙관적이라고 생각한다. 생명에 필요한 영양소 순환에 중요한 역할을 하는 판구조 운동이 영원히 지속되지 않을 수 있다는 점을 헤이즌은 고려하지 않는 것 같다. 판구조 운동의 동력은 지구 내부 열인데, 이 열은 유한한 자원이다. 화성과 달도 한때는 내부 열을 보유하고 있었지만, 수십억 년에 걸친 맨틀 대류로 열을 소진했고, 이제는 모두 판구조 운동이 휴면 상태에 들어갔다. 지구와 크기가 비슷한 금성은 과거에 판구조 운동이 있었을 가능성이 있지만, 지금은 단단하고 침체하여 움직이지 않는 표면 아래에서만 맨틀 대류가 일어난다.[2] 따라서 현재 태양계에서 판구조 운동을 하는 천체는 지구뿐이다. 하지만 이것도 영원히 지속될 수 없다. 낙관적으로 예측해서 판구조 운동이 앞으로 몇 십억 년 더 지속된다 해도, 우리의 궤도가 생명체 거주 가능 구역을 벗어나기 훨씬 전에 지구상의 생명체에게 큰 문제가 생길 것이다.

나는 지금으로부터 약 2억 년 후 또 다른 초대륙이 형성됐을 때 우리 생활양식에 어떤 역경이 닥칠지 상상이 절로 된다. 물론 아주 먼 미래이지만, 수십억 년에 비하면 훨씬 빠르다. 다가올 초대륙은 분명히 우리 문명의 생명줄이 되어온 해안의 항구 도시들을 위협할 것이다. 아마시아는 지구상에 있는 생명체의 존재 자체를 위협하진 않을지도 모른다. 과거에 여러 차례 대멸종을 겪으며 생존해온 박테리아와 같은 하등 생물들은 계속 살아남을 가능성이 크다. 하지만 아마시아는 그때까지 우리가 아무리 기술적으로 발전하더라도 우리의 생활 방식을 크게 뒤흔들 것이다. 그리고 인간이 아마시아를 직접 목격할 만큼 생존하지 못할 뿐만 아니라 동물계의 다른 여러 생명체 역시 멸종 위기에 처할 수 있다. 페름기-트라이아스기 대멸종은 지구 역사상 가장 치명적인 대멸종으로, 지난 초대륙(판게아)이 형태를 갖출 때 발생했다. 아마시아도 그만큼 혹은 그보다 더 위험할 수 있다.

★ ★ ★

하지만 인간이 아마시아를 목격하기 위해서는 그전에 눈앞에 닥친 여러 장애물을 넘어야 할 것이다. 몇 년 전 이 책을 구상하기 시작했을 때에는 핵전쟁의 위험이 인류에게 가장 임박한 위협처럼 보였다. 하지만 2019년 말, 전 세계적 유행병으로 우리가 얼마나 취약해질 수 있는지 드러났다. 바이러스성 유행병을 통제하지 못한다면 실존적 위협이 될 수 있다는 사실이 분명해졌다. 다행히 현대 의학, 사회 인식, 그리고 위생 관념이 상당히 개선됐고, 이 같은 사실은 과거 치명적이었던 두 사례를 비교함으로써 확인할 수 있다. 1918년 독감은 당시 세계 인구의 약 3분의 1에 해당하는 5억 명을 감염시켰고 5,000만 명 넘는 사람들이 목숨을 잃었다. 하지만 코로나바이러스 감염증COVID-19은 현재까지 5억 6,900만 명(현재 세계 인구의 7퍼센트에 불과)을 감염시켰고 640만 명이 사망했다.[3] 앞으로 더 치명적이거나 적응력이 뛰어난 신종 바이러스가 등장할 위험성을 우리는 계속 경계해야 한다. 내가 이 원고를 마무리하는 동안, 유럽에서 벌어진 전쟁으로 핵전쟁의 위험이 더욱 심각하게 느껴진다. 경제 규모가 크고 점점 비대해져서 잃을 게 많은 핵 강대국은 (바라건대) 절대 사용하지 않을 핵무기의 비축량을 늘려가는 대신, 경쟁할 다른 수단을 반드시 찾아야 한다.

인류가 치명적인 유행병과 핵전쟁을 모두 피한다고 가정하더라도, 우리가 자초한 또 다른 역경을 극복해야 한다. 바로 기후변화다. 기후변화가 우리 생활 방식에 실제 위협을 가한다는 것, 그리고 그 위협이 융통할 자원이 거의 없는 사람들에게는 불균형적으로 크게 다가온다는 점은 분명하다. 예를 들어 해수면 상승은 저지대 농업에 의존하는 해안 국가에 불균형적으로 영향을 끼친다. 말 그대로 전 세계 경제와 식량 공급의 상당 부분이 물속에 잠기게 될 것이다. 그렇지만 유행병을 위한 백신이나 전쟁을 피하기 위한 평화 협정처럼, 제시된 해결책이 존재한다는 점에서 희망적이다.

지구 온난화를 해결하기 위해 판구조 운동을 모방한 새로운 '지구공학'적 대책도 등장했다. 예를 들어 대기 중에 에어로졸을 추가하는 방법이 있다.[4] 에어로졸은 지구의 알베도albedo, 즉 우주로 반사하는 태양광선의 비율을 늘림으로써 지구를 냉각시킨다. 1991년, 필리핀의 피나투보 화산이 분출했을 때, 수백만 톤에 달하는 이산화황이 대기 중으로 방출됐고, 1991년부터 1993년까지 지구의 기온이 약 0.5도 낮아지며 에어로졸의 효과가 나타났다. 더 큰 규모의 예로 7억 2,000만 년 전 적도에서 발생한 거대한 화산 폭발은 '눈덩이 지구'라는 지구 규모의 심각한 냉각 현상을 유발할 만큼 많은 양의 에어로졸을 대기 중으로 방출했다.[5] 이러한 예시들은 지구 온난화를 완화하기 위해 대기 중에 에어로졸을 주입하는 방법이 효과가 있다고 알려주기도 하지만, 지나치게 사용했을 때의 위험성도 나타낸다.

나무를 더 심는 것은 적어도 지금으로서는 괜찮은 첫걸음이다. 현재 화석연료 사용으로 발생하는 탄소 배출량의 약 25퍼센트는 식물에 의해 포집되어 저장되고 있다.[6] 하지만 장기적으로 보면, 나무를 왕창 심는다고 문제를 해결할 수 있는 것은 아니다. 실제로 나무는 광합성을 하는 동안에는 이산화탄소를 흡수하지만, 호흡하는 과정에서 일부를 다시 배출하기도 한다. 안 좋은 소식은 최근 연구에 따르면 지구가 따뜻해지면서 식물의 호흡이 증가하여 시간이 지날수록 식물이 이바지하는 긍정적인 효과가 줄어든다는 사실이다.[7]

기후변화의 영향 중 일부에 대응하는 또 다른 해결책은 탄소 포집과 격리다. 이는 여전히 산업화가 진행 중인 국가들이 당분간 석탄을 포기하지 않을 가능성이 크다는 점에서 특히 중요하다.[8] 이산화탄소를 포집하고 격리하는 것은 모두 판구조론 해설서에서 가져온 방법이다. 섭입대는 수화한 해양 지각판을 다시 맨틀로 내려보내는데, 이때 휘발성 기체인 이산화탄소는 울퉁불퉁한 공극 속에서 물과 함께 가라앉는다. 지구가 이와 같은 방식을 사용한다면, 우리도 시도해볼 만하지 않을까? 탄소 격리는 이산화탄소를 대기 중으로 방출하지 않고, 지질학적 암석 구조 속에 오랜 시간 저장하려는 시도다. 한 가지 방법은 죽은 나무를 묻는 것이다. 이렇게 하면 나무가 자연적으로 분해되도록 방치할 때보다 탄소를 더 오래 가두어놓을 수 있다.[9] 또 다른 예는 석탄화력발전소에서 배출하는 이산화탄소를 포집하여 불투수성 층 아래에 있는 다공성 암석 구조에 주입하는 것이다. 여기서 지속적으로 드는 의문은 인간이 탄소 배출을 상쇄할 만한 규모로 탄소 포집을 할 수 있느냐다.

이처럼 과감한 지구공학적 조치를, 역시나 과감한 자원의 보존과 결합한다면 앞으로 수십 년, 수 세기 동안 기후변화의 위협에 대처해나가는 데 도움이 될 수 있을 것이다. 하지만 이러한 해결책도 한계가 있다는 사실을 인정해야 한다. 예를 들어 대기 중에 에어로졸을 추가함으로써 지구의 온도를 낮출 수는 있지만, 해양 산성화를 멈출 수는 없다. 게다가 분명히 말하자면 지구 온난화를 해결하는 것은 '지구를 구하는 것'이 아니다. '우리'를 구하는 일이다. 많은 동물과 식물은 과거 지구에서 훨씬 더 심각한 온실 기후에서도 살아남았고 심지어 번성했다. 하지만 우리는 그러지 못했다. 지구는 우리가 사라져도 괜찮을 것이다. 하지만 우리는 우리에게 적합한 지구 없이는 괜찮지 않을 것이다.

* * *

우리가 산업혁명 초기에 시작된 기하급수적인 온난화 경향을 되돌릴 수 있다면, 그다음으로 인간이 직면하게 될 문제는 지구 온난화가 일시적으로 미루어놓은 빙하기일 것이다. 최근 기후 역사에서 빙하기는 밀란코비치 주기Milankovitch cycles에 따라 발생하는데, 이는 세르비아의 지구물리학자이자 천문학자인 밀루틴 밀란코비치Milutin Milankovitch의 이름을 따서 붙여졌다. 그는 1920년대에 지구의 궤도와 자전이 변하면 지구 표면에 도달하는 태양복사 에너지의 양에 영향을 끼쳐 기후를 조절할 수 있다는 이론을 제시했다. 반복되는 빙하기의 진행 속도를 설명하는 밀란코비치 주기에는 약 2만 년 주기의 세차 운동(또는 흔들림), 약 4만 1,000년 주기의 자전축 기울기(또는 경사), 그리고 약 10만 년 주기를 지닌 지구 궤도의 이심률(원에서 벗어난 정도) 변화가 포함된다. 이 중에서 특히 마지막 요인이 중기 플라이스토세mid-Pleistocene 이후 지난 100만 년 동안 혹독하기로 손꼽히는 빙하기에서 속도를 좌우했다.

그런데 곧 닥칠 빙하기를 위협으로 여기는 것이 흥미로운 이유는 그 속에 담긴 심오한 아이러니 때문이다. **호모 사피엔스**Homo sapiens가 하나의 종으로 자리 잡게 된 것이 바로 가장 최근의 빙하기였던 것이다. 약 1만 2,000년 전 가장 최근의 간빙기인 홀로세 Holocene Epoch가 시작되기 전인 약 1만 8,000년 전이 빙하기의 정점이었는데, 이는 세차 운동의 속도로 설명할 수 있다. 우리의 새로운 종은 뼈바늘로 따뜻한 옷을 지어 입고, 낮은 해수면으로 노출된 육교를 건너 대륙 간을 이동하는 등 획기적인 방법으로 혹독한 환경에 적응해나가는 독특한 능력이 있었다. 이러한 빙하기는 분명히 다시 돌아올 테고, 우리는 조상들처럼 잘 헤쳐나가기를 바랄 수밖에 없다. 우리 조상은 이러한 초기 시대에서 살아남았고, 심지어 번영했다. 하지만 우리가 멸종을 면한다고 하더라도, 생활 방식은 분명히 달라지고 불편해질 것이다.

우리가 극심한 빙하기에서 한번 살아남을 수 있다고 가정한다면, 그때부터는 환경을 극에서 극으로 바꿔놓는 자연적 빙기-간빙기 순환의 흐름 속에서 살아갈 방법을 찾아야 한다. 지난 1,000만 년 동안, 포유류 중에서 몇 안 되는 종만이 600만 년 이상 생존했다. 대부분은 400만 년을 채우지 못해서, 포유류 종의 평균 존속 기간은

340만 년에 그친다.[10] 인간 예외주의에 따라 추측해보기 위해, 인간 혹은 관련 종이 희박한 확률을 깨고 역경을 이겨낼 수 있다고 가정해보자.

우리가 여러 차례 빙하기 순환에서 살아남을 방법을 찾았고, 약 2,000만 년마다 발생하는 소행성 충돌이 지구에 일어나지 않는다고 가정한다면, 우리는 아마시아의 형성으로 필연적으로 발생하는 기후변화에 적응해야 한다. 그러나 아마시아가 북극에 중심을 두고 있는 상황에서 겪는 빙하기는 우리 조상이 겪었던 최근 빙하기보다 훨씬 혹독할 것이다. 지구가 이토록 큰 대륙 덩어리를 고위도에 형성한 마지막 시기는 고생대로, 거대 대륙 곤드와나가 남극에 형성됐을 때였다. 지구 전체를 덮었던 '눈덩이 지구'를 제외하고, 곤드와나 빙상은 지구 역사상 가장 큰 빙상이었고, 그 절정기에는 거대 대륙 대부분을 덮었다.[11] 아마시아는 완전한 초대륙이므로 곤드와나보다 더 큰 빙상을 형성할 것이다.

설령 우리가 아마시아의 빙상 가장자리에서 생존하는 방법을 찾는다 해도, 고위도에서 살기는 더 힘들 뿐이다. 위도에 따른 다양성 기울기는 지구상에서 가장 잘 알려진 다양성의 특징일 것이다. 즉, 적도 근처의 따뜻한 열대 지역에는 더 많은 종이 존재하고, 추운 고위도 지역에는 종이 적다.[12] 고위도 지역에서는 생존이 어려워서 매우 규칙적으로 종의 교체가 일어난다.[13] 따라서 아마시아에서 적도 생태 공간을 보존할 수 있는 최적의 장소는 아프리카일 가능성이 크다(그림 50). 결국 우리는 완전한 순환을 이루며 인류의 요람으로 돌아가야 할 것이다.

초대륙이 극지에 형성되는 상황에서 배회가 우리를 구원할 가능성도 있다. 새로 형성된 초대륙 아래에 발달하는 맨틀 상승류는 적도에 위치하려 할 것이다. 태양계에서 가장 큰 화산인 올림푸스몬스 Olympus Mons를 포함한 화성의 타르시스Tharsis 화산 지대는 태양계 천체에서 단일 질량이 가장 큰 지역으로, 정확히 적도 위에 자리하고 있다. 이것은 우연이 아니라 배회가 작용한 것이다.[14] 따라서 만약 판구조 운동이 과거 곤드와나처럼 아마시아를 극지에 형성하려 한다면, 배회가 지구 전체를 움직여 아마시아와 그 아래의 맨틀 상승류를 적도에 자리 잡도록 함으로써 우리의 구원자가 되기를 기대할 수 있을 것이다. 결국, 과거 세 초대륙은 완전히 형성된 후에 적도를 가로질렀다(그림 38). 다시 한번 강조하건대, 이것은 우연이 아니라 지구물리학의 결과다.

우리가 과거를 통해 잘 배웠듯이 적도에 놓인 초대륙도 문제를 일으킬 수 있다. 초대륙 세상에서는 거대한 기후적, 환경적, 생태적 변화가 다시 한번 일어날 것이다. 판게아가 형성되고 발생한 페름기-트라이아스기 대멸종이 지구상의 생물 종을 절반 이상 없앴다는 점을 고려할 때(그림 12), 우리는 과연 아마시아에서 생존할 수 있을까? 우리 주위의 종 풍부도는 이전처럼 급격히 감소할 것이다. 다윈의 핀치와 같이 잘 적응한 종이 서식하던 여러 고립된 대륙의 섬들이 하나의 초대륙이라는 생태적 동일성 속에서 사라지게 될 것이다. 육교가 형성되어 번영한 종이 먼 땅으로 이동하면, 그곳에서 한때 잘 적응했던 종(도도새처럼)은 겪어본 적 없는 새로운 경쟁에 내몰리며 살아남지 못하게 될 것이다. 하지만 아마시아는 새로운 거대한 산맥의 형태로 생태학적 천연 장벽을 형성할 것이며, 이는 판게아를 서로 다른 종의 공룡이 서식하는 두 개의 반구로 나눴던 장벽과 비슷한 역할을 할 것이다. 이제 다시 우리와 우리의 생존 문제로 돌아가보자.

마지막으로 아마시아가 형성되면서 우리가 사랑하는 해안선들이 충돌하게 될 것이다. 그중 임박한 것은 지중해가 지중'산맥'으로 변하는 일일 것이다. 유럽과 북아프리카의 인구 밀집 지역 사람들은 짐을 꾸려서 다른 곳으로 이주해야 할 것이다. 이집트와 그리스 고대 문명의 요람들은 알프스산맥처럼 하늘 높이 솟아오르거나 지각 깊숙한 곳으로 밀려 내려가 엄청난 압력과 온도를 받고 거의 흔적이 지워질 것이다.

서론에서 초고층 건물이 입을 딱 벌리고 있는 섭입대 틈으로 그대로 빨려 들어가는 장면을 떠올렸을지 모르겠다. 하지만 현실은 그렇게 할리우드 영화처럼 극적이지 않을 것이다. 뉴욕처럼 한때 수동형 대륙 주변부였으나 지각적으로 활성화할 도시에서 지진 발생이 점점 늘어난다면, 대륙 충돌로 인해 초고층 건물이 섭입대로 들어가기 전에 지진이 먼저 건물들을 완전히 파괴할 가능성이 크다. 섭입대에 끼여가는 지질학적 잔해처럼, 한때 찬란했던 우리 도시의 유적들도 그때쯤에는 아래로 쓸려가는 무더기에 추가되는 파편일 뿐이다.

하지만 이러한 새로운 대륙 충돌은 현대 문명에 구조적 피해를 주는 식으로만 위협을 가하지 않는다. 판의 움직임이 만들어낼 가장 큰 위협은 아마도 인류와 문화의 대규모 이동일 것이다. 내가 생각하는 가장 처참한 예는 카리브해의 폐쇄다. 대략적인 추정에 따르면, 남아메리카 서부 해안에 있는 페루 리마와 미국 동부 해안에 있는 뉴욕시는 충돌 경로에 놓여 있다. 뉴욕시는 세계 초강대국 중 한 곳, 그중에서도 가장 인구가 밀집된 (현재 인구가 거의 900만 명에 달함) 도시이자 세계 경제의 중심지다. 리마는 아메리카 대륙 전체에서 가장 인구가 많은 도시로 손꼽히며 현재 인구가 900만 명이 넘는다. 전 세계의 주요 인구 밀집 지역들은 내륙이나 더 안전한 해안으로 이주해야 할 것이다. 만약 남극 대륙이 남극에 고립된 상태로 머물지 않고 북쪽으로 이동한다면, 이 춥고 황량한 땅이 인류의 마지막이자 최선의 희망이 될 수도 있다.

* * *

미래에 대한 이러한 사고실험을 통해, 우리 인류에게 시간이 얼마 남지 않았다는 느낌을 받을지도 모르겠다. 이는 우리가 다가올 초대륙에서 살아남을 가능성은커녕, 형성된 초대륙을 **목격할 가능성조차** 줄어들고 있음을 의미한다. 지금쯤이면 인류가 증거를 수집하고 아이디어와 씨름하는 데 시간이 걸린다는 것이 분명해졌다. 우리는 언젠가, 바라건대 가까운 미래에, 아마시아가 어떻게 형성될지 더 이해하게 될 것이다. 단 한 가지 문제는 우리가 그런 발견을 할 정도로 시간을 충분히 벌 수 있느냐다. 큰 문제를 해결하는 데에는 여러 세대가 지날 만큼 시간이 걸린다. 아메리카 원주민들은 자기 행동이 앞으로 일곱 세대에 영향을 미칠 것을 생각하고 결정을 내린다고 한다. 우리 사회가 그들처럼 결정을 내릴 수 있을까? 우리의 이야기는 알프레트 베게너에서 시작해 현재 진행 중인 내 소박한 노력으로 끝을 맺지만, 초대륙의 형성 방식과 같은 근본적인 과학 문제는 앞으로 여러 세대가 횃불을 이어받아야만 해결할 수 있다.

내가 '횃불'이라는 비유를 사용한 이유는 여러 가지다. 첫째로, 이는 전 미국 대통령 오바마가 세상에서 알아주는 막강한 자리에 올랐을 때 본인의 임기를 바라본 방식이었다. 그는 강력한 권력을 얻었지만, 당시 절박하고 위기감 넘치는 상황 속에서 그저 자신의 임기 동안 최선을 다한 뒤에는 횃불을 넘겨야 함을 알고 있었다. 그는 인류 사회를 더 나은 방향으로 발전시키려는 길고 지속적인 노력 중 작은 일부에 불과했다. 내가 이 비유를 사용하는 이유도 불이 인류 초기의 중요한 혁신 중 하나이기 때문이다. 이 책에서 탐구하는 혁신은 두 가지다. 과학적 방법론을 개발하고 그 방법론을 지구에 적용하여 우리가 집이라고 부르는 행성을 이해하는 것이다. 인류의 새로운 횃불은 과학적 방법론이라는 불씨를 다음 세대에 전하고 있다. 다음 세대는 우리가 풀지 못한 질문에 답할 수 있을까? 좋은 소식은 그들에게 도구가 있다는 것이고, 나쁜 소식은 그들에게 시간이 없을 수도 있다는 것이다.

나는 짧은 경력을 쌓는 동안 이미 다음 세대, 곧 지구를 물려받을 세대와 마주했으며, 그들에게서 격려도 받았다. 나의 학생들은 과거의 나만큼이나 열정적이지만, 주변 세상에 대한 인식은 나보다 더 깊다. 내가 어릴 때에는 인구 과잉이 인간이 직면한 유일한 실존적 문제였고, 이에 대해 사람들도 폭넓게 인식하고 있었다. 환경 운동도 점차 자리를 잡아가고 있었지만, 지구 온난화와 같은 더 큰 문제와 밀접하게 연결되지는 않았다. 그러다가 내가 대학교에 다닐 무렵에야 비로소 앨 고어Al Gore(정치인이자 환경 운동가로,《불편한 진실An Inconvenient Truth》이라는 책을 썼고, 그의 강연 내용은 동명의 다큐멘터리에 사용됐다-옮긴이 주)가 침묵하는 미국 국회의사당과 영화관에서 자신의 목소리를 내었다. 진정 불편한 진실은 우리가 현대 사회에서 가치 있다고 여기는 모든 것을 산업혁명이 제공해주었다는 사실이다. 삶의 질 향상(난방, 조명, 자동차, 현대 의학 등), 기대 수명 증가(에 따른 조부모 육아 돌봄 포함), 그리고 달나라 여행까지. 안타깝게도 화석연료 시대의 부작용은 광범위하고 심각하며, 이제 부작용을 무시했다가는 우리에게 더 큰 위험으로 되돌아올 것이다.

우리에게 닥친 문제를 해결할 시간을 충분히 벌 수 있을까? 이론을 발전시키는 데에는 시간이 걸리고, 이를 검증하는 데에는 더 많은 시간이 필요하다. 내가 《네이처》에 직교형 이론을 발표했을 때, 폴 호프먼이 분명히 나를 칭찬했다고 동료를 통해 들었다. 그는 직접 나서서 야단스럽게 떠드는 사람이 아니지만, 자신이 한 말이 어떻게든 내게 전해질 것을 알았다고 한다. 그는 초대륙 순환과 맨틀 대류를 연결한 것이 '수십 년 동안 초대륙 연구 분야에서 가장 큰 진전'이라는 취지로 말했다고 한다. 이것은 2012년의 일이었고, 그가 《사이언스》에 발표한 '뒤집힌inside out' 논문이 발표된 지 20년이 지난 후였다. 실제로 이 논문 이후로 지질학자들이 고대 초대륙을 찾는 여행에 나서게 됐다. 그리고 이제 내 논문이 발표된 지 10년이 됐다. 그 이후로 분명 진전이 있었지만, 나는 이 이론이 충분히 검증됐다고 착각하지 않는다. 아직 이론이 반증되지 않았지만, 그렇다고 합의가 이루어졌다고 주장할 수도 없다.

과학은 시간이 걸린다. 이는 좌절감을 주는 면이 있지만 동시에 구원하는 면도 있다. 과학은 이제 전 세계에 걸쳐 상호 연결된 하나의 거대한 공동체로, 작은 네트워크가 광대한 규모로 확장됐다. 그리고 고유한 관성을 지닌 '과학 경제'도 분명히 존재한다. 마이클 베이 Michael Bay가 영화 〈트랜스포머〉의 후속작을 찍을 때마다 폭발 장면에 쓰는 예산이 증가하는 것처럼, 이렇게 점진적인 자본주의적 성공의 척도에 따르면, 오늘날 성공했다고 여겨지는 과학자들은 연구비를 가장 많이 유치하는 사람들이다. 우주와 행성 과학에 관심을 불러일으키는 것은 인간이 지닌 탐험에 대한 호기심 때문일까, 아니면 수십억 달러 예산에 대한 갈망 때문일까?

이런 신물 나는 현대 과학의 현실에도 불구하고, 다행히 새로운 세대는 때 묻지 않은 호기심을 지니고 태어난다. 유튜브에서 내가 만든 아마시아 시뮬레이션 영상을 본 초등학생들은 이 이야기에서 횃불을 이어받을 사람이 될 것이다. 과거에서 미래 세계로 떠나는 시간 여행에 동행해주어 감사하다. 아직 모든 것을 잃지는 않았지만, 우리에게는 정말 시간이 필요하다. 미래를 바라보는 시선이 있어야만 그 일부가 되는 방법을 찾을 수 있다.

감사의 말

우선 초대륙 과학을 주류로 되돌린 2012년《네이처》논문의 공동 저자이자 소중한 친구인 데이비드 에반스와 테일러 킬리안에게 고마운 마음을 전한다.

책을 처음 쓴다는 게 쉽진 않지만, 나처럼 주위에서 도움을 받으면 누구든 충분히 할 수 있다. 그런 점에서 담당 편집자인 조 칼라미아에게 감사를 표한다. 털어놓으려니 부끄럽지만, 이 책의 아이디어를 떠올린 사람은 사실 조였다. 나는 원래 알프레트 베게너의 선견지명을 주제로 책을 쓰고 싶다고 조에게 연락했다. 조는 정중히 거절했고, 대신 나를 학계 밖으로 알려지게 한 유일한 주제인 다음 초대륙에 대해 써보는 게 어떻겠냐고 현명하게 제안해주었다. 이것을 시작으로 조는 이 책이 나올 때까지 내게 큰 힘이 되어주었다. 과학 분야에서는 내가 타고난 재능이 조금 있었을지 몰라도, 조는 몇 달, 몇 년에 걸쳐 여러 차례 원고를 수정해가면서 내게 대중 과학서를 어떻게 써야 하는지 가르쳐주었다. 그의 날카로운 과학적 사고, 전염성 있는 긍정적 태도, 유쾌한 성격도 확실히 도움이 됐다. 내 모교인 예일대학교와 그곳의 권위 있는 출판부에 결코 무례할 의도는 없었지만, 조가 시카고대학교 출판부로 자리를 옮겼을 때 그에게 이 프로젝트를 계속 맡기겠다는 내 결정에 조금의 망설임도 없었다.

브렌던 머피와 리처드 언스트는 (당시 익명으로) 내 책의 제안서와 시카고대학교 출판부에 제출된 원고를 검토해주었다. 리처드는 자신의 연구를 대하듯 열정적이고 진솔하며 비판적인 시각으로 이 책을 대해 주었다. 브렌던이 이 책에 준 도움은 말로 다 표현할 수 없을 정도다. 지구과학 교과서를 성공적으로 저술한 경험이 있던 그는 여러 차례 편집을 도와주며 이 책의 수준을 한 단계 끌어올려주었다. 감사한 마음에 앞으로 언제든 만나서 술을 같이 하게 된다면, 첫 잔과 마지막 잔을 꼭 내가 사겠다고 한 말은 진심이다.

나의 선생님들께도 감사의 말씀을 전하고 싶은데, 훌륭한 분들이 너무 많아서 모두 언급할 수 없을 정도다. 나는 5학년 때 처음으로 샤베너 선생님에게 판구조론을 배웠다. 7학년 때는 집에 갈 때마다 아른트 선생님이 들려주신 위대한 과학자들의 삶과 그들이 위대한 발견을 이루게 된 계기를 떠올렸다. 켄트 학교에서는 수많은 선생님에게 영향을 받았다. 굿윈 선생님 내외는 나를 과학자로 만들어주었고, 찰스 굴드 선생님은 내게 글 쓰는 법과 글 쓰는 재미를 가르쳐주었다. 대학교에서는 캐머런 데이비드슨 교수님이 지질학 커리큘럼에 내 관심사를 반영해 일대일로 개별 연구를 지도해주었다. 니콜라스 스완슨-하이셀 교수님은 내게 모범이 됐으며, 지질학 분야에서 처음 경력을 쌓을 때 자신감을 심어주었다. 그가 축축한 돌로미티산맥에서 데이비드 에반스가 쓴 진극배회 논문을 읽어보라고 건네준 그날 밤을 결코 잊지 못할 것이다. 나는 논문을 읽자마자 매료됐고, 의욕에 불타올랐다. 알레산드로 몬타나리 교수님은 아무것도, 심지어 출판된 과학 논문에서도 '확실한 것은 아무것도 없다'라는 교훈을 가르쳐주었다. 사라 미첼 교수님(나와 아무 사이가 아니다)은 내 첫 지질학 수업을 강의해주었고, 내가 지질학을 선택할 운명이라고 깨닫게 해주었다. 데이비드 바이스 교수님은 내게 과학 논문 작성 기술을 알려주었다.

대학원 이후, 수많은 교수님이 인내심과 열정을 가지고 내 연구 능력을 키워주었다. 조 커슈빙크 교수님은 사실상 내게 거의 모든 것을 가르쳐주었고, 가장 중요하게는 '자신의 가설을 좋아해도 괜찮지만, 그 가설을 검증하는 과정을 사랑해야 한다'라는 중요한 교훈을 주었다. 데이비드 에반스 교수님은 내가 대학원 진학을 위해 올바른 결정을 내리도록 도와주었을 뿐만 아니라, 뉴헤이븐 시내에 있는 담배 가게 밖에서 제임스 브라운의 노래를 들으며 약속하셨던 구조지질학 훈련을 이어가게 해주었다. 하지만 그보다 더 중요한 것은, 교수님의 연구가 그 누구보다도 내 마음을 자극하고 영감을 주었다는 점이다. 예일대학교에서는 마크 브랜든 교수님이 항상 내게 필요한 말을 들려주었다. 바우터 블레이커 교수님은 사실상 내 두 번째 박사 과정 지도 교수로서, 원거리 현장 조사에 대한 모든 지식을 가르쳐주었다. 폴 호프먼 교수님에게도 감사의 말씀을 드린다. 그분에게 최고의 영감을 주는 존재가 베게너이듯, 그는 내게 그런 존재가 되어주었다. 피터 워드 교수님은 《고르곤Gorgon》과 《희귀한 지구Rare Earth》와 같은 놀라운 저서를 통해 내가 대중 과학 분야에서 두 번째 경력을 쌓는 일을 꿈꾸게 해주었고, 오래 이어온 개인적 우정으로 나를 지지해주었다. 정상 리 교수님은 내가 다양한 학문 분야의 연구팀과 협업할 일생일대의 기회를 주었고, 브렌던 머피 교수님과 함께 일할 수 있는 곳으로 나를 이끌어주었다. 펑 펑 교수님은 나를 중국으로 데려가 내 연구 경력의 새로운 장을 열어주었다. 그 덕분에 이 책을 마칠 수 있는 안정적인 기반을 얻게 됐다. 중국과학원 지질 및 지구물리학 연구소IGGCAS의 모든 분께 감사드리고, 특히 전임 소장 푸위안 우 교수님이 내게 한결같은 지원과 흥미로운 기회를 제공해주신 데 감사드린다. 나는 IGGCAS의 내 학생들과 활기찬 직원들에게도 깊이 감사를 표한다. 내게 영향을 주었던 전 세계의 수많은 협력자를 일일이 언급할 수는 없지만, 당사자들은 알고 있으리라 믿는다.

내 외할아버지인 넬슨 버린은 독특한 분이셨는데, 내 사고방식이나 성격이 외할아버지를 많이 닮았다고 한다. 외할아버지는 플라스틱 혁명 시기에 화학공학자로 근무하셨다. 프랭크 시내트라가 부른 노래 제목처럼 외할아버지는 내게 늘 '마음만은 청춘young at heart'으로 지내라고 일러주셨다. 외할아버지의 삶과 그가 남긴 흔적은 매일 내게 영감을 준다. 사촌, 삼촌을 비롯한 내 친척들은 언제나 내 삶이 즐겁고 정서적으로 안정되도록 해주셨다. 부모님인 제임스와 수지는 영어 교사로 일하다 만나셨는데, 두 분은 내 글쓰기 실력을 공들여 키워주셨다. 작가인 아버지와 예술가인 어머니는 내게 창작의 즐거움을 가르쳐주셨다. 두 분은 사람들이 상상할 수 있는 최고의 부모님이다. 형 니콜라스는 처음부터 내게 모범이 됐고, 그 역할에서 한 번도 실패한 적이 없다. 우리가 파리 앵발리드를 걸으며 '건설적 경쟁'을 약속한 이후로, 그 마음은 오늘날까지도 나를 성장시키고 있다. 형수 조슬린은 내게 없던 자매 같은 존재로, 학문적 여정의

우여곡절 속에서 나를 훌륭하게 이끌어주었다. 이들의 두 아들, 나의 소중한 조카 그레이엄과 보든은 우리 가족의 보배다. 친구들도 내게 너무 소중한 존재로, 내가 누굴 말하는지 본인들은 잘 알 것이다. 테일러와 베카는 내가 대학원을 잘 마칠 수 있게 도와주었다. 찰리 네이선은 수업부터 비트 메이킹까지 나와 평행 우주를 공유해주었다. 그랜트 콕스, 뤽 뒤세, 토머스 거논, 우에 커셔, 에린 마틴, 애덤 노드스반, 그리고 크리스 스펜서와 함께 호주에서 보낸 시간은 정말 즐거웠다. 샤오팡 허, 펑 펑, 보 완, 그리고 레이 자오는 베이징을 고향처럼 느끼게 해주었다. 샘과 빈스, 그리고 그들의 사랑스러운 가족들은 내 삶에 의미를 부여해주고 내 삶을 흥겹게 만들어준다.

긴 여정 동안 제안서와 원고를 틈틈이 확인해준 해리 네처, 셀레나 팽, 그리고 그리스 스펜서에게 깊이 감사드린다. 우연히도 같은 칼턴 동문이었던 교열 담당자, 수잔 올린 덕분에 내 책을 이전보다 훨씬 더 즐겁게 읽을 수 있었다. 매튜 그린과 함께 각 장의 인상적인 삽화를 상상하며 작업하는 과정은 정말 즐겁고 흥미로운 경험이었다. 그가 지구 역사를 표현하려 애쓴 노력에 감사를 표한다. 산지브 쿠마르 싱하는 매우 촉박한 일정 속에서도 깔끔하게 색인을 완성해주었다. 고대 지리 재구성과 관련된 많은 그림은 훌륭한 지플레이츠 GPlates 소프트웨어를 사용해 제작됐다. 무엇보다도 난생처음 책을 집필하는 작가에게 기회를 준 시카고대학교 출판부에 감사드린다. 언젠가 다시 함께할 수 있기를 바란다.

감사의 말

345

주
___

판게아

1   James Brendan Murphy and R. Damian Nance, "The Pangea conundrum," *Geology* 36, no. 9 (2008): 703–6.

2   Alfred Wegener, "Die Entstehung der Kontinente," *Geologische Rundschau* 3, no. 4 (1912): 276–92; Alfred Wegener, "Die Entstehung der Kontinente und Ozeane: Braunschweig," *Sammlung Vieweg* 23 (1915): 94; Alfred Wegener, *Die Entstehung der Kontinente und Ozeane,* vol. 66 (F. Vieweg, 1920); A. Wegener, *The origin of continents and oceans,* trans. J. Biram (English translation of the 4th [1929] German edition) (London: Dover, 1966).

3   Mott T. Greene, *Alfred Wegener: Science, exploration, and the theory of continental drift* (Baltimore: Johns Hopkins University Press, 2015).

4   Alexander Logie Du Toit, *Our wandering continents: An hypothesis of continental drifting* (London: Oliver and Boyd, 1937).

5   See https://www.amnh.org/learn-teach/curriculum-collections/dinosaurs-activities-and-lesson-plans/plate-tectonics-puzzle.

6   Ralph Dietmar Müller, Maria Sdrolias, Carmen Gaina, and Walter R. Roest, "Age, spreading rates, and spreading asymmetry of the world's ocean crust," *Geochemistry, Geophysics, Geosystems* 9, no. 4 (2008).

7   Ronald E. Doel, Tanya J. Levin, and Mason K. Marker, "Extending modern cartography to the ocean depths: Military patronage, Cold War priorities, and the Heezen-Tharp mapping project, 1952–1959," *Journal of Historical Geography* 32, no. 3 (2006): 605–26.

8   Bruce C. Heezen and Marie Tharp, "Tectonic fabric of the Atlantic and Indian Oceans and continental drift," *Philosophical Transactions of the Royal Society of London, Series A, Mathematical and Physical Sciences* 258, no. 1088 (1965): 90–106; Bruce C. Heezen, Marie Tharp, and Maurice Ewing, *The floors of the oceans,* vol. 65 (New York: Geological Society of America, 1959).

9   Ott Christoph Hilgenberg, "Vom wachsenden Erdball," *Charlottenburg* (1933).

10   William Thomson, "XV.—On the secular cooling of the Earth." *Earth and Environmental Science Transactions of the Royal Society of Edinburgh* 23, no. 1 (1862): 157–69.

11   John Tuzo Wilson, "A new class of faults and their bearing on continental drift," *Nature* 207, no. 4995 (1965): 343–47.

12   Wegener, *Origin of continents and oceans.*

13   Fred J. Vine and D. H. Matthews, "Magnetic anomalies over oceanic ridges," *Nature* 199, no. 4897 (1963): 947–49; F. J. Vine, "Spreading of the ocean floor: New evidence: Magnetic anomalies may record histories of the ocean basins and Earth's magnetic field for 2 × 108 years," *Science* 154, no. 3755 (1966): 1405–15.

14   Tinsley H. Davis, "Biography of Edward Irving," *Proceedings of the National Academy of Sciences* 102, no. 6 (2005): 1819–20.

15   Edward Irving and R. Green, "Polar movement relative to Australia," *Geophysical Journal International* 1, no. 1 (1958): 64–72.

16   Edward Irving, "Drift of the major continental blocks since the Devonian," *Nature* 270, no. 5635 (1977): 304–9.

17   John Tuzo Wilson, "Evidence from islands on the spreading of ocean floors," *Nature* 197, no. 4867 (1963): 536–38.

18   John Tuzo Wilson, "Did the Atlantic close and then re-open?," *Nature* 211, no. 5050 (1966): 676–81.

19   Wilson, "Did the Atlantic close and then re-open?," 676.

20   John Tuzo Wilson, "Static or mobile earth: The current scientific revolution," *Proceedings of the American Philosophical Society* 112, no. 5 (1968): 309–20.

21   Trond H. Torsvik, Rob Van der Voo, Ulla Preeden, et al., "Phanerozoic polar wander, palaeogeography and dynamics," *Earth-Science Reviews* 114, no. 3–4 (2012): 325–68.

22   Charles R. Marshall, "Explaining the Cambrian 'explosion' of animals," *Annual Review of Earth and Planetary Sciences* 34 (2006): 355–84.

23   Peter D. Ward, Jennifer Botha, Roger Buick, et al., "Abrupt and gradual extinction among Late Permian land vertebrates in the Karoo Basin, South Africa," *Science* 307, no. 5710 (2005): 709–14.

24   Andrew Zaffos, Seth Finnegan, and Shanan E. Peters, "Plate tectonic regulation of global marine animal diversity," *Proceedings of the National Academy of Sciences* 114, no. 22 (2017): 5653–58.

25   Edward J. Garnero, Thorne Lay, and Allen McNamara, "Implications of lower-mantle

structural heterogeneity for the existence and nature of whole-mantle plumes," *Special Papers—Geological Society of America* 430 (2007): 79.

26 Ross N. Mitchell, Lei Wu, J. Brendan Murphy, and Zheng-Xiang Li, "Trial by fire: Testing the paleolongitude of Pangea of competing reference frames with the African LLSVP," *Geoscience Frontiers* 11, no. 4 (2020): 1253–56.

27 Murphy and Nance, "Pangea conundrum."

로디니아

1 Timothy D. Raub, J. L. Kirschvink, and D. A. D. Evans, "True polar wander: Linking deep and shallow geodynamics to hydro-and bio-spheric hypotheses," *Treatise on Geophysics* 5 (2007): 565–89.

2 Paul F. Hoffman, "Did the breakout of Laurentia turn Gondwanaland inside-out?," *Science* 252, no. 5011 (1991): 1409–12.

3 Eldridge M. Moores, "Southwest US-East Antarctic (SWEAT) connection: A hypothesis," *Geology* 19, no. 5 (1991): 425–28; Ian W. D. Dalziel, "Pacific margins of Laurentia and East Antarctica-Australia as a conjugate rift pair: Evidence and implications for an Eocambrian supercontinent," *Geology* 19, no. 6 (1991): 598–601.

4 Hoffman, "Did the breakout of Laurentia turn Gondwanaland inside-out?"

5 Erin L. Martin, C. J. Spencer, W. J. Collins, R. J. Thomas, P. H. Macey, and N. M. W. Roberts, "The core of Rodinia formed by the juxtaposition of opposed retreating and advancing accretionary orogens," *Earth-Science Reviews* 211 (2020): 103413.

6 Zheng-Xiang Li, S. Bogdanova, A. S. Collins, et al., "Assembly, configuration, and break-up history of Rodinia: A synthesis," *Precambrian Research* 160, no. 1–2 (2008): 179–210.

7 Li, Bogdanova, Collins, et al., "Assembly, configuration, and break-up history of Rodinia."

8 Zheng-Xiang Li and David A. D. Evans, "Late Neoproterozoic 40 intraplate rotation within Australia allows for a tighter-fitting and longer-lasting Rodinia," *Geology* 39, no. 1 (2011): 39–42.

9 William J. Collins, J. Brendan Murphy, Tim E. Johnson, and Hui-Qing Huang, "Critical role of water in the formation of continental crust," *Nature Geoscience* 13, no. 5 (2020): 331–38.

10 Martin, Spencer, Collins, Thomas, Macey, and Roberts, "Core of Rodinia."

11 Allen P. Nutman, Vickie C. Bennett, Clark R. L. Friend, Martin J. Van Kranendonk, and Allan R. Chivas. "Rapid emergence of life shown by discovery of 3,700-million-year-old

microbial structures," *Nature* 537, no. 7621 (2016): 535–38.

12 Nicholas L. Swanson-Hysell, Adam C. Maloof, Joseph L. Kirschvink, David A. D. Evans, Galen P. Halverson, and Matthew T. Hurtgen, "Constraints on Neoproterozoic paleogeography and Paleozoic orogenesis from paleomagnetic records of the Bitter Springs Formation, Amadeus Basin, central Australia," *American Journal of Science* 312, no. 8 (2012): 817–84.

13 Clinton P. Conrad and Bradford H. Hager, "Mantle convection with strong subduction zones," *Geophysical Journal International* 144, no. 2 (2001): 271–88.

14 Adam C. Maloof, Galen P. Halverson, Joseph L. Kirschvink, Daniel P. Schrag, Benjamin P. Weiss, and Paul F. Hoffman, "Combined paleomagnetic, isotopic, and stratigraphic evidence for true polar wander from the Neoproterozoic Akademikerbreen Group, Svalbard, Norway," *Geological Society of America Bulletin* 118, no. 9–10 (2006): 1099–1124.

15 Maloof, Halverson, Kirschvink, Schrag, Weiss, and Hoffman, "Combined paleomagnetic, isotopic, and stratigraphic evidence."

16 Swanson-Hysell, Maloof, Kirschvink, Evans, Halverson, and Hurtgen, "Constraints on Neoproterozoic paleogeography and Paleozoic orogenesis."

17 Robert H. Rainbird, Larry M. Hearnan, and Grant Young. "Sampling Laurentia: Detrital zircon geochronology offers evidence for an extensive Neoproterozoic river system originating from the Grenville orogen," *Geology* 20, no. 4 (1992): 351–54.

18 Xianqing Jing, Zhenyu Yang, David A. D. Evans, Yabo Tong, Yingchao Xu, and Heng Wang, "A pan-latitudinal Rodinia in the Tonian true polar wander frame," *Earth and Planetary Science Letters* 530 (2020): 115880.

19 Bernhard Steinberger, Miriam-Lisanne Seidel, and Trond H. Torsvik, "Limited true polar wander as evidence that Earth's nonhydrostatic shape is persistently triaxial," *Geophysical Research Letters* 44, no. 2 (2017): 827–34.

20 Jessica R. Creveling, J. X. Mitrovica, N.-H. Chan, K. Latychev, and I. Matsuyama, "Mechanisms for oscillatory true polar wander," *Nature* 491, no. 7423 (2012): 244–48.

컬럼비아

1 Alexander Logie Du Toit, *Our wandering continents: An hypothesis of continental drifting* (London: Oliver and Boyd, 1937).

2 Sergei A. Pisarevsky and L. M. Natapov, "Siberia and Rodinia," *Tectonophysics* 375, no. 1–4

(2003): 221–45; David A. D. Evans and Ross N. Mitchell, "Assembly and breakup of the core of Paleoproterozoic–Mesoproterozoic supercontinent Nuna," *Geology* 39, no. 5 (2011): 443–46.

3   Guochun Zhao, Peter A. Cawood, Simon A. Wilde, and Min Sun, "Review of global 2.1–1.8 Ga orogens: Implications for a pre-Rodinia supercontinent," *Earth-Science Reviews* 59, no. 1–4 (2002): 125–62.

4   Paul F. Hoffman, "Tectonic genealogy of North America," *Earth structure: An introduction to structural geology and tectonics* (1997): 459–64.

5   John J. W. Rogers and M. Santosh, "Configuration of Columbia, a Mesoproterozoic supercontinent," *Gondwana Research* 5, no. 1 (2002): 5–22.

6   Zhao, Cawood, Wilde, and Sun, "Review of global 2.1–1.8 Ga orogens."

7   Gabrielle Walker, *Snowball Earth: The story of a maverick scientist and his theory of the global catastrophe that spawned life as we know it* (London: Bloomsbury, 2003).

8   Zhao, Cawood, Wilde, and Sun, "Review of global 2.1–1.8 Ga orogens."

9   Glen Arthur Izett and Ray Everett Wilcox, *Map showing localities and inferred distributions of the Huckleberry Ridge, Mesa Falls, and Lava Creek ash beds (Pearlette family ash beds) of Pliocene and Pleistocene age in the western United States and southern Canada*, no. 1325, 1982; http://pubs.er.usgs.gov/publication/i1325 IMAP series, Report 1325, doi: 10.3133/i1325.

10 Paul Hoffman, "Proterozoic paleocurrents and depositional history of the East Arm fold belt, Great Slave Lake, Northwest Territories," *Canadian Journal of Earth Sciences* 6, no. 3 (1969): 441–62.

11 Samuel A. Bowring, W. R. Van Schmus, and P. F. Hoffman, "U–Pb zircon ages from Athapuscow aulacogen, east arm of Great Slave Lake, NWT, Canada," *Canadian Journal of Earth Sciences* 21, no. 11 (1984): 1315–24.

12 Adam R. Nordsvan, William J. Collins, Zheng-Xiang Li, et al., "Laurentian crust in northeast Australia: Implications for the assembly of the supercontinent Nuna," *Geology* 46, no. 3 (2018): 251–54.

13 David A. D. Evans and Ross N. Mitchell, "Assembly and breakup of the core of Paleoproterozoic–Mesoproterozoic supercontinent Nuna," *Geology* 39, no. 5 (2011): 443–46.

14 Amaury Pourteau, Matthijs A. Smit, Zheng-Xiang Li, et al., "1.6 Ga crustal thickening along the final Nuna suture," *Geology* 46, no. 11 (2018): 959–62.

15 Chong Wang, Ross N. Mitchell, J. Brendan Murphy, Peng Peng, and Christopher J. Spencer,

"The role of megacontinents in the supercontinent cycle," *Geology* 49, no. 4 (2021): 402–6.

16 Paul F. Hoffman, "Speculations on Laurentia's first gigayear (2.0 to 1.0 Ga)," *Geology* 17, no. 2 (1989): 135–38.

17 Hoffman, "Speculations on Laurentia's first gigayear."

18 Hoffman, "Speculations on Laurentia's first gigayear."

19 Don L. Anderson, Hotspots, polar wander, Mesozoic convection and the geoid," *Nature* 297, no. 5865 (1982): 391–93.

20 Jun Korenaga, "Eustasy, supercontinental insulation, and the temporal variability of terrestrial heat flux," *Earth and Planetary Science Letters* 257, no. 1–2 (2007): 350–58.

21 Korenaga, "Eustasy, supercontinental insulation."

22 Shijie Zhong, Nan Zhang, Zheng-Xiang Li, and James H. Roberts, "Supercontinent cycles, true polar wander, and very long-wavelength mantle convection," *Earth and Planetary Science Letters* 261, no. 3–4 (2007): 551–64.

23 Zhong, Zhang, Li, and Roberts, "Supercontinent cycles."

24 Hoffman, "Speculations on Laurentia's first gigayear."

미지의 시생누대

1 Alexei L. Perchuk, Taras V. Gerya, Vladimir S. Zakharov, and William L. Griffin, "Building cratonic keels in Precambrian plate tectonics," *Nature* 586, no. 7829 (2020): 395–401.

2 R. Roberts, "Ore deposit models #11. Archean lode gold deposits," *Geoscience Canada* 14, no. 1 (1987): 37–52.

3 David I. Groves, G. Neil Phillips, Susan E. Ho, Sarah M. Houstoun, and Christine A. Standing, "Craton-scale distribution of Archean greenstone gold deposits; predictive capacity of the metamorphic model," *Economic Geology* 82, no. 8 (1987): 2045–58.

4 Nicholas Arndt, Michael Lesher, and Steve Barnes, *Komatiite* (New York: Cambridge University Press, 2008).

5 Stephen J. Barnes and N. T. Arndt, "Distribution and geochemistry of komatiites and basalts through the Archean," in *Earth's Oldest Rocks*, ed. Martin J. Van Kranendonk, Vickie C. Bennett, and J. Elis Hoffmann (Elsevier, 2019).

6 Reid R. Keays, "The role of komatiitic and picritic magmatism and S-saturation in the formation of ore deposits," *Lithos* 34, no. 1–3 (1995): 1–18.

7 Heinrich D. Holland, "Volcanic gases, black smokers, and the Great Oxidation Event,"

Geochimica et Cosmochimica Acta 66, no. 21 (2002): 3811–26.

8   Andrew H. Knoll and Martin A. Nowak, "The timetable of evolution," *Science Advances* 3, no. 5 (2017): e1603076; Allen P. Nutman, Vickie C. Bennett, Clark R. L. Friend, Martin J. Van Kranendonk, and Allan R. Chivas, "Rapid emergence of life shown by discovery of 3,700-million-year-old microbial structures," *Nature* 537, no. 7621 (2016): 535–38.

9   Thomas A. Laakso and Daniel P. Schrag, "Regulation of atmospheric oxygen during the Proterozoic," *Earth and Planetary Science Letters* 388 (2014): 81–91; Grant M. Cox, Timothy W. Lyons, Ross N. Mitchell, Derrick Hasterok, and Matthew Gard, "Linking the rise of atmospheric oxygen to growth in the continental phosphorus inventory," *Earth and Planetary Science Letters* 489 (2018): 28–36.

10 Toby Tyrrell, "The relative influences of nitrogen and phosphorus on oceanic primary production," *Nature* 400, no. 6744 (1999): 525–31.

11 Cin-Ty A. Lee, Laurence Y. Yeung, N. Ryan McKenzie, Yusuke Yokoyama, Kazumi Ozaki, and Adrian Lenardic, "Two-step rise of atmospheric oxygen linked to the growth of continents," *Nature Geoscience* 9, no. 6 (2016): 417– 24; I. N. Bindeman, D. O. Zakharov, J. Palandri, et al., "Rapid emergence of subaerial landmasses and onset of a modern hydrologic cycle 2.5 billion years ago," *Nature* 557, no. 7706 (2018): 545–48.

12 Alan M. Goodwin, *Principles of Precambrian geology* (London: Elsevier, 1996).

13 Meng Guo and Jun Korenaga, "Argon constraints on the early growth of felsic continental crust," *Science Advances* 6, no. 21 (2020): eaaz6234.

14 Jun Korenaga, "Crustal evolution and mantle dynamics through Earth history," *Philosophical Transactions of the Royal Society A: Mathematical, Physical and Engineering Sciences* 376, no. 2132 (2018): 20170408.

15 Ross N. Mitchell, Nan Zhang, Johanna Salminen, et al., "The supercontinent cycle," *Nature Reviews Earth & Environment* 2, no. 5 (2021): 358–74.

16 Bindeman, Zakharov, Palandri, et al., "Rapid emergence of subaerial landmasses."

17 Norman H. Sleep, "Martian plate tectonics," *Journal of Geophysical Research: Planets* 99, no. E3 (1994): 5639–55; Jafar Arkani-Hamed, "On the tectonics of Venus," *Physics of the Earth and Planetary Interiors* 76, no. 1–2 (1993): 75–96.

18 Allen P. Nutman, "Antiquity of the oceans and continents," *Elements* 2, no. 4 (2006): 223–27; Timothy Kusky, Brian F. Windley, Ali Polat, Lu Wang, Wenbin Ning, and Yating Zhong, "Archean dome-and-basin style structures form during growth and death of intraoceanic and continental margin arcs in accretionary orogens," *Earth-Science Reviews* 220 (2021): 103725.

19 Tim E. Johnson, Michael Brown, Nicholas J. Gardiner, Christopher L. Kirkland, and R. Hugh Smithies, "Earth's first stable continents did not form by subduction," *Nature* 543, no. 7644 (2017): 239–42; Jean H. Bédard, "A catalytic delamination-driven model for coupled genesis of Archaean crust and sub-continental lithospheric mantle," *Geochimica et Cosmochimica Acta* 70, no. 5 (2006): 1188–1214.

20 Samuel A. Bowring, I. S. Williams, and W. Compston, "3.96 Ga gneisses from the slave province, Northwest Territories, Canada," *Geology* 17, no. 11 (1989): 971–75; Samuel A. Bowring and Ian S. Williams, "Priscoan (4.00– 4.03 Ga) orthogneisses from northwestern Canada," *Contributions to Mineralogy and Petrology* 134, no. 1 (1999): 3–16.

21 William Compston and Robert T. Pidgeon, "Jack Hills, evidence of more very old detrital zircons in Western Australia," *Nature* 321, no. 6072 (1986): 766–69.

22 Timothy Mark Harrison, "The Hadean crust: Evidence from > 4 Ga zircons," *Annual Review of Earth and Planetary Sciences* 37 (2009): 479–505.

23 C. Brenhin Keller, Patrick Boehnke, and Blair Schoene, "Temporal variation in relative zircon abundance throughout Earth history," *Geochemical Perspectives Letters* 3 (2017): 179–89.

24 Simon A. Wilde, John W. Valley, William H. Peck, and Colin M. Graham, "Evidence from detrital zircons for the existence of continental crust and oceans on the Earth 4.4 Gyr ago," *Nature* 409, no. 6817 (2001): 175–78.

25 Bo Wan, Xusong Yang, Xiaobo Tian, Huaiyu Yuan, Uwe Kirscher, and Ross N. Mitchell, "Seismological evidence for the earliest global subduction network at 2 Ga ago," *Science Advances* 6, no. 32 (2020): eabc5491.

26 Wouter Bleeker, "The late Archean record: A puzzle in ca. 35 pieces," *Lithos* 71, no. 2–4 (2003): 99–134.

27 Ross N. Mitchell, Wouter Bleeker, Otto Van Breemen, et al., "Plate tectonics before 2.0 Ga: Evidence from paleomagnetism of cratons within supercontinent Nuna," *American Journal of Science* 314, no. 4 (2014): 878–94.

28 Yebo Liu, Ross N. Mitchell, Zheng-Xiang Li, Uwe Kirscher, Sergei A. Pisarevsky, and Chong Wang, "Archean geodynamics: Ephemeral supercontinents or long-lived supercratons," *Geology* 49, no. 7 (2021): 794–98.

29 Richard Ernst and Wouter Bleeker, "Large igneous provinces (LIPs), giant dyke swarms, and mantle plumes: Significance for breakup events within Canada and adjacent regions from 2.5 Ga to the present," *Canadian Journal of Earth Sciences* 47, no. 5 (2010): 695–739;

Wouter Bleeker and Richard Ernst, "Short-lived mantle generated magmatic events and their dyke swarms: The key unlocking Earth's paleogeographic record back to 2.6 Ga," in *Dyke swarms—Time markers of crustal evolution*, ed. E. Hanski, S. Mertanen, T. Rämö, and J. Vuollo (London: Taylor and Francis/Balkema, 2006): 3–26.

30 Mitchell, Zhang, Salminen, et al., "The supercontinent cycle."

다가올 초대륙

1   Thomas R. Worsley, Damian Nance, and Judith B. Moody, "Global tectonics and eustasy for the past 2 billion years," *Marine Geology* 58, no. 3–4 (1984): 373–400.

2   Thomas R. Worsley, J. B. Moody, and R. D. Nance, "Proterozoic to recent tectonic tuning of biogeochemical cycles," *The carbon cycle and atmospheric C02: Natural variations Archean to present* 32 (1985): 561–72.

3   Thomas R. Worsley, R. Damian Nance, and Judith B. Moody, "Tectonic cycles and the history of the Earth's biogeochemical and paleoceanographic record," *Paleoceanography* 1, no. 3 (1986): 233–63.

4   Richard Damian Nance, Thomas R. Worsley, and Judith B. Moody, "The supercontinent cycle," *Scientific American* 259, no. 1 (1988): 72–79.

5   See Christopher R. Scotese, "Atlas of future plate tectonic reconstructions: Modern world to Pangea Proxima (+250 Ma), PALEOMAP Project" (2018): 1–35; http://www.scotese.com.

6   Fabio Crameri, Valentina Magni, Mathew Domeier, et al., "A transdisciplinary and community-driven database to unravel subduction zone initiation," *Nature Communications* 11, no. 1 (2020): 1–14.

7   João C. Duarte, Filipe M. Rosas, Pedro Terrinha, et al., "Are subduction zones invading the Atlantic? Evidence from the southwest Iberia margin," *Geology* 41, no. 8 (2013): 839–42.

8   João C. Duarte, Wouter P. Schellart, and Filipe M. Rosas, "The future of Earth's oceans: Consequences of subduction initiation in the Atlantic and implications for supercontinent formation," *Geological Magazine* 155, no. 1 (2018): 45–58.

9   Harm J. A. Van Avendonk, Joshua K. Davis, Jennifer L. Harding, and Lawrence A. Lawver, "Decrease in oceanic crustal thickness since the breakup of Pangaea," *Nature Geoscience* 10, no. 1 (2017): 58–61.

10 S. A. P. L. Cloetingh, M. J. R. Wortel, and N. J. Vlaar, "Passive margin evolution, initiation of subduction and the Wilson cycle," *Tectonophysics* 109, no. 1–2 (1984): 147–63.

11 Cloetingh, Wortel, and Vlaar, "Passive margin evolution."

12 Steve Mueller and Roger J. Phillips, "On the initiation of subduction," *Journal of Geophysical Research: Solid Earth* 96, no. B1 (1991): 651–65.

13 Jikai Ding, Shihong Zhang, Hanqing Zhao, et al., "A combined geochronological and paleomagnetic study on ~1220 Ma mafic dikes in the North China Craton and the implications for the breakup of Nuna and assembly of Rodinia," *American Journal of Science* 320, no. 2 (2020): 125–49.

14 Christopher J. H. Hartnady, "On Supercontinents and Geotectonic Megacycles," Precambrian Research Unit, Department of Geology, University of Cape Town, 1991; Chris J. H. Hartnady, "About turn for supercontinents," *Nature* 352, no. 6335 (1991): 476–78.

15 James Brendan Murphy and R. Damian Nance, "Do supercontinents introvert or extrovert?: Sm-Nd isotope evidence," *Geology* 31, no. 10 (2003): 873–76.

16 Erin L. Martin, C. J. Spencer, W. J. Collins, R. J. Thomas, P. H. Macey, and N. M. W. Roberts, "The core of Rodinia formed by the juxtaposition of opposed retreating and advancing accretionary orogens," *Earth-Science Reviews* 211 (2020): 103413.

17 Tanya Atwater and Joann Stock, "Pacific–North America plate tectonics of the Neogene southwestern United States: An update," *International Geology Review* 40, no. 5 (1998): 375–402.

18 Christopher J. Spencer, J. B. Murphy, C. W. Hoiland, S. T. Johnston, R. N. Mitchell, and W. J. Collins, "Evidence for whole mantle convection driving Cordilleran tectonics," *Geophysical Research Letters* 46, no. 8 (2019): 4239–48.

19 Martin, Spencer, Collins, Thomas, Macey, and Roberts, "The core of Rodinia."

20 Paul G. Silver and Mark D. Behn, "Intermittent plate tectonics?," *Science* 319, no. 5859 (2008): 85–88; Z. X. Li, R. N. Mitchell, C. J. Spencer, et al., "Decoding Earth's rhythms: Modulation of supercontinent cycles by longer superocean episodes," *Precambrian Research* 323 (2019): 1–5.

21 Ross N. Mitchell, Taylor M. Kilian, and David A. D. Evans, "Supercontinent cycles and the calculation of absolute palaeolongitude in deep time," *Nature* 482, no. 7384 (2012): 208–11.

22 David A. D. Evans, "True polar wander and supercontinents," *Tectonophysics* 362, no. 1–4 (2003): 303–20.

23 Evans, "True polar wander and supercontinents."

24 Adam C. Maloof, Galen P. Halverson, Joseph L. Kirschvink, Daniel P. Schrag, Benjamin P. Weiss, and Paul F. Hoffman, "Combined paleomagnetic, isotopic, and stratigraphic evidence

for true polar wander from the Neoproterozoic Akademikerbreen Group, Svalbard, Norway," *Geological Society of America Bulletin* 118, no. 9–10 (2006): 1099–1124.

25   Lauri J. Pesonen and H. Nevanlinna, "Late Precambrian Keweenawan asymmetric reversals," *Nature* 294, no. 5840 (1981): 436–39.

26   Nicholas L. Swanson-Hysell, Adam C. Maloof, Benjamin P. Weiss, and David A. D. Evans, "No asymmetry in geomagnetic reversals recorded by 1.1-billion-year-old Keweenawan basalts," *Nature Geoscience* 2, no. 10 (2009): 713–17.

27   Ross N. Mitchell, Taylor M. Kilian, and David A. D. Evans, "Supercontinent cycles and the calculation of absolute palaeolongitude in deep time," *Nature* 482, no. 7384 (2012): 208–11.

28   Hartnady, "On Supercontinents and Geotectonic Megacycles."

29   Chong Wang, Ross N. Mitchell, J. Brendan Murphy, Peng Peng, and Christopher J. Spencer, "The role of megacontinents in the supercontinent cycle," *Geology* 49, no. 4 (2021): 402–6.

30   Henry J. B. Dick, Jian Lin, and Hans Schouten, "An ultraslow-spreading class of ocean ridge," *Nature* 426, no. 6965 (2003): 405–12.

31   See https://speculativeevolution.fandom.com/wiki/Amasia.

32   See https://speculativeevolution.fandom.com/wiki/Amasia.

33   Anne Sieminski, Eric Debayle, and Jean-Jacques Lévêque, "Seismic evidence for deep low-velocity anomalies in the transition zone beneath West Antarctica," *Earth and Planetary Science Letters* 216, no. 4 (2003): 645–61.

34   Francis Nimmo and Robert T. Pappalardo, "Diapir-induced reorientation of Saturn's moon Enceladus," *Nature* 441, no. 7093 (2006): 614–16.

35   Helene Seroussi, Erik R. Ivins, Douglas A. Wiens, and Johannes Bondzio, "Influence of a West Antarctic mantle plume on ice sheet basal conditions," *Journal of Geophysical Research: Solid Earth* 122, no. 9 (2017): 7127–55.

36   Ted Nield, *Supercontinent: Ten billion years in the life of our planet* (London: Granta Books, 2008), 19.

37   A. C. Şengör, "Tethys and its implications," *Nature* 279, no. 14 (1979): 14.

38   Wang, Mitchell, Murphy, Peng, and Spencer, "Role of megacontinents in the supercontinent cycle."

39   Bo Wan, Fuyuan Wu, Ling Chen, et al., "Cyclical one-way continental rupture-drift in the Tethyan evolution: Subduction-driven plate tectonics," *Science China Earth Sciences* 62, no. 12 (2019): 2005–16.

40   Craig R. Martin, Oliver Jagoutz, Rajeev Upadhyay, et al., "Paleocene latitude of the

Kohistan–Ladakh arc indicates multistage India-Eurasia collision," *Proceedings of the National Academy of Sciences* 117, no. 47 (2020): 29487–94.

아마시아에서 살아남기

1   Robert M. Hazen, *The story of Earth: The first 4.5 billion years, from stardust to living planet* (New York: Viking, 2012).

2   Jafar Arkani-Hamed, "On the tectonics of Venus," *Physics of the Earth and Planetary Interiors* 76, no. 1–2 (1993): 75–96.

3   Shu Ting Liang, Lin Ting Liang, and Joseph M. Rosen, "COVID-19: A comparison to the 1918 influenza and how we can defeat it," *Postgraduate Medical Journal* 97, no. 1147 (2021): 273–74.

4   Paul J. Crutzen, "Albedo enhancement by stratospheric sulfur injections: A contribution to resolve a policy dilemma?," Climatic Change 77, no. 3–4 (2006): 211; Philip J. Rasch, Simone Tilmes, Richard P. Turco, et al., "An overview of geoengineering of climate using stratospheric sulphate aerosols," *Philosophical Transactions of the Royal Society A: Mathematical, Physical and Engineering Sciences* 366, no. 1882 (2008): 4007–37.

5   Francis Alexander Macdonald and Robin Wordsworth, "Initiation of Snowball Earth with volcanic sulfur aerosol emissions," *Geophysical Research Letters* 44, no. 4 (2017): 1938–46.

6   See https://www.abc.net.au/news/2017–11–18/plant-respiration-c02-findings-anu-canberra/9163858.

7   Chris Huntingford, Owen K. Atkin, Alberto Martinez-De La Torre, et al., "Implications of improved representations of plant respiration in a changing climate," *Nature Communications* 8, no. 1 (2017): 1–11.

8   Steven Chu, "Carbon capture and sequestration," *Science* 325, no. 5948 (2009): 1599.

9   Ning Zeng, "Carbon sequestration via wood burial," *Carbon Balance and Management* 3, no. 1 (2008): 1–12.

10 Jason T. Weir and Dolph Schluter, "The latitudinal gradient in recent speciation and extinction rates of birds and mammals," *Science* 315, no. 5818 (2007): 1574–76.

11 Mário V. Caputo and John C. Crowell, "Migration of glacial centers across Gondwana during Paleozoic Era," *Geological Society of America Bulletin* 96, no. 8 (1985): 1020–36.

12 Alfred G. Fischer, "Latitudinal variations in organic diversity," *Evolution* 14, no. 1 (1960): 64–81.

13 Weir and Schluter, "Latitudinal gradient in recent speciation."

14 J. Taylor Perron, Jerry X. Mitrovica, Michael Manga, Isamu Matsuyama, and Mark A. Richards, "Evidence for an ancient martian ocean in the topography of deformed shorelines," *Nature* 447, no. 7146 (2007): 840–43.

THE NEXT
SUPERCONTINENT

다가올 초대륙

초판 1쇄 인쇄 2025년 4월 4일
초판 1쇄 발행 2025년 4월 21일

지은이 로스 미첼
옮긴이 이현숙
펴낸이 유정연

이사 김귀분
책임편집 조현주 **기획편집** 신성식 유리슬아 서옥수 황서연 정유진 **디자인** 안수진 기경란
마케팅 반지영 박중혁 하유정 **제작** 임정호 **경영지원** 박소영

펴낸곳 흐름출판(주) **출판등록** 제313-2003-199호(2003년 5월 28일)
주소 서울시 마포구 월드컵북로5길 48-9(서교동)
전화 (02)325-4944 **팩스** (02)325-4945 **이메일** book@hbooks.co.kr
홈페이지 http://www.hbooks.co.kr **블로그** blog.naver.com/nextwave7
출력·인쇄·제본 (주)삼광프린팅 **용지** 월드페이퍼(주) **후가공** (주)이지앤비(특허 제10-1081185호)

ISBN 978-89-6596-706-4 03450